科隆摄影学院

摄影用光创新教程

[德]奥利弗·劳施 著

张锦兰 译

中国摄影出版社

图书在版编目（CIP）数据

摄影用光创新教程 / （德）劳施（Rausch,O.）著 ；张锦兰译. -- 北京 ：中国摄影出版社，2014.8
ISBN 978-7-5179-0138-9

Ⅰ. ①摄… Ⅱ. ①劳… ②张… Ⅲ. ①摄影光学－教材 Ⅳ. ①TB811

中国版本图书馆CIP数据核字(2014)第158544号

北京市版权局著作权合同登记章图字：01-2013-6627 号

摄影用光创新教程

作　　者：[德]奥利弗·劳施
译　　者：张锦兰
出 品 人：赵迎新
责任编辑：刘　婷
版权编辑：黎旭欢
封面设计：衣　钊
出　　版：中国摄影出版社
　　　　　地址：北京东城区东四十二条48号　邮编：100007
　　　　　发行部：010-65136125　65280977
　　　　　网址：www.cpph.com
　　　　　邮箱：distribution@cpph.com
印　　刷：北京科信印刷有限公司
开　　本：16开
印　　张：20
版　　次：2014年8月第1版
印　　次：2018年12月第3次印刷
ISBN　978-7-5179-0138-9
定　　价：89.00元

目 录

参与机构 9

前 言 11

光的力量 17

1. 开始之前先了解基础 25

1.1 为何从人像开始 26
1.2 打光又叫投影 28
1.3 模特的“长侧”和“短侧” 29
1.4 画面的左右两侧 31
1.5 画面中的其他方向 33
1.6 模特的巧克力侧 36
1.7 方向说明 37
1.8 鼻子理论中的“牛线” 38
1.9 光线方向的选择 38
操作范例：光效受打光方向影响 39

2. 三种重要的打光方式 47

2.1 侧 光 50
2.1.1 侧光的布光步骤 50
2.1.2 侧光的设计特点 51
2.1.3 侧光效果 51
2.1.4 侧光的相机位置 52
2.1.5 侧光下的“错误” 53
2.1.6 侧光下模特的解剖特征 57
2.1.7 侧光下的控制 58

2.2 伦勃朗式用光 59
2.2.1 伦勃朗式用光的布光步骤 59
2.2.2 伦勃朗式用光的设计特点 60
2.2.3 伦勃朗式用光的效果 60
2.2.4 伦勃朗式用光的相机位置 61
2.2.5 伦勃朗式用光下的“错误” 62
2.2.6 伦勃朗式用光下模特的解剖特征 64
2.2.7 伦勃朗式用光下的控制 64
2.3 高 光 65
2.3.1 高光的布光步骤 65
2.3.2 高光的设计特点 67
2.3.3 高光的效果 68
2.3.4 高光的相机位置 69
2.3.5 高光下的“错误” 69
2.3.6 高光下模特的解剖学特征 71
2.3.7 高光下的控制 72
操作范例：用小角度光源打造主光特点 74

3. 主光源的选择 85
3.1 光源的角度大小 87
3.1.1 光源的角度大小与立体性 88
3.1.2 光源的角度大小与纹理再现 91
3.1.3 光源的角度大小与反光 94
3.1.4 光源的角度大小与化妆 95
3.2 光源与模特间的距离同光亮消减 95
3.3 大角度光源的主光类型 100
3.3.1 侧 光 100
3.3.2 伦勃朗式用光 102
3.3.3 高 光 103
3.4 材料性质和主光源的几何特点 104
3.4.1 极坐标 104

3.4.2 光控器的表面特性 105
3.4.3 普通反光板和广角反光板 108
3.4.4 间接光控器：反光伞、柔光箱、美人碟和多功能灯 110
3.4.5 开放式抛物面形反光板 118
3.4.6 高反光抛物面形反光板 121
3.4.7 环形闪光灯 125
3.4.8 辐射角度非常小的光源 127
3.4.9 光导玻璃纤维 132
3.5 立体感、反光及色彩饱和度方面的常见错误 133
3.5.1 “软光”与立体感 134
3.5.2 “软光”与反光 138
3.5.3 “软光”与色彩饱和度 140
3.6 背景设计 142
3.6.1 背景过渡 142
3.6.2 亮白色背景 143
3.6.3 再照明布光 145
3.7 发现自我 148
操作范例：有区别的主光 149

4. 增加亮光 159
4.1 钳形增亮 161
4.2 延长光源 165
4.2.1 延长大角度主光源 165
4.2.2 延长小角度主光源 173
4.2.3 增亮程度 174
4.3 主光类型的延长 177
4.3.1 侧光的延长 177
4.3.2 高光的延长 178
4.3.3 伦勃朗式用光的延长 180
4.4 小角度光源的增亮 182
4.5 折中增亮法 186

操作范例：明亮的阴影 188

5. 逆 光 197

5.1 真正的逆光 198

5.1.1 一步到位的逆光 198

5.1.2 逆光的设计特征 199

5.1.3 逆光形成的氛围 202

5.1.4 加强逆光中的氛围 203

5.1.5 逆光和背景设计 205

5.1.6 逆光中的挑战 206

5.2 逆光变型 207

5.2.1 低处的逆光 208

5.2.2 高逆光或头发光 209

5.2.3 侧逆光 210

5.2.4 两侧逆光 211

5.2.5 侧逆光变型中的挑战 212

操作范例：动力燃烧室 214

6. 亮色调还是暗色调 221

7. 多位模特条件下的光影理论 225

7.1 正面组 226

7.2 松散组 228

7.3 潜在照明 234

操作范例：将光线打到每个人身上 243

8. 主光类型与自然光的结合 249

8.1 直射阳光下的主光类型 250

8.2 直射阳光下使用扩散器 252

8.3 直射阳光下使用反光罩 253

8.4 直射阳光下使用遮光物 255

8.5 利用天空 256
操作范例：整个世界就是一个摄影棚 258

9. 光影理论中的闪光系统 263
9.1 一步步熟悉闪光灯 265
9.1.1 练习 1—— 直接闪光系统 265
9.1.2 练习 2—— 在多张人像照中使用有扩散器的触发式闪光系统 270
9.1.3 间接闪光系统 272
操作范例：黑暗中的光 281

10. 其他作为人像题材所使用的光线类型 287
10.1 题材的脸 288
10.2 平面题材中的主光类型 289
10.2.1 以书页作为平面题材范例 289
10.2.2 平坦的自然景观 295
10.2.3 建　筑 298
10.3 复杂题材中的主光类型 300
操作范例：无处不在的“脸” 309

感　谢 317

参与摄影师 319

参与机构

科隆摄影协会

科隆摄影协会为打算从事摄影行业的学员提供了为期两年半的摄影培训课程，该协会由本书作者奥利弗·劳施和长期合伙人弗兰克·蒂尔哈西共同创立，其培训课程密切联系实际，并通过大量的实践项目来培养学员的摄影技术和艺术感，特别是对拍摄画面的构图能力。科隆摄影协会因为与科隆摄影学院有着密不可分的关系，因此在实现这些能力的培养上非常具有优势。

科隆摄影学院

科隆摄影学院也是由奥利弗·劳施和弗兰克·蒂尔哈西创办的，自 1995 年以来，该校一直为公众提供内容广泛的摄影课程。其研讨会和课程内容在大多数时间（大约 20 小时）里都在研究，诸如相机操作、构图、场景布置、布光、闪光技术、照片处理、色彩调整以及新闻摄影等课题，目前课程种类还在持续增加中。与科隆摄影协会一样，科隆摄影学院也在不断尝试着扩充对摄影教学至关重要的三个步骤的内容，即摄影技术、构图和后期处理。学员可以只学习相机操作，也可以参加一些内容更丰富的其他课程。我们的学员既有菜鸟新手，也有雄心勃勃想获得专业摄影技术的爱好者，更不乏那些想要弥补知识漏洞或者找寻灵感的青年摄影师。科隆摄影学院面对业余摄影爱好者和专业摄影师一视同仁，均提供了与各行各业志同道合者交流的机会。

一般来说，在结束科隆摄影学院的学习后，你就可以开始参加科隆摄影协会的进阶培训。在这里，每个人都能自由学习各种摄影技巧，它也是相对相机操作、构图和后期处理这三大步骤的提升性培训。而在摄影学院的学习，则为那些有兴趣进一步参与摄影协会进阶课程的学员奠定了基础。有时协会也会接纳一些不具备这些基础知识或者还未完成全部基础课程的学员，并让这些未来的摄影师到与学校和协会课程相一致的有关部门去实习，这也使得一个培训项目的所有学员都能在短时间内达到一个新的水平。

本书包括摄影棚的布光手稿、学院的光影设计课程和光影教学模块。此外，该书的出版还能向所有业余摄影爱好者、摄影专业的学生，以及对布光感兴趣的摄影师传授具有专业水准且又系统全面的光影设计方法。

事实上，也正是那些关注科隆的众多业余摄影爱好者和专业学员的鼓舞，最终促使我下决心出版本书。因为他们多次告诉我，自己就是从这些系统理论的讲解中掌握了难以理解的布光知识，就像在上我们有关该主题的培训课程一样。因此我衷心希望自己能以书面文字的形式将我的光影理念和布光经验成功地表达出来，使这本书对读者来说有用武之地。

奥利弗 · 劳施

我第一次接触并学习摄影布光，是刚到海牙皇家艺术学院上大学那会儿，师从令人仰慕的约 · 米斯德姆先生。此后，我又在奖学金的支持下去荷兰阿姆斯特丹皇家视觉艺术学院进修，这也是我和弗兰克在科隆摄影学院每年设立奖学金的原因。正是在这段时间的学习中，我深入接触了光影理论，并逐渐对其产生了浓厚的兴趣。尤其是与汉纳斯 · 沃利弗和马腾 · 考碧金一起布光的经历，更是我在探索光影秘籍道路上的重要一站。从 1997 年至 2004 年，我在阿姆斯特丹摄影学院教授摄影学，除了热爱的布光技术外，我也尝试着拓展、丰富对摄影其他领域的兴趣与研究。随后，我便中断了硕士课程的学习，因为我认为自己对创办科隆摄影学院更有兴趣。事实证明，它对我和弗兰克来说，至今都是我们的事业重心。

正因为教授摄影，同时也觉得与摄影师交换彼此对不同类型摄影作品的观点，对我俩来说非常重要，我们最终创办了科隆摄影学院。我希望能够藉此表达自己对摄影的热爱，也希望学员们能够在学习过程中体会到摄影的乐趣，并在此完成学业。

前　言

光线是一个直接影响摄影构图的因素，能迅速又直接地影响观者的感受，你很难将它从摄影中抽走。比如，一个人看了一眼照片，可能只是短短一瞬，短到他无法看出拍摄者的意图，却能感受到在这幅作品中是明亮、愉悦的影调，还是阴暗、低沉的影调，或是柔和、梦幻的视觉效果。因为照片中的光影能够直接引起观者的情感反应，并识别出拍摄时摄影师为照片打下的基础影调。

请做以下实验

现在从大量照片中选出 10 张你最喜欢的，它的内容可以形形色色。比如，摄影菜鸟的作品，即画面中的线条不太突出；或者是度假时随意拍摄的照片。选择时，不一定要摄影名家的后期作品，你只凭直觉即可，但不要挑选主题是孩子或者宠物的照片，因为这些照片本身装载的强烈情感会产生构图最佳的错觉。

你挑出来的这些照片可能是有“深度”、有“闪光点”的，因为它们对你造成了“情感”触动，但它们本质上可能是相似的，如光线大都来自同一个方向。在我自己做的实验中，光线几乎都来自摄影师镜头前的一个半球方向。也就是说，从镜头的左侧或者右侧看，光线多是从斜上方照射下来的，或者是逆光照射的。对于夜间拍摄的照片，则基本是物体本身在发光。这类照片在大部分情况下，情感因素都不太明显，可能并未进行刻意构图。不过在少数特别情况下，光线也会从镜头后面照射过来，即光线是从摄影师的正后方、后侧方或后上方的位置照射过来的。在这种情况下，被摄主体往往是一个对光线绝对敏感的物体，画面构图反而不太重要。可以说，光线在摄影当中会对观者的情感体验产生非常重要的影响。

本书宗旨所在

本书的光影理论几乎囊括了摄影的所有领域，如人像、风光、建筑，以及大部分与静物相关的拍摄。

光线的使用不仅能传达愉悦、明亮、阴暗、低沉，甚至危险、残暴的画面氛围，还能彰显照片特色，让光影理论成为你拍摄时称手的工具，如选择主光类型。而且这种对光线的应用也能使你了解观者对画面影调的感受，从而进行有针对性的构图设计。此外，你也可以根据影调对不同层次的光影对比进行细微调整。也就是说，光影理论既可以有意识地成为画面构图的工具，为照片定下观者可感受的影调，也可以表达摄影作品的理念并获得与观者的情感交流。

在拍摄时，被摄主体要尽可能地容易识别，并充分展现其立体感和表面特征。因为摄影往往是用二维画面来表现被摄主体的三维属性，并且要求画面看起来真实自然。可以说，一幅作品只有通过光线，才能体现其纵深感和层次感。

此外，光影理论还能够通过重点强调且充满寓意的引导光线来均衡画面，将观者的眼球吸引到照片上，使其沉浸于画面的主体区域，而忽略那些非重要的或者干扰主体的部分，同时对观者产生特定的影响。比如，他可能仅瞥了一眼画面的上半部分或者下半部分，就能判断出画面是愉悦的还是晦暗的。

事实上，光线的这些作用在画面的构图效果、影调安排和空间表现上，都应该尽可能地相互加强，给画面赋予一种预设的情绪和基调。

光线的这些基础理论和其他摄影技巧，我会在接下来的章节中介绍。此外，我还会分步解释布光时的操作步骤，并分析其可能出现的效果和常见的错误布光。

本书着重讲述了在布光的实际操作中和布光效果的实现中，应遵循的规律。

开始学习摄影时，首先应根据画面中的被摄主体和色调来选择主光类型，即选出主光源和特效光源，并通过对阴影面补光来调整反差，然后设定效果光和背景光。这通常需要在摄影棚进行不断练习，掌握所学后再对较复杂的主题进行构图，且在不易控制的日光下拍摄。这样做还有助于揭开光的神秘面纱，培养对光的感觉，从而加强对构图造型的一系列认知。也就是说，你应该先了解光，再使用这个对摄影而言具有关键作用的元素。

在本书中，首先我会介绍 3 种最基本的主光和逆光，因为它们都会影响被摄主体在画面中所形成的影调。同时，光线类型还具备吸引眼球的诱导作用和使线条生动的突出作用，如让被摄主体的形状更突出，以体现雕塑般的立体感；或者在光线的引导下通过构图形成经典画面。因此，这 4 种主要的光线类型非常适合用来了解光与影之间的关系，并由此来培养你对“面”的感觉，和它在构图中的平衡作用。

如果你已经了解了个人人像的基础光影原理，那么你就可以将该原理运用到多人合影中，如集体照。然后你再离开操控性较强的摄影棚，将该理论应用于其他光线环境，如日光下或使用闪光灯时的人像摄影。此外，本书介绍的光影理论还适用于不同类型的光源，书中既不强调最新的布光器材，也不要求更换更昂贵或者更高端的品牌相机。所以本书不仅适合在摄影棚工作的专业摄影师，同样也适用于那些利用自然光进行人像摄影的业余爱好者。

最后，你可以将光影理论应用于其他被摄主体，如风景、建筑、静物、模特和现场拍摄，等等。因为本书中的光影理论不仅适用于摄影棚布光，也适用于自然光下的拍摄和几乎全部的被摄主体，甚至是那些难以掌控的报道场景。该理论能够让你正确地选择相机摆放的位置，找出适合的光线方向，从而控制光线对画面的影响，并将其恰当地用于构图。

在光影理论的运用中，所涉及的主题，其光线要求多是漫射的。但这也仅针对常见主题，对于那些特殊拍摄场景中出现的纯反射表面（如玻璃和金属），则需要使用与所介绍的光影理论不同的摄影技巧和处理方式。

本书的目的首先是培养你对光线的感觉，让画面中的光线效果最佳，并用来帮助构图。在拍摄时，你要学习预见光影效果，且能将其描述出来，以便你学会布光方法，自己进行光线处理或者发现新的布光技巧。本书并不要求在对一张完美的广告照片进行解析后，就让你模拟出完全一样的效果。因为只有少数对摄影极有兴趣和天赋的人，才能在学习之初就具备这种复制、模拟所需要的技术设备和能力。

我写本书就是为了让读者对光线和其对画面的影响力有一个基础性认识，以便你能够对其他摄影师的布光技巧进行分析，然后用于自己的摄影过程中，并根据自己的需要和创意自由使用。此外，我还想让读者能够在了解光影原理后，将其应用于自然光线的拍摄中。这样无论是在自己布光的摄影棚内，还是偶然发现的自然光线环境中，你都能有意识地为想要的画面效果而利用光影原理。

但是我无法跟一些摄影师讨论布光，因为用来精确表述光线类型的术语不多。通常摄影师在提到光线时往往都会用“硬光”或者“软光”，“漫反射”或者“反射”这类表述，但事实上光线的种类很多，我希望通过本书所介绍的不同定义能将其区分，并且最终作为光线术语使用。这样在交流观点时，既能简化理解的过程，也能在拍摄前进行脑内构图。

实际上，绝大部分公开的照片中，都具有有说服力的光线应用，其中多能找到本书所介绍的那 4 种主光类型之一。

由此可知，本书所介绍的主光类型及其包含的分支，已经涵盖了大部分运用光影来构图的方法。最后，本书力争全面介绍光线对画面效果、立体感和表现层次的影响，以及如何使画面通过光线让观者感受到拍摄者想要传递的情绪。此外，摄影师还可以在自己的照片中通过光线营造艺术效果，并将其与本书中所讲到的拍摄范例区别开来。当然，这只有在你对光线的各个方面烂熟于心时才能做到，毕竟只有掌握了规则才能创新。

怎样使用该书

对于本书，我想先通过一些比较简单的人像作品来介绍光线构图。在接下来的章节中，我还将对光线分门别类进行详解，一方面按照光源，如自然光或者闪光灯；另一方面按照不同主题，如风景、建筑和静物。依我所见，学习光线构图最有效的方法就是从人像摄影入手，然后循序渐进地进行其他主题的拍摄练习。

本书是从摄影棚人像布光的顺序开始讲解的。首先布置主光，待达到预期效果后，再通过强光灯细化效果并改善相应的技术要求。在主光这一章，因为我没有使用亮度调节，你会看到那些光线对比强烈的照片。在介绍主光类型时，我还会告诉你应该在什么位置摆放光源。而接下来的几章则会详细介绍光源大小、明亮程度和效果。在拍摄时，如果按照现有步骤布光其效果已经令你满意，那就遵循布光规则继续进行下一步操作。事实上，当主光效果被干扰时，仅通过增加一个光源来解决问题是有困难的。

书中最初展示的照片都是摄影师在摄影棚拍摄的“半成品”，大都通过强光灯或者其他效果灯来“补充”光线。本书旨在一步步培养读者对光影理论的理解和实际操作能力，因此没有在开始就展示出“完美”的最终作品，仅告诉读者该按照怎样的步骤做，需要注意哪些事项。我曾尝试将该书撰写成一本适用于摄影棚布光的使用指南，而不是像现在这样更偏向于光影理论的摄影教材。

本书的每一章都尽可能地罗列出了最典型的示例，以使读者最大限度地了解光影理论的应用效果，并能准确区分不同主光类型的影调。在这里，我没有使用特殊场景、妆容、造型和道具，虽然它们都是增加画面效果、区分照片类型的有效途径。此外，为了使你在阅读第一章后就能对构图复杂的画面布光有所了解，我专门拿出了科隆摄影学院的学生作品作为范例进行讲解。当这些照片出现在前几章时，我只讲解了涉及前面章节内容的部分；当它出现在后面的章节时，则只会提及与后面主题相关的部分。我建议你在完成本书的整个学习之后，再看一遍这些例子。

此外，本书还有三个与摄影频道共同拍摄的视频教程，详情可访问 www.fototv.de/oliver-rausch-buch。

光的力量

范例 1：托比亚斯·穆勒

这是科隆摄影学院第一个奖学金获得者托比亚斯·穆勒的自拍人像，从中你可以找到很多值得学习的构图点。首先照片的主光源来自一顶大反光伞，且通过“伦勃朗式用光”为场景营造出戏剧性的动感效果。伞的摆放位置要求使反射光打到壁纸上产生明显的高光，从而将观者的视线吸引到被绑着的主人和偷窃成性的双手上。此外，高光要求有“透明”感，可使灰暗的墙壁显得不再单调。同时为了突出画面质感，要求布光后壁纸的细微纹理、衬衫与裤子上的褶皱都能在照片中分外明显。由此可知，“伦勃朗式用光”不仅会使纹理效果得到最佳呈现，还能产生立体效果，使得相框在墙面上足以投射出明显的阴影。而且这种阴影构图也使托比亚斯面部轮廓的立体感和花瓶的圆润质地在窃贼的黑色双手前显得格外突出，连相框都从背景中凸现出来，赋予了画面一种纵深感。为了让阴影不会太暗，摄影师在主光外还加了一个小光源，摆放在观者视线轴的下方。现在观察墙上托比亚斯的身影，其头部的阴影明显比膝盖部位的阴影要亮，致使观者的视线从画面边缘集中到了画面中间的明亮部分。主光的“焦点”在托比亚斯的脸上，且角度偏右侧，最终形成了面部的高光和阴影。如果你仔细分析这幅作品，会发现花瓶左侧的阴影部分有一小块被额外照亮，而这部分光源并未对主体人物产生影响。事实上，花瓶左侧的“明线”是由第三个光源直接形成的。由于主体人物距离该光源较远，所以未受影响。除了上面提到的这些，你还可以从画面中了解很多其他知识。我建议你在通读完全书后再好好研究一下这幅作品，并根据书中所讲的知识点进行更深入的布光分析。

范例 2：迪特 · 法斯特曼

通过迪特 · 法斯特曼的作品，你可以看到光线的隐喻力量。在一个漆黑的房间中，镜子里的反射光既有魔幻感又带有压迫性，空空的椅子更让人联想到“审讯”，而画面中的光线也鲜有美好的寓意。尤其在你找到了那盏将光线投射到镜子的台灯时，那张空寂的椅子就更显阴森。然而在第 2 幅作品中，我则联想到了一群围着烛光的飞蛾。同时这种光影组合也容易让人联想到天使，因为这里的光线会带给人一种神圣感。迪特在这两幅作品中使用了明显不同的意义联想，并将光作为主体与我们的文化背景相结合。在本书中，我会反复谈及利用光线进行构图。

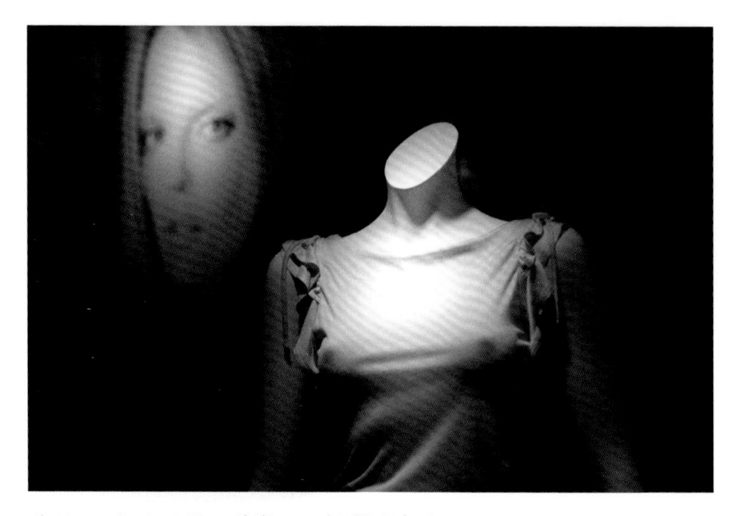

范例 3：托比亚斯·穆勒——摄影的意义。

在这幅作品中，托比亚斯·穆勒从他个人角度阐述了摄影的意义。他尝试通过强光照射胸部和额头，来让观者理解，“在摄影当中，只有恰当运用光线才能让观者的观感和摄影师的理念获得统一”。这是一个关于摄影的美好范例，光线既唤起了观者的感觉，又让观者更好地理解了光影，并让二者融为一体。

范例 4：达娜·施多茨根——神奇的地方。

达娜在《神奇的地方》中的布光，为这些地方注入了含义。在第 1 幅作品中，台球案上的吊灯就像一盏剧院用的射灯，只是演员都已离开了舞台。在第 2 幅作品中，壁角的两盏灯就像一对“老夫妻”，或是曾经来酒馆的食客，灯光体现出这对“老夫妻”的大部分特点。然而第 3 幅作品，则从多个层面传达出一种苍凉的意境，那竖着的雨伞就好像一对被遗忘的情侣，其视觉效果又让我联想到第 2 幅作品。而且画面中也是一把伞比另一把伞略大，正如第 2 幅作品中的灯一样。其中一把伞看起来仿佛指向灯光的方向，而背景中的灯光则照向了门。这幅作品的布光既像在比喻一条通往光明的路，也仿佛是一次告别。此外，达娜在第 1 幅作品中还巧妙地抓拍了椅子，使得画面的背景充满了故事感。

范例5：卡琳·考尔堡——噩梦。

在《噩梦》这组照片中，卡琳·考尔堡主要用光源来为“噩梦”着色，不仅有左右两边打来的侧光，还有逆光。同时卡琳还使用了3个主光源，其中自然光源的使用非但不会让你感受到这种光线的“凌乱”，反而使这些光看起来更像是来自剧院的。这种自然的视觉效果通常只有在使用1个主光源时才能获得。然而卡琳在这里却通过3个光源营造了一种超现实的噩梦般的画面效果。

范例6：霍斯特·木佩尔

在这两张系列故事照片中，霍斯特·木佩尔通过相应的布光表现出了主角的情感状态。比如，芭比坐在马车里的那张照片，就使用了经典的正面高光并将其延伸、提亮，从而使画面中出现了明亮的日光效果，同时也赋予了画面梦幻般的色彩感。而在第2张照片中，霍斯特在反面角色浩克身上使用了较暗的侧光，使得此时芭比的处境扣人心弦，这是伦勃朗式用光所呈现的视觉效果。

罗尔夫·弗兰科的作品通常看起来非常像电影中的画面。他喜欢拍摄场景组合复杂的类似电影的系列作品，如本书中使用的“鼻子理论”，就很好地模拟了自然光。而这幅作品中那充满清晨气息的“透过窗户的光”，则是使用射灯和第三章所介绍的“多功能灯”营造出来的。

范例 7：罗尔夫·弗兰科

玛雅·克劳森在这两幅作品中所使用的光影理论，是建立在严格且报道事实的基础上的。这种处理让观者的注意力更多地放在光线部分，以便在具体情境中识别画面所要表达的效果，并找到自己拍摄时能够阐述观点的理想方式。第 1 幅作品中的高光来自屋顶的窗户，这使得画面中的女子仿佛站在舞台上。当你识别主光源后，就会发现吸引观者注意的反而是摄影师的拍摄动机，而不是正在倒牛奶的女子。异曲同工，在第 2 幅作品中，站在讲台上的教师身上那具有戏剧效果的侧光，也同样赋予了一种对主体人物的描述力。这种通过正确布光来表现的摄影感觉要求你在摄影棚多加练习，以便日后做现场报道时，能够及时抓拍不容错过的精彩瞬间，这也是你学习识别主光源的意义所在。

范例 8：玛雅·克劳森

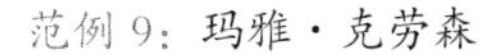

范例 9：玛雅·克劳森

范例 10：维尔丹

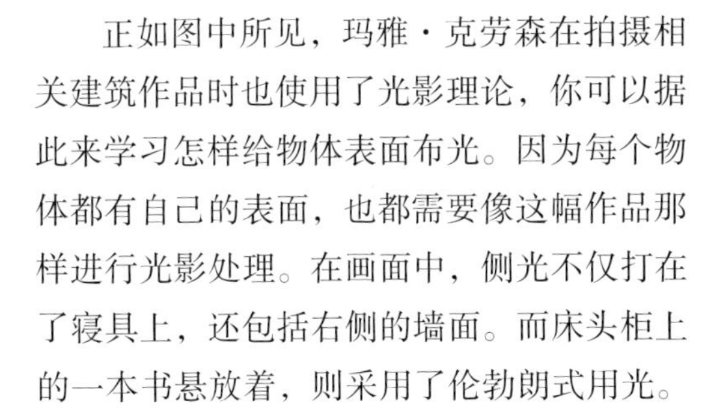

正如图中所见，玛雅·克劳森在拍摄相关建筑作品时也使用了光影理论，你可以据此来学习怎样给物体表面布光。因为每个物体都有自己的表面，也都需要像这幅作品那样进行光影处理。在画面中，侧光不仅打在了寝具上，还包括右侧的墙面。而床头柜上的一本书悬放着，则采用了伦勃朗式用光。关于这一理论的详细内容可参见第十章，而且在读完全部内容后，你应该仔细观察维尔丹的静物摄影。这时你会发现，水果和头发都沉浸在延伸后明亮的高光中。目前这些定义对你而言可能还有些费解，但如果你掌握了光影理论，就不难理解这些语汇的真正含义。

1.

开始之前
先了解基础

1.1 为何从人像开始

即使你的兴趣可能在风光摄影或者静物摄影，我还是想先通过人像摄影来介绍光影理论的基础知识，因为它往往涉及的都是最基础的理论，掌握后就可以应用于其他摄影领域。我建议你最初先模拟范例中提到的人像作品，并尽可能地达到书中范例所展示的画面效果。正如前文所述，本书的结构是按照摄影棚的布光步骤设计的。首先就是主光源的布置，而且只有当第1个光源不能提升或者无法改善画面效果时，才会需要其他光源，如第2个光源、强光灯或者效果光。其次按部就班地学习基础知识并认真练习所学理论意义重大，因为这些摄影技术和相关思考在每一步操作中都非常重要。虽然对于初学者来说，具有一定的难度，但从掌握基本的摄影技术到具备一定的拍摄技巧本身就需要循序渐进。只有当你掌握了人像摄影的布光技术后，才能在自然光和其他较难控制的光源下进行摄影，最后再尝试从室内转移到其他摄影环境，并将所学习的基础理论和构图技巧用于拍摄其他主题，如风景、建筑或者静物。这时你只需要展开想象，如建筑物的“面部”：窗户是眼睛，大门是嘴唇，等等。而且学习时要有耐心，要明白“学会看光”是需要时间磨练的。

在摄影棚里，不断会有人提出以下问题：我为什么要这样布光？我为什么总拍摄这样或那样的主题？在这两个问题上，我的回答也许会让提问者失望：在最初的拍摄中，我从来没有特定的动机。我之所以选择摄影，是因为我想表达，而这种表达可以通过静物，也可以透过人像。因此对我来说，给自己最喜欢的主题布什么样的光一点都不重要，因为这是一个特定的主题，而我所要做的仅是根据想要表达的内容，选择符合预期效果的光线并准备其他所需器材即可。通常主题不同布光也各不相同，无规律可循，尤其对于静物拍摄时的布光效果，无论它是一辆车、一个人，还是一棵树，都不是最重要的。事实上在我看来，光影理论的学习从人像摄影入手最为有效，因为我自己就是按照这个步骤来学习的，之后才推广至其他被摄主体，因此这样的讲

范例 1.1：如果你不想通过模特练习光影理论，可以用石膏像代替。

述对我来说最便捷。

如果你不想找模特来练习，可以买三四个石膏像（我的石膏像是在音乐商店买的）。由于不同面孔会呈现出不同的解剖特征，因此即使一座半身石膏像已经足够用来进行摄影的基础练习并尝试布光效果，但细节只有通过与具有不同解剖特征的石膏像进行对比，才能感受到。如果你已经对一座石膏像进行了“完美”布光，那么换另一座石膏像往往更容易获得学习体验：即另一张脸要想达到同样的光影效果需要对光源进行怎样的微调。在接下来的几章中，我会详述怎样根据不同主题的“解剖特征”来运用布光技巧，如风景或者建筑。当然，你还可以找自己的朋友或者其他雕像进行练习，看看怎样让光线适应不同的摄影要求。比如，你正处于报道现场，时间可能非常紧急，你必须清楚怎样抓住一切可利用的光线。

1.2 打光又叫投影

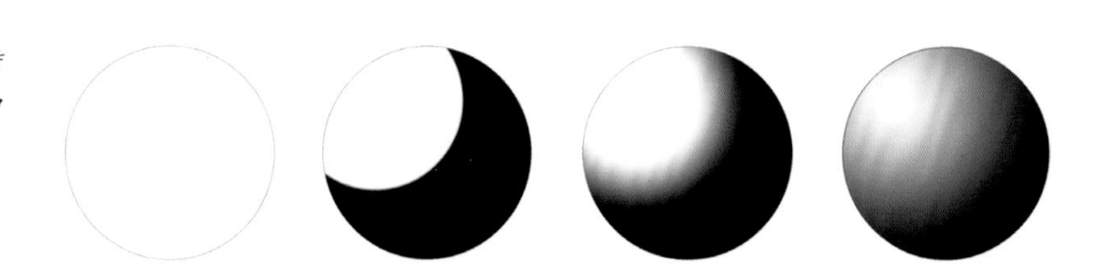

范例 1.2：只有通过特定布光，才能在照片中展现出球的立体感。

光影效果最本质的一面就是，可以将一个三维物体通过二维画面展现出空间感和立体感。通常“明亮”的一面就是打光后无阴影的那面，它往往靠近光源，如使用相机的内置闪光灯或者有自然光从摄影师身后打来，其布光效果参见范例 1.2 所进行的最简单的球体展示。也就是说，如果从正前方打光会让球体看起来像一个圆盘，仿佛满月时夜空中的月亮。因此只有当球体表面有阴影时，我们才能从照片上感受到立体感的存在，这也涉及阴影的不同特点。在这个范例中，第 2 个球体则出现了界限分明的阴影，这使它看起来像一把镰刀，也像我们有时看到的半月。但只有当阴影从高光一侧和谐地过渡到阴影一侧，才能让球体看起来有立体感，通常过渡范围越大，立体感就越强。

范例 1.3：面部正面打光要比侧面打光看起来平淡一些。

范例 1.3 中的人像再次显示出阴影过渡对面部立体感的影响。当对模特正面打光时，面部几乎没有阴影，也就没有明显的立体感。而侧面打光时，明暗对比突出的阴影非常明显，于是就产生了富有立体感的画面效果。

从亮部到暗部的阴影过渡，会让画面中的被摄主体看起来充满立体感。

画面中的阴影不仅能形成立体感，也能体现反光物体表面的反射光，如水、金属、玻璃等表面，以及潮湿或丰腴的肌肤。而且被摄主体的结构、表面纹理，也是通过其产生的阴影来表现的。此外，阴影对画面效果的重要影响还在于，它可以产生面积分配、引导线条并设定影调，最终影响观者的情绪。事实上，影调也跟布光产生的阴影和明暗过渡有关，不过它们虽是相互影响的，但也可以分开考虑。

1.3 模特的“长侧”和“短侧”

如果模特并不是正对着相机，那么其面部看起来就会有“长侧”和“短侧”之别，且两侧的划分以鼻子为界，分别延伸至面部轮廓的最左侧和最右侧。如果你站在一个模特的侧面，那么你看到的肯定是模特的“长侧”，而偏离视线的一侧看起来或窄或短，通常你几乎不可能直接面对模特的“短侧”。

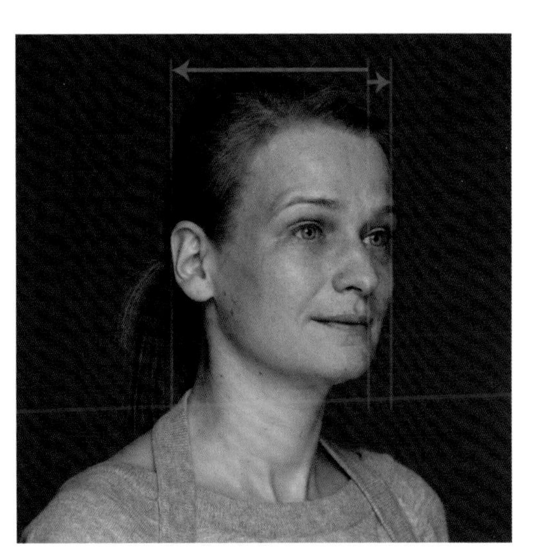

范例 1.4：以鼻子为分界，观者可以看到模特的面部被分为长侧和短侧。

围着模特转一圈，你会发现，对着你的一侧始终是“长侧”。即使刚刚看起来还是“短侧”的那面（即从侧面打光时你看不见的那一侧），当你站到“鼻线”的另一侧时，就会成为“长侧”。“鼻线”即沿着鼻子向上下方向延伸的延长线。如果摄影师从“鼻线”一侧到另一侧，那么“长侧”和“短侧”就会变换位置。也就是说，所谓的“长侧”和“短侧”只是从镜头方向看过去的视觉效果，即照片中所展现出的那样。

范例 1.5：从“短侧”打光会增强立体感，而从“长侧”打光则会让面部看起来显得平淡。

唯一的特例就是，如果你正好站在模特的正面，即从鼻子的正前方观察，那么面部两侧在画面中看起来就是一样的。也只有在这种情况下，才不存在“长侧”和“短侧”。

如果从“短侧”打光，面部看起来会更显立体。

事实上，画面的立体感跟光源放置在哪一侧有关，通常在“短侧”打光（参见范例 1.5 的左图）要比在“长侧”（右图）更易产生强烈的立体感。

从镜头方向看过去，如果从短侧打光，那么阴影面就朝向镜头，但也可以看清楚长侧的半边脸；如果从“长侧”打光，阴影部分就是背向镜头的那侧。所以只有从面部的“短侧”打光，才会对面部轮廓的立体效果产生影响，这就如那句古老的摄影用语所说：“在看一幅作品时，人要面对阴影。”它作为一个参考点，在拍摄时还是很有效的。

然而这也是很多摄影师刻意避开的一个规则。比如，欧文 · 佩恩，一位经典人像摄影大师，他拍摄时几乎只将光线打在模特的“长侧”，但仍能拍出非常有立体感的光影效果。有时在荷兰的巴洛克绘画或者其他风格的作品中，也能找到在模特“长侧”布光的例子。事实上，在对模特布光时，除了要考虑面部轮廓的立体感，还有很多方面需要顾及。比如，从“短侧”布光会让面部看起来比从“长侧”布光更显秀气，但对一些不对称的面部，则需要让面积较大的那半边脸处于阴影中，以使其看起来较小，也使整张脸显得比较对称。

正对镜头的模特，面部两侧是一样长的。在这种情况下，从哪一侧打光，所产生的立体效果都一样。

1.4 画面的左右两侧

在画面中，特定的方向和位置代表着特定的含义。比如，画面的左侧常常会让我们联想到故乡、家庭、出发点、熟悉的事和人，以及过去；画面的右侧则往往代表着未来、未知，以及等待发现的或者新出现的事物。通常照片中画面的时间轴方向同我们的阅读方向一致，都是从左至右，请比较本页与第 25 页的人像。

如果模特位于画面左侧，视线朝向右侧，则代表她是朝着“未来的方向”，光线也会正“对着”她打过来。在第 25 页的人像摄影

范例 1.6：将模特置于画面左侧，视线朝向右侧，对观者而言往往会有种着眼未来的感觉。

中，同样的模特被置于画面右侧，视线朝向左方，仿佛是她在经历过一些事情后看着“过去的方向”，缅怀那曾为她“指引道路”的“家乡的灯光”，有种诗意的表达。

事实上，很多好莱坞影片就采用了这种拍摄手法。如果你仔细观察影片开头人物的“入场”方向，你就会发现这个特点，其中最具代表性的作品就是《帝企鹅日记》。在这部电影中，影片开始时企鹅位于画面左侧，视线或者穿过无垠的白雪看向右方，或者从蛋洞看向企鹅群聚的地方。接下来，第一群企鹅从画面左侧向右走，剩下的也随后跟着浩浩荡荡地穿越浩瀚又寒冷的南极向前走着，而且都是从左向右穿过画面。特别是企鹅“浮出”水面的那一刻，观者会发现这里是“未知之旅”的起点。电影结尾处，当小企鹅被孵出后，它们又从右向左穿过画面“回到”了旅程的起点。同样地，在英雄主义电影中，开始冒险之旅的英雄也多是按照从左向右的顺序穿过画面。他往往会离开身后即画面左侧的农场，面向右侧，从此走向“未知之旅”。至于电影结尾处主角将走向何方，则视其故事发展的脉络而定。“返乡者”肯定是从画面右侧向左侧走，因为画面的左半部分往往象征着“家乡”。但如果电影有续集时，最后的定格往往是主角继续向画面右侧走至淡出，因为右侧代表着“延续”。对于电影中的“超级英雄”，也常常是从右侧离开画面，这意味着即将开始的下一段冒险。

在舞台剧中，左右方向也往往跟时间轴相吻合。戏剧开始时，演员通常是从左侧入场（以观者角度来看），因为左侧是“起点”，是“开端”。而退场则根据戏剧情节的发展而定，演员或消失在左侧或从右侧退场。如果是左侧，就意味着演员回到“原点”，回到“过去”，等等。如果是右侧，则意味着演员将进入下一段剧情或者下一个“未来”。

对于摄影来说，光线是从右侧还是左侧打向模特，对整体画面有着不同的含义，尤其是模特所看的那个方向。如果模特本人在左侧，那么他就位于“家的港湾”，传达出的信息往往是“已知的和安全的”；如果模特位于右侧，则向我们展示了无法预见的未来，因为画面到边界就戛然而止了。练习时，对比镜中反射画面的照片与真实场景中的照片，你可以感受到两种不同效果对你产生的视觉冲击。

范例 1.7：模特位于画面右侧，视线向左，我们常常将之理解为“回顾过去”。

如果是从正前方打光，无论偏哪一侧，对于模特本身的立体感影响不大，即面部两侧产生的阴影效果和面部轮廓是一样的，只是画面效果不同。也就是说，当模特置于右侧，视线仿佛看向“过去”；当模特置于左侧，视线则好像看向“未来”。

1.5 画面中的其他方向

范例 1.8：来自不同方向的光源，决定着画面不同的情感基调。

如果光打在画面的上半部分，则代表着轻松、愉悦、清澈、圣洁或者天空等正面词汇，同时也代表强大与权力，以及不可掌控或无法企及的东西。构图理论就认为，如果将重点，即画面的主元素，放在画面偏上的部分，就会比较吸引观者的视线，也容易在观者心中产生相应的情感冲击。尤其当光线也打在这部分时，更会加强这种效果。因此这样的照片就显得轻松、愉悦又光芒四射，就像范例 1.8 中左图一样。如果画面背景比较明亮，还能持续强化这部分的视觉效果，就如逆光产生的视觉冲击一样。

画面的下半部分则常常让人联想到沉重、压抑、低沉、消极或者阴暗等负面词汇。当画面的重点元素放在这部分时，也容易对观者产生这种心理冲击。而且来自下方的光线打在模特脸上，也会产生阴森的感觉，就像我们小时候用手电筒从下巴下方打光的效果一样，如范例 1.8 中间那张图。其实黑暗的背景也会加剧这种效果。

链　接

埃德加·华莱士在电影中就经常使用低位光源在克劳斯·金斯基身上布光，以展现其“疯子”般的身份。比如，在漆黑一片的森林中，如果金斯基突然现身且打着低光，会使“他来自何方”的感觉像谜一样，从而加强夸张的戏剧效果。你可以直接在 YouTube 上搜《墓穴与迷宫》或者用二维码扫描。

在美国电影《闪灵》中，杰克·尼克尔森扮演的杰克·托兰斯其疯癫行为在逐渐减弱。比如，在酒吧场景中，当他跟存在于自己意识中的酒吧服务生讲话时，就会使用低光，并以光线构图来表达主角那混乱的精神状态，其效果非常微妙，因为斯坦利·库布里克把酒吧本身用低光改造成了一个发光体。此外，画面还通过酒吧的平面灯，使低光所形成的阴影不像埃德加·华莱士的电影画面那么充满戏剧性。你可以在 YouTube 上搜索“The Shining-Bar Scene”或者再次扫描这个二维码。

画面中间的被摄主体会让我们联想到静止、安静，甚至冷静的状态，以及“当下或此地”的概念，尤其中间那张照片。当重心在画面中央时，它们往往容易被观者解读为一种结论，如“这是埃菲尔铁塔”、“这是我的车”、“这是我们全家人露营时的照片”……通常从中间打来的光线，会加强“证件照”的效果，就如范例 1.8 右图所见。在摄影时，这种光线的使用就是为了让画面更真实，让模特更具有“现场感”。

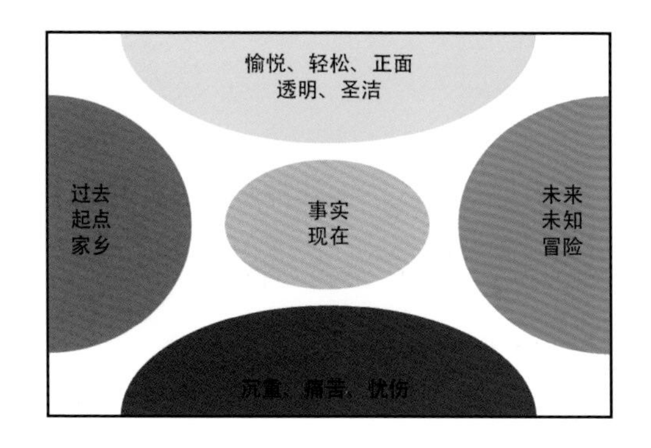

范例 1.9：从不同方向打来的光线将赋予画面不同的基调。如果画面中有光线打在被强调的位置，其效果会相应地得到加强。

如果画面中的重点在照片的特定位置，可以根据上图中的“重点效果地图”来判断画面基调或者画面效果。从特定方向打到被摄主体的光线，会对观者产生相应的视觉效果。其他构图元素，如引导线条、面积分配及颜色搭配，也会产生特定的画面效果。如果在使用每一种构图元素时，你都采用了相似的方式，则会产生相近的画面效果，而且彼此之间会相互加强，最终形成你所希望的画面基调。

> 光线方向决定画面影调，并且可以通过经典构图得到加强。

链　接

在印象派画家莫奈和马奈的作品中，农民田间劳作的艰辛就是通过将其置于画面的最下方来表现的，同样文森特·梵高或者米勒也曾用相似的方式表达过这一主题。

在多数情况下，作为背景的暗棕色耕地，常常处在半阴影中以强调画面主题，视线所及也往往都在人的头上方，从而展现出农民“被压迫”的形象。作为对比，画面的上 1/3 处则常是蓝色的天空，而来自画面最上方的光线则更加突出了神圣感。此外，农民的形象大都是虔诚的，湛蓝的天空更反衬出这一颜色暗沉且压抑的画面重心，同时也刻画出画中人物性格上的逆来顺受和田间劳动的辛苦。

经典构图对画面效果的影响，本书就不赘述了，重点会针对光影设计进行讲解。因此，我会使用未化妆且居于画面中央的人像照为范例，以减弱经典构图中画面元素对光线本身所产生的影响。

1.6 模特的巧克力侧

几乎所有人的面孔都是不对称的，不仅两侧的半边脸大小不一，而且往往一侧圆润，一侧棱角分明，甚至两只眼睛也不完全在相同的高度。所以一侧脸与另一侧脸相比，看起来总有点不一样，有时也许差异很大。拍照时，大家也更乐于将自己喜欢的那半边脸被光线打亮。

范例 1.10：两侧的半边脸看起来往往有些轻微的不同。

范例 1.10 中右侧的照片有反射光，左侧的则没有。而巧克力侧（即阴影侧）一张有光线，一张没有光线。两张照片中的模特虽然都是放松的表情，但给观者的感觉却各不相同，差异显著。左图的面部轮廓比较硬，从发际线经耳朵到颌骨仿佛笔直而下，右图则在沿着耳朵向下时稍微向里弯了一点。从面部来看，则一侧的嘴角能轻易看出上扬，另一侧则不明显。由于模特的嘴角总是一侧比另一侧高，因此视觉效果上其中半边脸看起来就比另一边显得高兴。同时“微笑”一侧的眼睛也往往比另一侧稍微大一些。至于两侧脸应该从哪一侧打光，或者镜头应该转向哪侧，则要视希望获得的效果而定，不一定非是“美丽”或者“高兴”的那侧。如果想要拍出有戏剧冲突或者与众不同的效果，我建议从左侧打光，因为巧克力侧正是能够使画面内容更具表现力的一侧。

1.7 方向说明

本书中的方向说明（除非另有提示）是指模特头部所形成的坐标系，其中鼻子所指的方向代表着坐标系的“前”方。一般来说，方向说明跟相机所在的位置无关，它只决定哪一侧看起来长，哪一侧看起来短。

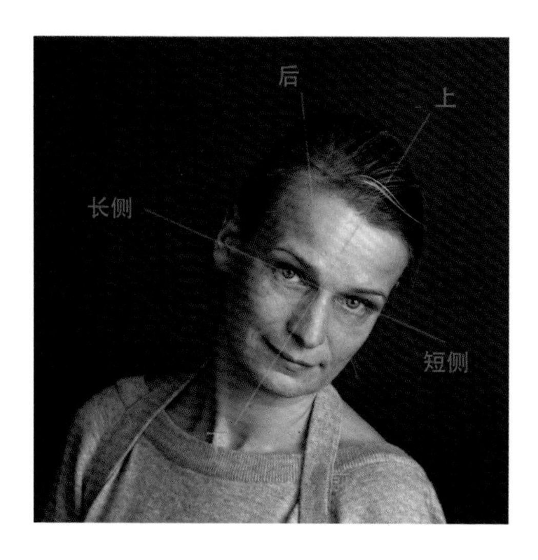

范例 1.11：本书中的方向说明都是以鼻子为参照的，而不是相机。

- “前”是模特鼻子所指的方向。
- “后”是脑后所指的方向。
- “上”是模特头顶所指的方向。
- “下”是下巴所指的方向。

长侧和短侧则根据相机的位置确定。

本章中的“上”是指模特头顶所指的方向。如果模特躺着，鼻子指向天空，那么天空在模特看来就是“前”方。至少在本书中，“前”永远是指模特鼻子所指的方向。因为光影理论的所有方向说明都跟模特的鼻子方向有关，所以在我们学院就为打光的方向理论引入了“鼻子理论”这个名词。

1.8 鼻子理论中的“牛线”

假设模特的鼻子上戴着“鼻环”，就好像牛鼻子上的那样。在这个“鼻环”上，穿了一根红色的尼龙绳，另一头绑在相机上或者你自己牵着，并将绳子保持绷紧状态，不能松垂。而且不管你和相机处于什么位置，你从什么方向观察模特，它都能保证当你用手拨线时能像吉他一样发出响声。通常我将模特鼻子与相机之间的连线称作“牛线”，这一想象出来的辅助工具对布光有很大助益。在接下来的几章中，我会多次提到“牛线”。

千万不要将“牛线”与鼻线混淆。鼻线只存在于模特的鼻子上，仅是鼻子所指的方向，而“牛线”则代表着鼻子与相机之间的关系。如果摄影师站在模特后面，那么鼻线就会从镜头前消失，但“牛线”与摄影师之间的关系却仍然存在。

1.9 光线方向的选择

目前来看，光线方向的选择至少由 3 个因素决定。

1. 如果要得到充满立体感的画面效果，需要在模特的短侧布光。

2. 根据希望获得的画面效果，光线可以分别从不同方向照亮被摄主体，如左侧的“过去”、中间的“现在”、右侧的“未来”，以及上方的“积极天空”和下方的“地狱之光”。

3. 最好能按照预期的画面基调，对模特的巧克力侧布光以进行强化。

比如，从镜头方向看去，巧克力侧位于左侧，但根据预期的画面效果，灯光需要从右侧打来，这时就必须得有所侧重。一位优秀的摄影师，懂得从中找出最佳的布光方案，从而使画面向希望的方向无限接近。

操作范例：光效受打光方向影响

乌韦·穆勒拍摄的这幅作品，其原型为费美尔的《戴珍珠耳环的少女》，从她的人物装扮也可知道其所处时代与我们相距甚远。费美尔的画作为我们打开了一扇“过去”的窗子，这种感觉不仅存在于画面中，而且是“打开”的，也许他是想以一种沉重的方式给观者传递那种源自久远的过去却又持续到现在的存在感。他的画作看起来时间仿佛已经停止，少女从黑暗的背景中突显出来，处在来自左侧，即“过去”的光线中闪亮耀眼。少女转身面对“过去”之光，用那千言万语的眼神注视着现在的观者。在文艺复兴时期，这是一种缅怀过去与抓住当下的游戏，亘古不变，即使在几百年后出生的观者身上也能找到。这幅作品的主光是大角度光源的高光，且亮光带着轻微的绿色线条，以使阴影部分最终融入整体色调，从而产生一种古典油画的感觉。

范例 1.12：乌韦·穆勒

布丽塔·施多申的这幅作品仿的是名画《带金头盔的男人》，这一作品名称完全没有戏谑的意思。同原作一样，光线也是来自“过去”，即左侧，而身体则摆出了朝向“未来”的姿势。人物的视线在画面中央正视观者，看着“现在”。这幅作品给人的感觉就是，这个男人从“过去”来到了我们的“现在”。其高贵的金头盔是用做发型设计的工具制成的，难道这个来自黄金时代的男人已经融入了平凡的现在？在原作中，男人的视线是向右下的，可能是在看那黑暗的未来。而且原作黑暗的背景色调也比这幅作品深，从而更突显了男人的疲惫。原作给人的印象是，戴金头盔的男人来自光芒四射的过去，但现在光芒已经逝去，未来则是一片漆黑。此外，原作是伦勃朗式用光，光线倾斜度极大，所以眼睛和嘴角都处在了阴影当中，仿佛这个男人又将像黄金时代那样消失于黑暗中。

范例 1.13：布丽塔·施多申

在这幅现代摄影作品中，布丽塔沿着牛线方向通过延伸法为阴影部分打上了亮光，从而减弱了那种强烈的冲突感，也算是我们这个时代对原作的传承和再次解读。

迪特·法斯特曼的这两幅作品来自系列油画《象征与比喻》。一个像耶稣的男人穿着灰旧的衣服，一把钥匙挂在颈项上，虽有来自“未来”的侧光，却让人很难感到未来的美好。这种毫无立体感的布光、充满无望的灰色调和那些明明暗暗的噪点，都强化了这种印象，与“黑框效果”一样。而且男人这种特异的姿势在另一张照片中也有所体现，画面中圣饼被唐突地放在一个小纸箱里，侧光几乎将男人的面部从中间一分为二，从而使一只眼睛几乎完全处在阴影当中。在这里，光线的运用给人一种模棱两可的印象，尤其中间的深色线条更突出了画面的分裂感。

范例 1.14：迪特·法斯特曼

在拉法埃莱·霍斯特曼拍摄的这个场景中，借用了天主教的人物形象，并通过低光传达出阴森恐怖的感觉，而且人物身后的黑色背景也强化了这种视觉效果。拍摄时，光线来自一个柔光箱，放在距离模特胸前很近的地方，然后垂直向上打光照亮了整个胸颈部，从而产生了一种“浮出黑暗”的神奇效果。此外，为了避免额头和肩膀完全处在阴影中，则使用了折中照明的方法对这两个部位进行了轻微布光。

范例 1.15：拉法埃莱·霍斯特曼

范例 1.16：迪特 · 法斯特曼

迪特·法斯特曼在这张人像摄影中使用了环形闪光灯。通常采用这种布光方式时，光线要来自模特的视轴方向，因为这是一种非常开放、无阴影且具有立体感的光，其亮度很高。迪特·法斯特曼非常喜欢突破传统的拍摄方式，在这幅作品中，他就通过提高环形闪光灯的位置和选择灰度值，来获得他想要的影调。为了克服环形闪光灯对中间光线所形成的效果产生影响，迪特使用了对比式构图技巧，从而使男人硕大的毛孔、粗糙的皮肤、凌乱的眉毛与深邃的眼睛形成强烈反差，而这一切都源自摄影师对构图的预想。事实上，你也可以试着打破所有规则，按照自己的构想去实践，以获得属于你个人的影像世界，但前提仍然是要先熟悉所有的规则。

范例 1.17：霍斯特·木佩尔

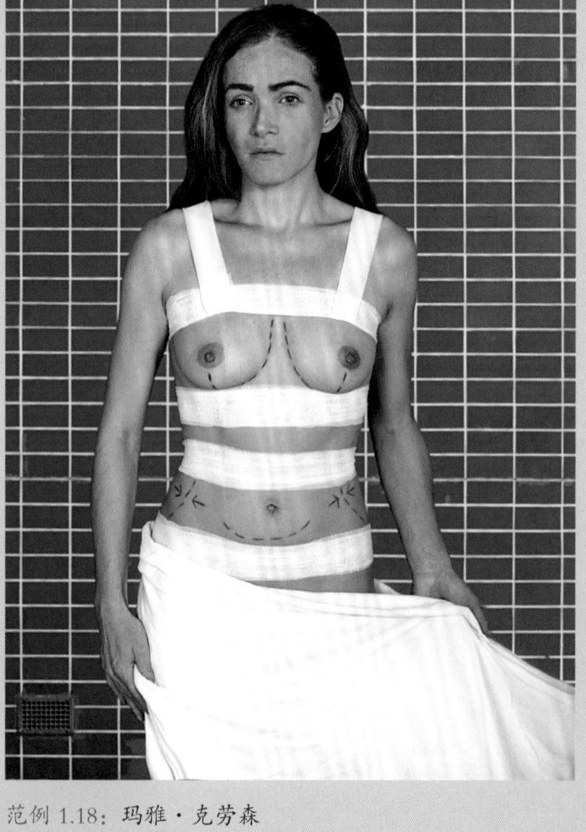

范例 1.18：玛雅·克劳森

在这幅作品中，霍斯特·木佩尔唤起了我们对集体的回忆。他借用了汉斯·马汀·徐赖尔在“德意志之秋”时期通过媒体发布的照片，光线也像原照一样采用了前光，从而使画面看起来仿佛一种证明。绑架者想要表达：徐赖尔先生在我们手上，他还活着。当年的照片肯定不是一种构图设计，但据我推测，正是为了表达一种非自愿性和证明的需要，使这种构图反而成为对集体的回忆照。霍斯特·木佩尔以非常具有讽刺性的方式揭露了原照中“自相矛盾”之处，挖苦了虚假的绑架场景，并通过媒体披露内幕。

有异曲同工之妙的还有玛雅·克劳森拍摄的以弗里达·卡罗的油画为原型的照片。在这幅作品中，前光让模特看上去完全没有阴影，匀称紧致的身体上毫不留情地画着一些线条，以说明在通过预定手术后身材可以更加完美。但画面的背景看起来一点都不像手术室，反而会让人联想到一个不幸被关在牢房里的女子，画面的整体效果也更像整容手术后的“前后对比照”。在这里，拍摄采用了“多功能灯”，直径约2米，位于摄影师的正后方。事实上，这也是专业人像摄影师最喜欢的一种光。

在康斯坦丁·内莫罗的这张人像摄影中，光线几乎是从模特的视轴上方打来，且轻微向左偏斜的。然而对模特短侧进行打光时则使用了柔光箱，位于视轴下方。拍摄时，康斯坦丁·内莫罗巧妙地通过色彩元素与动感线条的对比进行构图设计，最终使平淡无奇的光线从画面中央迸发出活力。

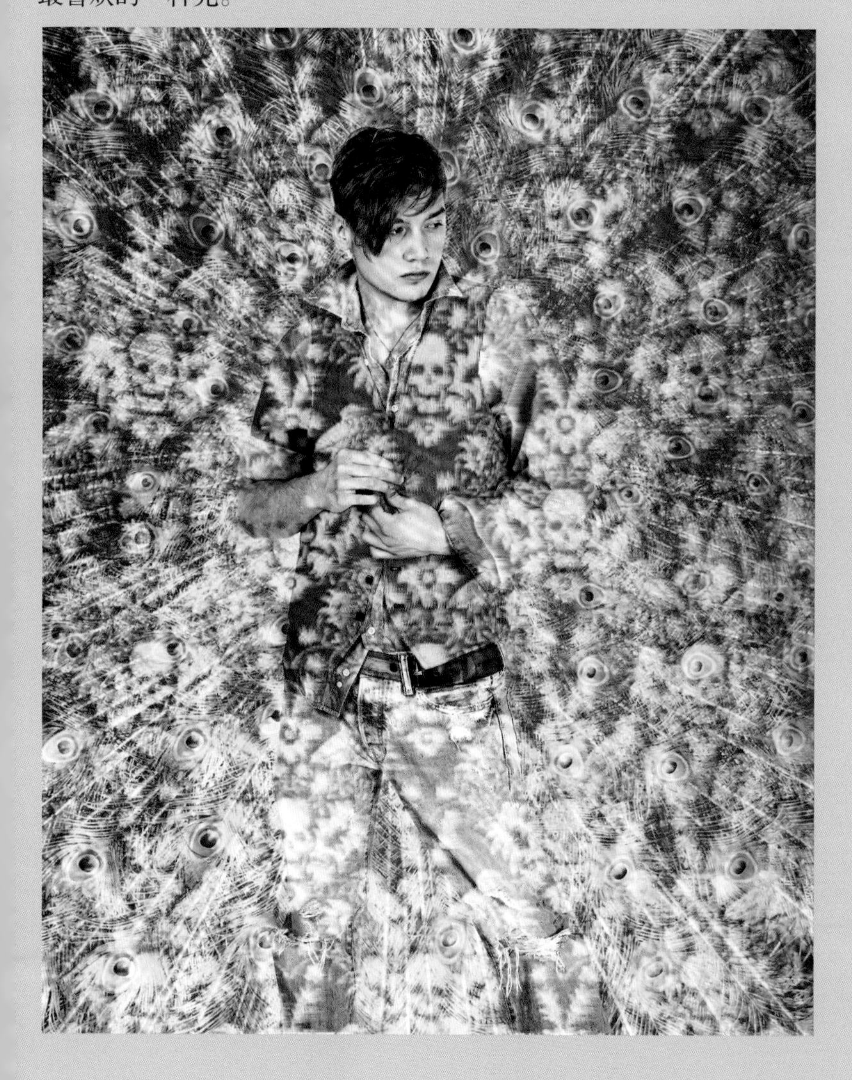

范例1.19：康斯坦丁·内莫罗

2.

三种重要的打光方式

侧光、伦勃朗式用光和高光分别会产生不同的影调，本章我将详细介绍三种经典的主光类型。在几百年的绘画历史中，已经对不同主光获得的自然效果进行过研究，主光能够模拟一天中不同时刻的自然光线。比如，黎明或傍晚时分，太阳位置非常低，形成的阴影则很长，被摄主体也由此显得阴森可怖，最终赋予了画面一种低沉、阴郁的影调。由于一天当中，太阳位置的不同，光线照射到被摄主体的角度也各不相同，从而在观者眼中形成的阴影就不同。中午时分，往往很少出现阴影，即使形成阴影也比较小，但被摄主体看起来却清晰可见。因此在这种光线下，被摄主体的实际高度最贴近真实，看起来也更光芒四射，甚至完全沐浴在阳光中。

事实上，逆光也同样能产生非常自然的画面效果，但在摄影中并不被当作主光来处理，因为它常需要与某一种主光并用，在此我将单独用一章专门讲述逆光及其特点。此外，还有很多人为制造的效果光，如上一章提到的底光。因为太阳从来不会位于视野下方，因此在自然界中最终出现了人造光源。比如，环形闪光灯就能营造出令人轻松的氛围，但它产生的也是自然界不存在的影调。

太阳是三种主光源之父，但从摄影角度来看，也是一个面积非常小的光源，甚至在伸直胳膊后用拇指都能挡住。因此我会借助大家都很熟悉的太阳，通过清晰可辨且轮廓分明的阴影来讲解三种主光源，以帮助你理解眼前的光影效果。

我建议你先了解这三种主光类型，尝试拍出小角度光源的展示效果，如利用建设灯、台灯、简易灯泡、节能灯、手电筒或者其他任何便于携带又能持续发亮的光源。

你也可以将太阳做成一个“标准反光板”，它类似于摄影棚的闪光设备，利用它们能够获得清晰可见的阴影，并拍出本章介绍的几种照明效果。使用人造光源模拟阳光，优点在于你能自由将其放在想要的位置，不受时间天气的影响。地点也可以不是专业摄影棚，只要能模拟主光类型的照明效果就行，如卧室。其实最关键的就是踏出第 1 步：学以致用。

然而使用这类光源拍摄都存在立体感不足的问题，多数情况下会形成高对比度，即暗部太黑，阴影部分细节丢失。因此拍摄时，首先要做的就是熟悉所使用主光类型的基本特征。其后章节我还会介绍不同的光线控制方法和布光技巧，以使你能区分并把握不同的明暗对比和立体感，从而使你的摄影作品更具张力。

本章中的照片多来自实践练习，如果你已经建立了自己的影集，也许会发现书中的范例照片与自己所拍类似。而在拍摄过程中，你可以先寻找最合适的主光源，然后照亮阴影部分，并进行对比操作以确定主光源的最佳摆放位置。

模特无须刻意打扮，淡妆就行，因为只有这样你才能看到“纯粹”的阴影和亮点，而不受眼影、腮红和粉底的误导。通常灯光要直接打到模特面部，以避免光线照亮整个背景。我就曾使用过深灰色的纸背景，但照出来的画面几乎是黑色的，除了几个具有修饰作用的尘埃点，画面上看不到其他后期处理的痕迹。在你按照每一步练习进行模拟的过程中，也能像这样展现画面。

2.1 侧　光

最容易学习的就是侧光，然而在侧光下拍的照片往往看起来比较阴暗、压抑、忧郁、危险甚至恐怖，因为大部分面部都处在黑暗中，表情几乎无法辨别。从心理上来说，对于无法看出表情的人，我们直觉就会认为可能存在潜在的危险，应该要小心。当光源位置较低时，则会让人联想到黑夜前的最后一线光明，以及接踵而来的“黑暗世界”。如果你用好了侧光，就可能仅通过一个较大角度光源的“照明”设备，来最大程度地改变不同背景的基调。操作时，首先布置侧光，然后确定模特与光源之间的摆放位置，而相机位置则相对自由。至于将光源放在左侧还是右侧（从相机位置看去）也可自由选择，这主要取决于你的构图是面向未来还是过去。也就是说，布光时你只需考虑画面构图中的“时间轴”即可。

范例 2.1：第 1 步。

范例 2.2：第 2 步。

范例 2.3：第 3 步。

2.1.1侧光的布光步骤

布置侧光通常有 3 至 4 步。

1. 将光源放在短侧，并对着右耳布光，仿佛光线穿过右耳而来。
2. 慢慢将光源前移，直到上眼睑被照亮。
3. 继续将光源上移，直到上下眼睑亮度一致。
4. 如果步骤 3 中的眼睛没有被光线照亮，就继续向前移动光源，直到瞳孔出现反光。

如果在第 3 步中，眼睛部分已经被照亮了，第 4 步可以取消。但即使在这种情况下，轻微改变光源位置，如向前移几厘米，也会使眼睛部分的光照发生改变。

如果有机会对不同模特进行试拍，你会发现由于面部解剖特征的不同，要想达到预期效果，多多少少都要移动光源，使其最后的位置比之前可能明显倾斜，也可能更显平坦。而且根据眼窝的不同深度，光源也需要向前或向后移动，以保证光线能够越过鼻子照到阴影侧的眼睛。由此可知，光源在拍摄时没有固定角度，这不仅适用于人像摄

影，也适用于在摄影过程中遇到的其他主题。（本书所指的方向说明始终是以模特本身为参照而形成的坐标系统）

范例 2.4：第 4 步。（可选）

2.1.2侧光的设计特点

确定重点

阴影侧的眼睛得到强调后，在黑暗的环境背景中仿佛拥有神奇的魔力，吸引着观者的视线。

引导线条

额头所显示的阴影线条好像一条“指示路径”，将观者的视线引向模特阴影侧的眼睛，最终使眼睛再次得到强调。

面部由上到下、从左至右的分界线其实是呈 S 形的，它始于额头，经鼻子、嘴唇、下颌，最后到颈项，完美地划过了整个面部。比如，需要突出面部的立体感时，将光线照在 S 曲线的唇部和下颌，就能起到很大作用。

面积分配

阴影线条将额头以 1:2 的比例进行分配，而且以此打光会获得一种有张力又和谐的画面效果。

光线较暗的这半个面部，通常面积大、颜色深，且无明显结构，但能通过对眼睛布光赋予其张力和动感。

2.1.3侧光效果

使用侧光的照片，由于阴影部分面积较大，往往会使整个画面显得阴沉、忧郁、消极或压抑，甚至会带给观者危险或恐怖的感觉。而且当所拍被摄主体只占画面一小部分时，侧光还能强调失落、孤独和被遗弃的感觉。

2.1.4侧光的相机位置

在侧光的布光步骤中没有提到相机位置，但你可以用相机对模特进行各个角度的试拍，只要保证自己和相机始终位于模特的阴影侧就行。也就是说，光源是来自摄影师和相机位置的另一侧。

范例 2.5：不同的相机位置，会形成不同的侧光效果。

2.1.5侧光下的“错误”

在这一节，我将介绍几个常犯的“错误”，可能你也曾多次遇到。但特别需要指出的是，有时利用这些“错误”，反而会拍出效果非常棒的照片。在这里，所谓的“错误”，一方面是指，当你模拟日光进行拍摄时，并没有遵守其为获得自然的画面效果而需遵守的规则；另一方面也指，你的无心之举在照片中所制造的刺激性亮点。通常最终形成的“错误”效果，是与你预期的画面或者构图相反的。

为长侧布置侧光

如果你与相机都位于模特被照亮的一侧，那么侧光就是打在面部的长侧，这类照片往往显得张力不足，立体感较弱。对于观者而言，模特的面部看起来又大又平，一只眼睛也完全处在阴影当中。即使面对相机的眼睛，也没能将观者的视线引向额头的引导线条。而模特耳朵在画面中的突出，反而将观者的视线沿着脖颈引向那里。在这种布光下，模特给人留下了“独眼”的印象。

范例 2.6：侧光打在模特长侧。

尽管如此，在实际拍摄中侧光仍然常常打在长侧，原因可能是这种布光方式能够明显降低画面的对比度，且曝光也更好控制。但如果模特的面部轮廓本身缺乏张力，又没有立体感，该如何将观者的视线从模特眼睛吸引到耳朵，并获得一张对比鲜明又曝光准确的照片呢？

我个人更倾向于选择将光线打在短侧，以弥补模特面部缺乏张力的不足，并通过有针对性的打光来获得鲜明的对比度。

此外，还需要注意的是，将光线打在长侧时，如果你了解它的布光特征，并能灵活运用，也能够让画面看起来简洁大气。

通常从短侧布光，对摄影师来说难度较高，因为这一侧无法像长侧那样随意修饰。因此你应该先熟悉从短侧布光的所有特征，再通过多次试拍，来寻找能够充分体现短侧布光优点的拍摄方法。

链 接

欧文·佩恩所拍摄的照片《巴勃罗·毕加索》，你既可以用谷歌搜索关键词“欧文”和“毕加索”来查看，也可以直接扫描书中提供的二维码。在这幅作品中，侧光就打在了毕加索的长侧，且面向镜头的脸颊被衣领所遮挡，从而避免了大面积空白所可能出现的空泛感。在这里，耳朵也被挡住了一部分，致使观者的视线不太会集中在那里。但短侧几乎全黑，隐约有只眼睛藏于阴影深处，这被誉为毕加索最为传神的照片。画面中仅突出了毕加索的一只眼睛，而且这只眼睛几乎位于画面的中心。

佩恩是人像摄影大师，在他所有的照片中，光线几乎都是打在模特的长侧。他非常注重画面的立体效果、重点的构图元素和线条，知道怎样吸引观者的视线。你也可以反其道而行之，将光线打在模特短侧。事实上，只要你能专注于这方面的布光实践，就能拍出好看的照片。

同样在巴洛克绘画中，也有无数肖像是从模特的长侧打光的。他们常常戴着假发、帽子、羽毛或围巾，将耳朵这个干扰元素进行遮挡，以便在被照亮的脸颊一侧投下阴影，从而形成有明暗对比的光影效果。如果是女士，则会施以浓重的腮红，以增强两侧脸颊的立体感，最终吸引观者的注意。如果是男士，就通过道具在被打光的长侧脸颊形成原本不存在的轻微阴影。当你模拟这类肖像来拍照时，可能会发现画家用绘画手法获得立体感的地方，并没有阴影。你可以在谷歌搜索“巴洛克肖像画”，或者直接扫描旁边的二维码。

侧光位置偏后

范例 2.7：侧光位置偏后。

最常出现的“错误”就是侧光位置偏后，很多摄影论坛、布光类教科书都有提到，我自己在学习过程中也曾遇到用这种方式授课的老师。而这种“错误”的产生，主要是因为光线虽然穿过了模特一侧的耳朵，却没有进行布光步骤中所提到的第 2 步和第 3 步。

通常光源在这个位置，光线无法越过鼻子照亮阴影侧的眼睛，因此就出现了以下问题。

1. 由于阴影侧的眼睛被忽略，模特看起来像是“独眼”，且无法吸引观者的注意力。

2. 额头上的阴影线也使面部被僵硬地“分裂”成毫无美感的两部分。

3. 面部的阴影线没有形成有起伏的 S 型曲线，无法强调面部轮廓的立体感。

4. 阴影线直接从模特两眼间垂直而下，致使观者的视线被引导线条吸引至画面下方，继而离开画面。

5. 由于阴影侧的眼睛很难被突出，致使这一侧既暗沉又单调，观者几乎看不到任何东西。

在这种侧光下，模特的面部看起来就是“分裂”的。当然，如果你就想通过这样的画面来传递令人不安的情绪，那是不错的选择。通常恐怖电影为了获得阴森、暴力的效果，就常会使用这种侧光。

隐藏在阴影中的眼睛与观者无法进行任何眼神交流，这样拍出的人像仿佛永远沉浸在自己的世界，很少与外界交流。如果你想要利用侧光来形成忧郁且神秘的戏剧效果，并让观者的视线在照片上驻留，那么使模特的眼睛成为焦点就很关键，因此要避免使用这种侧光。

范例 2.8：侧光位置偏前。

范例 2.9：侧光位置偏上。

范例 2.10：侧光位置偏下。

侧光位置偏前

如果侧光位置偏前，那么光线就会穿过鼻子照亮阴影侧的眼睛，并在颧骨和嘴角处形成光斑。这明显转移了观者的视线，分散了其对模特眼睛的注意力。如果光源继续前移，还会出现类似伤疤状的光斑。因此可以说，这种布光对人像摄影毫无积极作用。

我常听学生说，他们将光源放置的偏前，是想要提亮阴影侧，但他们不能接受这些随之而来的光斑。事实上，如果你想要看清模特的阴影侧，采用增亮灯（参见下章）或者选择其他主光类型即可。这样从模特正面看去既能看到长侧的更多细节，也不会使短侧产生光斑。

侧光位置偏上

如果侧光位置过高，可能会照亮模特的眼睛，但上嘴唇会因打不到光与较亮的下嘴唇形成反差，破坏面部的平衡感，观者的视线也会因此被向下吸引。同时模特的眼睑看起来会像一个“泪袋”，使视线充满压抑。如果将光源继续上移，模特的眼睛可能会在某一刻被完全遮住，并在脸颊处形成光斑，而这是最让人不能接受的地方。

侧光位置偏下

根据侧光位置向下的程度不同，光线可能照亮阴影侧的眼睛，也可能使其完全处在阴影中。但不论哪种位置，都会导致上嘴唇的光线多一些、明亮一些，下嘴唇则少一些、暗淡一些，两者间很难达到视觉平衡，观者的视线也不可避免地被吸引至上眼睑。

上下眼睑的明亮度一致，可以赋予眼睛一种稳定的眼神。

2.1.6侧光下模特的解剖特征

范例 2.11：侧光有时会使模特的嘴角产生光斑。

侧光并非打在每一个模特身上都能获得理想的效果，一旦阴影侧的眼睛被照亮，模特的嘴角就可能会出现光斑，并使阴影中的那半边脸在画面中受到干扰，而观者的视线也会从眼睛转移到嘴角的光斑上。这种现象常出现在女性和上年纪或者超重的模特身上，因为此时模特的面部脂肪较厚，很难隐藏于阴影中。此外，当模特的面部肌肉特别发达时，嘴角的括约肌也会向前突出于阴影外，看起来仿佛形成的光斑。事实上，即使面部平坦、下颌较宽的模特，有时也会出现脸颊突显于阴影外的情况，这就需要调整测光位置。而对于眼窝较深或者鼻子较高的模特，在拍摄时如果想要光线穿过鼻子照亮另一只眼睛，就要把光源前移直到嘴角或颧骨也被照亮。在范例 2.11 中，我让模特嘴里含了东西，以使脸颊看起来较为饱满。画面中，阴影侧的眼睛已经被完美的侧光所照亮，却在嘴角产生了难看的光斑。出现这种状况时，为了消灭光斑，你可以将光源稍微后移，但这可能会使眼睛上的打光消失。

一个模特不一定适合各种主光类型。通常一幅人像摄影作品在侧光下出现光斑，就说明该模特的解剖学特征更适合用高光进行拍摄。

在正式拍摄之前，摄影师往往会先布光进行试拍，待了解模特的面部解剖特征后，再调整自己设定的布光方案。通常情况下，不适合用侧光的解剖特征，可以使用高光拍摄，其效果比较好。

如果你需要侧光那种充满冲突感的阴影效果，但模特的面部特征又不适合用侧光来表现，那么可以选择大角度光源或者额外增加布光设备来避免出现光斑。当然，你也可以使用图像编辑软件来处理光斑。通常一个问题的解决办法有很多种，而你只要选择自己喜欢的处理方式即可。

2.1.7侧光下的控制

侧光下模特的表情很难识别，所以相对于其他打光类型而言，侧光的控制就显得尤为重要。比如，拍摄模特的笑脸，就不适合使用侧光，它违背了侧光阴暗、忧郁的光线基调，画面也会显得怪异而令人费解。侧光通常适合搭配中性、深沉、阴郁或者恐怖的面部表情，这种表情也更能发挥侧光的优势。

此外，你也可以使侧光与微笑形成对比。这样的照片看起来有时会有危险乃至疯狂的感觉，有时也会显得非常奇怪。

在侧光下，相机位置的可移动性比较大，但对模特而言则恰恰相反。

侧光对模特来说有些难以控制，因为一旦模特动作不到位，就会使一侧眼睛打光过亮，因此侧光对模特的要求比较严格。然而对相机和摄影师来说，却可以在模特的阴影侧自由移动，尝试不同的拍摄点。

如果你希望合作拍摄的模特能够放松一些，就应该告诉他们光线方向，并事先练习一下。通常在布光准确的情况下，让模特自己摆造型并不难，最难的反而是摄影师不断调整模特姿势以适应布光需要。尤其当模特对你的光线方向和拍摄意图一无所知时，单方面纠正姿势很难达到效果。

链　接

在斯坦利·库布里克的著名电影《闪灵》中，杰克·尼克尔森扮演的杰克·托兰斯正坐在写字台前，他的妻子很清楚杰克又要发疯了，这时他被打上了侧光（直接在YouToube中搜索电影“ The Shining-Best scene ever!”，或者扫描文旁的二维码）。在这个镜头中，杰克·尼克尔森的笑容看起来非常友好，他坐在桌前，头正好处于侧光的最佳位置，眼睛也被完美地打上了光，但画面基调却显得阴暗又充满潜在的危险。随后他站起来走向了妻子，妻子则拿着一根棒球棍试图保护自己。这时尼克尔森的脸转向了灯光，位置正好让他处于侧光中。而且在这个位置，来自窗户的光线也给他打了高光，但这与场景的戏剧内容并不相符，毕竟高光看起来更偏向于写实。而他的妻子却处在逆光中，看起来非常阴森。这部电影中有很多值得学习的镜头。比如，在另一镜头中，当两人正走到楼梯中段时，照到尼克尔森脸上的光线有点偏后，他转了一下头轻微偏离了光线，将一只眼睛隐于阴影中，脸也正好被阴影线条从中间分开，画面看起来明显是在威胁对面的妻子。这种微妙的布光方式，与情景内容非常匹配，经验丰富的演员都很清楚这些光线特点，拍摄时也知道应该怎样移动身体，以使画面效果更佳。

2.2 伦勃朗式用光

采用伦勃朗式用光时，面部的大部分也处于阴影中，与侧光情况类似。但为了保证能够清楚地看到面部表情，眼部和唇部都要打光，并要准确把握模特面部的解剖学特征。伦勃朗式用光可以突出最重要的部位，隐藏不重要或不想表现的部位。而观者也能够获得足够的线索根据自己的想象力诠释阴影处的寓意。这样拍出的人像作品看起来更为深刻，人物机智、复杂的性格鲜明而与众不同，既有很强的表现力，也充满了生活气息。

同时这种光线因为搭配了不同的打亮方法，其背景和最终效果灯的选择，非常具有多变性。为了让模特的表情更加生动鲜明，无论是摄影师还是模特本人，都必须具有丰富的经验。

2.2.1伦勃朗式用光的布光步骤

通过两个步骤可以获得伦勃朗式用光。

1. 将光源放在模特头部略偏上的位置，并倾向于短侧，即要求在鼻子和脸颊出现阴影即可。

2. 将光源继续后移，直到鼻子与脸颊的阴影连起来，再将光源上下移动，直至阴影连接点位于嘴角上方。

拍摄时一定避免鼻子的阴影与嘴角相连接，甚至遮住嘴角，即要求鼻子的阴影与上嘴唇之间要留有一段距离。理想情况是，光线能完整地照到嘴上，但由于不同模特的面部解剖特征不同，很难百分百做到这点，尤其是下颌较窄的人，嘴角常会消失在长侧的阴影中。在这幅作品中，模特的嘴角也没能完全被光线包围，上下嘴唇都有阴影。尽管如此，鼻子的阴影还是应该与上嘴唇保持一定的距离。这样在任何情况下，长侧的那只眼睛下都会形成一小块“三角光”。如果此时长侧的上眼睑也被打上了足够的光，则会与这块“三角光”相呼应，同时照亮眼睛本身和瞳孔。由于只使用了小角度光源，所以长侧的其他面部位置都处于阴影中。

范例 2.12：伦勃朗式用光——第 1 步。

范例 2.13：伦勃朗式用光——第 2 步。

范例 2.14：“三角光”区域会使观者的视线来回移动，但始终停留在这一区域。

2.2.2伦勃朗式用光的设计特点

确定重点

模特长侧的眼睛在明亮的“三角光”中会成为阴影区的重点，而这个“三角光”区域本身也是阴影侧半边脸的重点。因此与侧光相比，阴影侧的眼睛会被双重强调。

引导线条

与侧光相同的是，额头上的阴影线条也是一个“指示路径”，观者的视线会沿着它向下被吸引到“三角光”区域的眼睛上。

与侧光不同的是，观者的视线不会停留在这只眼睛上，而是会继续沿着面部阴影向下直到鼻子的阴影处。而这个阴影又会导致视线再次回到上面的眼睛，或者逆着鼻子阴影向上到面部阴影区，最后回到眼睛。可以说，观者的视线就是这样被“三角光”区域所引导的。

此外，弯曲的阴影线条也正好突出了面部形状。与侧光相比，脸颊、眼睛和嘴角的形状都被“三角光”以及环绕嘴角的光线所衬托突出。阴影线条的形状将面部特征很好地强调出来。

面积分配

根据相机摆放的位置，可以使光线正好将面部按照 1:2 的比例进行分配，这是一个极具张力又和谐的黄金比例。

面部的阴影侧因为“三角光”和眼睛的突出而显得充满生机，同时这也打破了原有的面部格局，形成了一种立体感和张力。

2.2.3 伦勃朗式用光的效果

阴影侧的眼睛作为阴影侧面部和明亮的“三角光”区域双重强调的重点，像有魔力般在黑暗中吸引着观者的视线。这种布光既可以让视线在“三角光”区域来回游走，也能使模特的表情清晰可见。如果是侧光，表情则是被隐藏的。现在眼睛下的笑纹和时光留下的皱纹都能被看见，再加上被照亮的嘴唇，模特的情绪是放松还是紧张很容易被观者所辨识。通常唇部的表情能够体现模特的情感，即使藏在阴影中那大而单调的脸颊，也能使观者进一步贴近眼睛、嘴唇和面部轮廓，并对这块“空地”进行假设和预想。从观者角度来看，此时的模特就比侧光下更显深刻，更具生活气息，也更有“故事感”。一般来说，侧光会让人觉得处于阴影中的人是不友善的，因为它能反映的面部信息很少。而伦勃朗式用光则能给观者带来更多、更主动的想象空间，从而也更容易通过模特的表情联想到其他相关信息。

范例 2.15：从不同相机位置所看到的伦勃朗式用光。

2.2.4伦勃朗式用光的相机位置

当伦勃朗式用光打在面部短侧时，人物常会显得非常有张力，面部特点也容易被突显。如果是外景拍摄，你还可以拿着相机对模特进行各个角度的试拍，直至找到最佳位置。但如果是在摄影棚，则需要让模特和光源一起在镜头前移动，而相机的位置则需要固定在背景前，以避免镜头与背景错位。

如果相机在模特的鼻线延长线左右移动，就需要重新布光，以保证光线再次打在短侧。在上文的例子中，如果相机的位置从鼻线左侧移到了右侧，那么光源就必须放在模特的左侧。

范例 2.16：长侧伦勃朗式用光会让模特的面部更平面化，从而突出耳朵。

2.2.5伦勃朗式用光下的“错误”

长侧伦勃朗式用光

伦勃朗式用光比侧光的打光位置稍高且偏前，在长侧能产生多于侧光的阴影和立体感，但模特的脸颊和额头仍旧比较平坦，整个面部也显得更宽更长。如果耳朵没有被头发、帽子、围巾或者类似东西遮住，会显得过于突出。与侧光不同的是，阴影侧的眼睛由于“三角光”的存在而得到强调，以吸引观者的视线，并与耳朵形成构图上的平衡。

在绘画作品中，既有长侧的伦勃朗式用光，也有短侧的。如果对长侧使用伦勃朗式用光，长侧则会被描绘得比实际光线产生的效果更立体。巴洛克时期的男女经常会使用腮红，以增加脸颊的立体感。耳

范例 2.17：伦勃朗式用光位置过低时，会在嘴角产生光斑，使鼻子看起来好像是斜的。

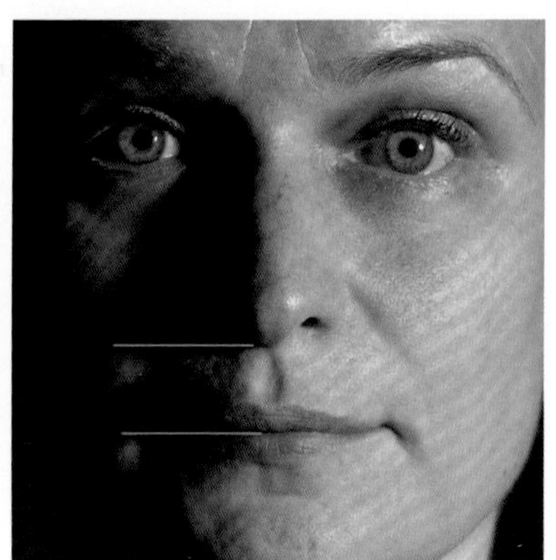

朵却会被帽子或者帽子的阴影所“藏起来”，以使画面更具活力。此外，我建议你先从短侧练习伦勃朗式用光，这样可以暂时避过耳朵这个重点和脸颊过于平坦的问题。

伦勃朗式用光不仅会让面部特征突出，也能使模特显得更成熟，更具沧桑感，看起来也可能比实际年龄大 5 岁左右。因此这种布光方式常用于男性，女性则很少使用。

范例 2.18：倾斜的伦勃朗式用光使模特的眼睛处于阴影中，看起来毫无活力。

伦勃朗式用光位置过低

如果鼻下阴影的边缘与嘴唇平行或者偏上，那么模特的鼻子看起来就有些歪，甚至像被“打弯了”，而明亮的“三角光”区域也会显得过小且有些变形。因此拍摄时，鼻下阴影的边缘要稍微往下一些。

范例 2.19：伦勃朗式用光位置过于靠后。

伦勃朗式用光位置过高

一旦鼻尖的阴影将嘴角遮住，就表示光源位置过高。如果光线没有照亮阴影侧嘴角，模特的表情就很难识别，与侧光的效果类似。

如果上嘴唇位于阴影当中，则表示光源位置过高。通常当上嘴唇过暗时，不仅在眼下很难形成平衡的“三角光”区域，阴影侧的眼睛看起来也是“向下”的，仿佛模特刚刚“哭过”。

如果眼睛完全隐藏于阴影中，也意味着光源位置过高。这时的“三角光”区域就只突出了“空荡荡”的脸颊。

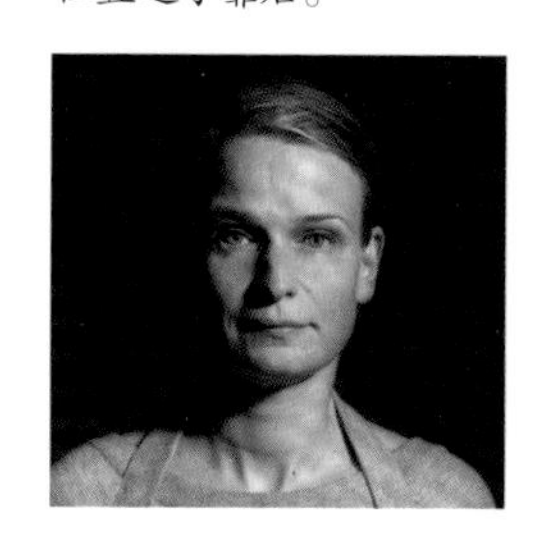

范例 2.20：伦勃朗式用光位置太靠前时，鼻子看起来是歪的，眼下的“三角光”也开了一个口。

伦勃朗式用光位置靠后

如果鼻子的阴影“正好”融入面部阴影，眼下面就很难有明显的“三角光”。在范例 2.19 中，光源就放在模特头部靠后的位置。由于模特的面部解剖特征，眼下出现了一块影响美观的光斑，有点像疤痕。

伦勃朗式用光位置靠前

如果鼻子的阴影没有与面部阴影相连，不仅模特的鼻子看起来像是歪的，好像沿着阴影侧变长了。如果伦勃朗式用光位置正确，使鼻子的阴影与面部阴影相连接，那么阴影就会形成一个整体，还原鼻子的本来面貌。此外，当鼻子的阴影与面部阴影断开时，“三角光”的下角处会向下打开一个口，就如沙漏的上半部分。这种“三角光”会将观者的视线带离这个区域，沿着面部阴影继续向下，从而忽视了模特的眼神，也消弱了眼神中明显的穿透力。

2.2.6伦勃朗式用光下模特的解剖特征

如果模特的下颌很窄，鼻子的阴影可能会穿过嘴角直接融入面部阴影中，此时既不能使光线照亮整个嘴唇，也无法从嘴角看出任何表情，但可以通过一个较大的光源或者额外添加增亮灯来解决。因此下颌较窄的模特比较适合用侧光拍照，将布光重点放在眼睛而不是嘴唇。然而伦勃朗式用光，更适合拍摄面部轮廓较平坦的模特。

如果是眼窝较深或戴深度近视眼镜的人，就必须将光源位置放低，以便处于深眼窝中的眼睛易被打光。但也可能会因光源位置过低，鼻子下缘的阴影与唇部平行，使鼻子看起来有些歪。其解决方法也是在形成阴影的地方进行打光处理，或者选择此外一种不会出现这类问题的主光类型。

对于鼻唇沟明显的人，伦勃朗式用光打在短侧时会突显优点，使面对相机一侧的皱纹被鼻子的阴影所遮挡，背对相机一侧的则直接被鼻子本身所隐藏。

2.2.7伦勃朗式用光下的控制

伦勃朗式用光能够让面部表情清晰可见，给观者留下自由诠释的空间，但这种布光的控制比较难。比如，恰当的表情在这种布光下是容易被观者看到并进行解读的，可笑得灿烂如花时就不太合适。因为伦勃朗式用光不仅是一种阴影内涵非常丰富的光，而且常以醒目的方式来展现面部轮廓的特征，控制时要尽量让面部醒目、有力，有英雄般的无畏感，仿佛一切尽在掌握中。如果对可爱的笑容使用伦勃朗式用光，反而会有种讽刺意味，因为醒目的阴影与充满希望的明亮会形成强烈反差。但当你刻意使用这种矛盾的拍摄手法时，则会拍出夸张且非常具有张力的照片。因此你必须清楚如何控制伦勃朗式用光的效果，以便更好地利用它。

2.3高　光

高光有很多别名，如美人光、时尚光、好莱坞光、魅力光、玛琳－黛德丽－光及蝴蝶光，等等。它出现于中世纪后期的绘画中，意大利文艺复兴时期常用来美化画面，使用频率非常高。比如，列昂纳多·达·芬奇的《蒙娜丽莎》，画中就使用了一个位置较高的光源，好像南部国家正午的太阳一般。然而在北部，像荷兰绘画中，阳光的位置就不会那么高，绘画中也很少使用高光。在巴洛克时期，荷兰绘画中则经常使用伦勃朗式用光或者侧光。

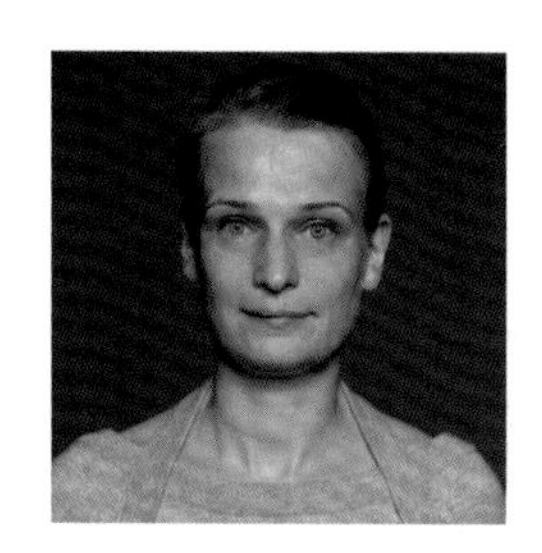

范例 2.21：高光——第1步。

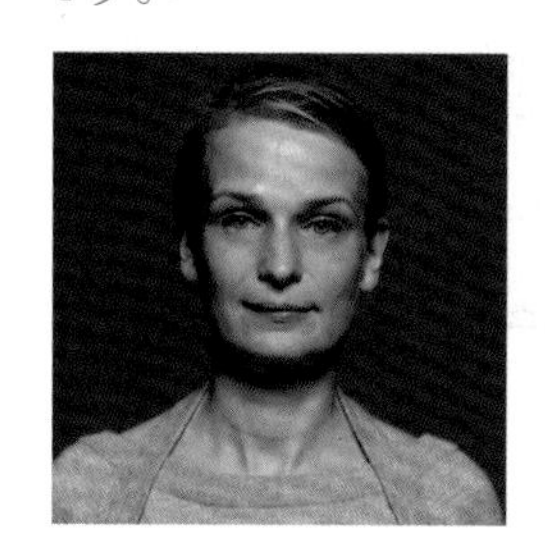

范例 2.22：高光——第2步。

范例 2.23：高光——第3步。

高光非常容易掌握，几乎不用考虑面部的任何解剖学特征，仅通过选择光源大小、增亮灯或者效果灯，就能产生对观者影响很大的画面效果。这种光也是目前所有人像摄影中使用频率最高的光，因为它能在画面中产生一种自然、中性、阳光又积极的效果，杂志的封面照几乎都使用高光。

2.3.1高光的布光步骤

通过两三个步骤就可以获得高光，并根据你是拍摄模特的正面还是侧面来选择相机的位置。

1. 用光源照亮模特鼻子的正前方。

2. 将光源向上移动，直到鼻下出现阴影，且鼻尖的阴影正好位于鼻子下端与上嘴唇中间。

范例 2.24：当高光从正前方打来时，相机不适合在侧位给模特拍照，因为阴影侧的耳朵会成为过分强调的亮点。

范例 2.25：当高光从侧面打来时，相机则不适合采用正面位置给模特拍照，因为两侧脸颊和五官会看起来不平衡，同时一只耳朵也会被阴影所遮挡。

3. 不要从正前方拍摄模特，应将光源向模特短侧移动，直到长侧的耳朵正好处于阴影中。

如果使用高光拍摄人像，你首先要确定是拍摄模特的正面还是侧面，以便确定光源的位置。如果相机位于模特的正前方，那么画面中面部的两边脸就是一样长的。至于相机是选择较低还是较高的位置，则关系不大。

高光拍照选择

如果你像步骤二中那样照亮模特面部，那么光源的位置就在模特的正前方。如果你保持光源和模特的位置不变，仅拿着相机在模特两侧拍照，其耳朵就会在阴影形成的一个亮点，以吸引观者的视线，使其不再关注模特的表情。

如果你将光源略向模特短侧移动（参见范例 2.23），就可以从侧面为模特拍照；如果你拍摄的是模特的正面，那可能会拍出“只有一只耳朵”的照片，而且鼻子看起来可能是歪的，因为阴影不再位于鼻子和上嘴唇的中间。同样的情况也会出现在唇部，即一侧嘴角明显比另一侧暗，从而使唇部失去了平衡感。此外，阴影侧的颧骨会突出，另一侧则显得较为平坦，使两侧脸颊看起来也一侧比另一侧瘦一些，就连眼睑产生的阴影也可能让两只眼睛看起来大小不一。总之，在高光下从这一角度拍摄，模特的面部看起来往往是不对称的。

操作提示

如果模特天生面部就不对称，那你应该将高光稍偏侧面放置，以使面部看起来显得对称。

如果你将高光打在了正确的位置上，那么鼻子下面就会出现蝴蝶状阴影，以突显鼻子在面部的三维立体感；眼睛则会因为上眼睑的阴影而更添神韵；颧骨则由于“脸颊阴影”使面颊得到了修饰；上嘴唇较暗，下嘴唇较亮，且嘴唇下方出现的一小块阴影，也使整个嘴唇看起来丰满又立体。此外，模特的颈项隐于阴影中，这不仅能很好地隐藏双下巴，而且整个面部的边缘要比中间略暗，从而使整个面部显得肤质润泽又充满立体感。

如果你是从侧面拍摄人像，那么将光源置于短侧，则会强化这些阴影，并使鼻子显得更加挺拔。如果你不希望耳朵出现在镜头中，则可以将光源继续向短侧移动，或者通过长发将其隐藏。同时耳朵也可以用来确定，相机另一侧的光源需要向短侧移动多少，才能正好使其消失在阴影当中。这时画面中的眼睛、嘴唇和脸颊明显都比在进行第 3 步操作前更显立体。

观者的视线虽然可以在模特的面部来回游移，表情也完全清晰可辨。但面部因侧面的“脸颊阴影”和“眼睑阴影”所突出，最终将观者的视线锁定在脸颊。

2.3.2高光的设计特点

确定重点

高光不会在面部某处产生明显的突出效果，额头、脸颊、眼睛、鼻子、嘴唇和下巴的左右两侧常会打上同样的光，观者的视线也因此不会被吸引至某个特定的部位。它既可以在面部自由移动，也能清晰地看出模特的表情。

引导线条

脸颊阴影和眼睑阴影在构图上使面部不再是一块单调的面积。而且在这种线条的引导下，反而充满了张力，能够明显突出模特面部的解剖特征，使观者的视线能够被锁定在模特脸颊。但高光下引导线条的作用并没有伦勃朗式用光中的“三角光”那么明显。

面积分配

高光强调脸颊处的面积，伦勃朗式用光则通过面部线条来吸引观者的注意力，而侧光则是将观者的视线集中到模特的眼部。对于面积较大的表现区域，如果不能在构图上形成“吸引点”，往往会显得单调且缺乏张力。因此在使用高光时，让眼睑阴影、脸颊阴影、鼻子阴影和嘴唇阴影足够突出非常重要，它能使面部重现活力。

2.3.3高光的效果

使用高光拍出的照片，常会使模特显得比较大方、自然、中肯且具有说服力。与伦勃朗式用光和侧光不同，你可以在一定范围内改变光源的位置，以获得想要的画面氛围。

范例 2.26：过低或过高的高光能够让你在一定范围内改变画面所传递的情绪和现有的构图。

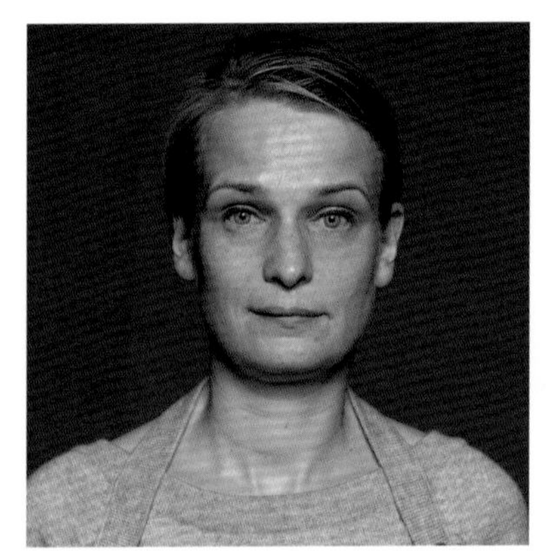

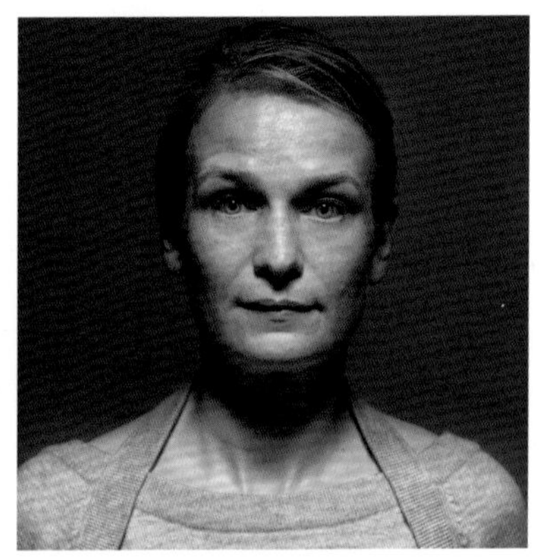

使用高光时，你可以自由选择光源位置的高度，因此这也是变化最丰富的一种光。

如果将高光光源下移，那么眼睑阴影、脸颊阴影和嘴唇阴影所体现的立体感都会逐渐削弱直至完全消失。尤其当光源位置过低时，鼻下蝴蝶状的阴影也会消失。但高光通常能表现出模特友好、温柔、可爱或者坦诚的感觉，当然这也能通过增加逆光或者一个很阳光的画面构图来实现。有时高光甚至可以表达神圣、崇高的视觉效果，特别是在你使用大角度光源或者强力增亮灯时。如果此时画面的色调偏暖，对这种效果更有加强作用。

如果将高光光源上移，则会使阴影显得更突出、更醒目，人像看起来也更具戏剧性或者权威感。

由于不同效果的高光可操作空间很大，所以对于刚开始使用高光的初学者很难掌握。而且与其他主光类型相比，高光所产生的阴影非常小，不是训练有素的摄影师常常会被忽略。

2.3.4高光的相机位置

与其他布光类型一样，在高光下，相机的位置也是自由选择的。你可以绕着模特寻找机位，直到光线停留在模特的短侧，即阴影侧正对着你。这种方式非常适合拍摄侧面照。如果相机换至模特鼻线的另一侧，就需要将光源移至新的短侧，直到对着你的那只耳朵隐藏于阴影中。如果相机位于模特的正前方时，则需要将光源也移至中间，以保证两侧的耳朵能获得同样的光线。与侧光和伦勃朗式用光一样，你也需要模特摆出固定的姿势，而且最好在布光前就已经选定了拍摄位置。

范例 2.27：使用高光时，你可以自由选择相机的位置。

2.3.5高光下的“错误”

长侧打光

高光是一种光源距模特位置较高的布光方式，所以在长侧打高光时，会削弱面部和下巴的立体感，有时甚至会在长侧形成清晰可见的眼睑阴影，但这也使眼睛看起来很深邃。通常打高光时需要注意，由于面部在高光下会显得平坦单调，耳朵也成了一个“亮光点”，因此模特看起来会比侧面打光时显胖。如果考虑到立体感、面部轮廓以及脸颊、嘴唇和眼睛的塑型效果，我个人建议还是从短侧打高光。

范例 2.28：长侧高光有时也会产生一些立体感。

从长侧打光，其产生的阴影在没有经过提亮处理时也很有对比感，且对比度可以借助提亮工具随意增减。因此在布置主光时，首先要考虑光线所产生的立体感，对面部轮廓的修饰作用，是否符合构图元素的设定，已经是否具有有张力的引导线条和面积分配。其次要尽量让光线能够将观者的视线从干扰性元素上吸引到画面中最重要的部位。而这些既可以通过短侧高光获得，也可以通过长侧打光再调整对比度来达到。但如果主光打在长侧，阴影效果往往比较弱，多数情况下还会出现干扰性元素，线条也不具有张力，布光面积大而单调。同时也很难通过额外增加光源来加强较弱的阴影，或者对错误的阴影位置进行修正。

> **操作提示**
>
> 首先用主光源打光时要加强画面的阴影效果，如果不需要可以在后面的步骤中弱化，因为你不太可能只对很弱的主光源效果进行加强。

高光过低

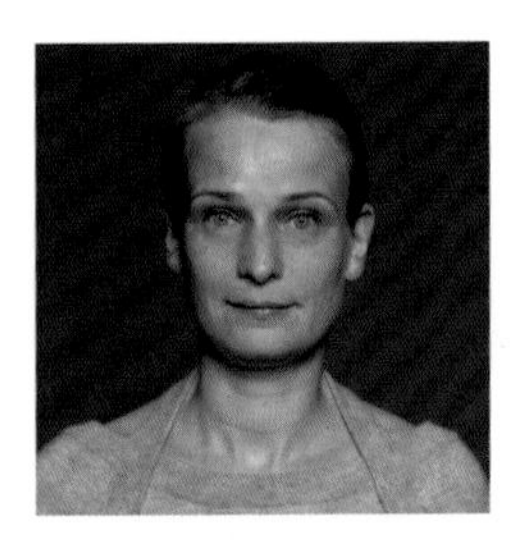

范例 2.29：如果高光位置过低，那么面部阴影就会消失，造型和整体画面的对比度也会降低。

如果你想收集关于高光的第一手资料，那我建议先从鼻子阴影入手，即将光源上下移动，直到鼻尖阴影位于鼻翼与上嘴唇中间。在这种情况下，其他部位阴影现在也非常明显，且不会因为一个光源位置的过高或过低而出现问题。如果你将光源从已定位置向下移动，那么会削弱面部阴影的大小和对比度。

如果以下阴影至少有一个消失，就说明光源位置过低。

1. 眼睑阴影消失，眼睛显得很平淡。
2. 脸颊阴影消失（腮红），面部看起来非常平坦。
3. 嘴唇的立体感消失（唇线）。
4. 鼻子阴影消失（蝴蝶状阴影）。

范例中的模特，首先消失的是眼睑阴影。由于不同模特的解剖学特征不同，最先消失的阴影也会不同，可能是面部阴影也可能是嘴唇的阴影。你可以收集不同模特的情况，以此来观察不同面部解剖学特征的不同效果。如果光源在靠近模特前方的视轴方向，面部的所有阴影可能都会消失。

如果光源位置过低，模特会有目眩感，眼睛会因疼痛习惯性闭眼，从而很难使模特理性控制拍摄造型。即使模特努力睁眼，不久眼睛也会开始流泪。此时可以通过闪光灯进行补救，既避免模特在拍照时出现目眩，也可以放松自己。此外，将摄影棚的闪光设备调得暗一些，也可以减轻模特的眩晕感。

内置闪光灯的光线位置较低，可以在距离相机或者被摄主体较近的地方使用，其拍出的效果会有犯人存档照的特点。所以要想让模特有一张“痞子脸”，就可以使用这种光源。有时它也会让人联想到派对照。

维加，原名亚瑟·费列，美国著名摄影师，20 世纪 20 年代因拍摄纽约犯罪现场的照片而声名鹊起。他就是使用了一个靠近视轴的闪光灯，并用它赢得了全世界的赞誉。通常使用位置较低的高光并不意味着效果不好，只是看起来不太自然，立体感也不强，但摄影的关键是你想在画面中打造怎样的效果，以及想要表达什么内容。

高光过高

当模特的眼睛完全处于阴影中时，看起来就会像“死人”一样；而当模特的鼻子阴影接触到上嘴唇时，看起来则像兔唇或者海象的胡子，此时意味着光源位置相对于自然光过高。因为光源在达到这个角度之前，可能已经使眼周出现了“眼袋”或者“黑眼圈”。但符合预期的是，光源位置越高，脸颊阴影就会越明显，整张脸看起来也越棱角分明，更显精致。然而到达某个特定角度后，这种感觉就会被破坏。如果眼睛不再能被照亮，只看得见黑色的眼窝，且脸颊阴影非常明显，面积也很大，那么这张脸看上去就有点像死人的头颅，美人光也就变成了骷髅头光。

范例 2.30：高光位置过高。

2.3.6高光下模特的解剖学特征

如果眼窝较深，有可能出现这种情况，当你想突出唇部和脸颊的立体感时，就不能把光源放得过高，以免眼睛处于阴影中。相反如果你想突出眼睛，就需要将光源放到足够高的位置。但这同时也会突出颧骨上的脸颊阴影，使面部看起来非常瘦削，好像死人的头颅。不过这都可以通过选用较大的光源、强光灯或者另一主光类型进行补救。

链　接

玛琳·黛德丽有一双突出的眼睛，在她年轻时，面部也比较圆润，所以打在她身上的高光位置可以非常高，使其面部一览无余。待她年龄略大时，为了突出颧骨，还让人拔掉了槽牙。在她所有的电影中几乎都打高光，且大部分情况下位置较高，因为她拒绝别人用其他角度的光线拍她。后来玛琳开始唱歌，追光灯也都毫无例外地从斜上方照向她。而且出场时，她都是从舞台幕布的中间出来，谢幕时则向后退，以便完美地站在高光下。玛琳从未从舞台侧面谢幕离开过。追光灯本来可以直接打在她面部的长侧以消除阴影，但这会使面部看起来比较平坦，也不那么突出。因此唱歌时，玛琳从不把自己的头转向一侧，以避免光线过多地照在长侧。此外，她还在自己的别墅门口安装了射灯，每当有人敲门时，灯就会亮。而当她站在门后迎接客人时，灯光就会从完美的高光角度照到她的脸上。这也是为什么这种高光早已出现于文艺复兴时期的绘画中，却以她的名字命名，即“玛琳－黛德丽－光”。

2.3.7高光下的控制

高光非常多变，既可以用来设定不同的影调和不同形式的画面内容，也可以使模特的面部表情在高光下完全暴露，没有任何地方会藏在阴影中。从这个层面来说，高光是犀利的，初学者不太容易控制。而且因为高光看起来也是中性甚至积极的，故常与模特的阳光表情相衬托，以加强积极效果。

此外，可以用高光让模特熟悉光线，因为高光非常适合经验不足的模特。拍摄时，你只需要让他的鼻子始终面向主光源的方向，并看向镜头即可。这既能让你获得高光在正确高度照出的完美效果，也可以使模特的移动度更自由一点，即自己寻找正对光线的方向，而不需要过多解释。

在人像摄影中，摄影师常会让模特边动边拍，然后助理再根据模特的位置相应地移动主光源。这也是一个很好的入门训练，因为助理只需盯准鼻子的方向，再将光源位置略向短侧轻移。在移动过程中，使用高光精确地找准主光源的方向，要比伦勃朗式用光或者侧光都容易得多，而且三脚架旁的助理也可以自己判断光线打在模特面部的效果。即使有失误，与侧光相比，高光下的也可以忽略不计。因为这种“失误”只会轻微地改变画面基调，不会让需要突出的重点消失。但让助理判断侧光下的阴影就会难很多，因为从他的角度来看，阴影是在模特转过去的短侧形成的，而他要将光线正好照到自己眼睛看不到的另一侧，此时即使很小的“失误”都会让模特的另一只眼睛消失在阴影中。因此在打伦勃朗式用光或者侧光时，如果没有镜子，经验不足的模特也很难“控制”自己的姿势，更别提进入角色。对于经验丰富的模特和演员，则能够在主光源的照射中使头部保持正确位置，让光线完美地照在特定的面部区域，从而使面部表情不会显得特别僵硬。你也可以看一下好莱坞电影中的照明，那里有我们目前提到的光线类型，而且演员的姿势大都完美无缺，即使面对演员自由发挥空间很大的镜头。这大概就是所谓的熟能生巧。

操作范例：用小角度光源打造主光特点

安德烈·克雷尔的这张《蒙娜丽莎》同原作一样使用了高光，且光源位置略偏使面部看起来稍显不对称。光线倾斜度很大，但眼睛正好打上了光。此外，与原作不同的是，头发的左侧还有些反光。这幅作品的主光源是一顶直径约 50 厘米的小反光伞，放在距离模特约 2.5 米处。同文艺复兴时期的那张原作一样，这幅作品也没有使用强光灯，而任由阴影逐渐变黑。在这个使用高光的人像摄影中，你也可以找到那著名的微笑。

范例 2.31：安德烈·克雷尔

乌塔·考诺卡在她的照片中引用了巴洛克语言，在这里她就完美地使用了伦勃朗式用光。其主光源也是一个直径约50厘米的反光伞，放在距离模特大概3米的地方，恰好能够照出阴影轮廓。此外，她还在145°角使用了的提亮工具，使阴影侧不会完全处在黑暗中，而提亮的一侧也正好与主题的皇冠更匹配，使其看上去更鲜亮。

范例2.32：乌塔·考诺卡

范例 2.33：托比亚斯·穆勒

范例 2.34：皮特·施沃贝尔

在托比亚斯·穆勒的新影集《赎罪》中，一开始就用了具有戏剧性的伦勃朗式用光。尽管苹果占去了亚当大部分的脸，但仍能看出阴影侧的“三角光”。同时阴影侧也被打亮了。如果你仔细观察模特的面部或者右胳膊，就能推断出所使用的布光方法，因为这是一个钳形亮光。通常鼻子周围出现的阴影具有干扰性，会将面部分割，但此处巧妙地用苹果挡了起来。

皮特·施沃贝尔也用伦勃朗式用光表现过夏娃被驱逐的著名故事。作品中使用了一顶普通的反光伞，放在不远处以产生明显的面部阴影。如果你仔细观察胳膊和腿上的阴影，就会发现它们是用反光伞将主光源打来的光反射出去所产生的提亮作用，而且腿部的提亮程度比面部强，以强调画面的艺术感和剧场效果。

在霍斯特·木佩尔的倒影式自拍像中，一个是摄影师，一个是“代表”。这张讽刺性的商业摄影作品使用了典型的高光。比如，在上半张摄影师中，眼睛就被头盔的阴影挡住了，但观者仍能看清。这得益于提亮处理，即使用了一顶直径约 2 米的反光伞，并置于距离模特约 1.5 米的位置。同时，这些亮光还来自两个位于主光源下方的塑料滚筒。此外，背景中没有其他光源，主光的反光伞也没有对准模特，而是垂直打向地面，从而使背景的下部获得了反射光。

范例 2.35：霍斯特·木佩尔

范例 2.36：皮特·施沃贝尔

在这两幅作品中，皮特·施沃贝尔巧妙地将好莱坞天后的画面语言表现得淋漓尽致。根据当时的摄影技术，他应该是使用了一个非常小的光源作为高光，并使用了一个普通的反光板来反射主光。此时模特的视线并未看向前方，光源方向则稍微偏向短侧，致使模特站在黑暗中也不会产生干扰性因素。小型主光源则在模特鼻下产生了尖锐的刀割般的阴影，且这些阴影没有进行提亮处理，因此能够突显被摄主体的轮廓，使衣服和手套上的每个皱褶和手套都清晰可见。两幅作品都只用了一个光源，焦点也都集中在模特的胸部，膝盖的略微前倾，更突显模特身上的明暗过渡。光源的广角非常小，以至于背景上的光锥成了一个非常有设计感的元素。在右边的范例中，因为背景是白色的，所以模特投在背景上的阴影也不是全黑的，因为白色背景反射了太多光线，所以又把阴影打亮了。

现代所用的高光就是在人像摄影中常见的很多非常小的光源，它们会使光线看起来更明亮自然，也不易产生阴影，就像康斯坦丁·内莫罗拍的这幅作品一样。而且在这种光线下，模特的面部也很有立体感，但衣服的纹理结构基本消失不见。此外，摄影师还大胆采用了鲜艳的色彩来突出被摄主体。如果使用前文天后的那种背景则会完全失去炫目的效果。因此在阅读时，请不要单独观察一张范例的光影效果，而是要在上下文中同其他照片进行对比学习。

范例 2.37：康斯坦丁·内莫罗

范例 2.38：托比亚斯·穆勒

这两幅作品节选于托比亚斯·穆勒的系列照片，主要表现了人类对自然的恐惧，如男人对雷电的恐惧，女人对环境被破坏的恐惧。作品中都是通过被破坏的自然场景，来体现人们所关注的环境问题。在天空被撕裂的照片中，男人身上打得是来自天空的侧光。在树皮被撕开的照片中，女人面对的是环境破坏，用得是有神圣感的高光和能表达美好愿望的逆光。此时逆光很强，女人好像被“钳子夹住”一样。而且照片中的男人站在路上，主光源是摄影棚用的闪光灯，光线打向地面像一个追光灯，以分散来自阴雨密布的天空中的日光。然后摄影师又用光线对照片进行了润色，并将洗出的照片撕裂后进行再次拍摄，完成了最终作品。

范例 2.39：罗尔夫・弗兰科

罗尔夫・弗兰科的这两幅作品都展现出了光的象征意义。电梯前的男人使用了低位高光，且略偏向短侧，好像给他指明了方向。事实上，光线作为指路明灯是一个非常古老的象征，在古埃及和天主教的教堂中都曾出现过。而另一幅作品中的光线更具象征意义，好像一种“启蒙”思想深植于我们的文化理念中。这两幅作品都没有进行提亮处理，因此阴影较重，戏剧冲突也更明显。

范例 2.40：托比亚斯·穆勒

托比亚斯·穆勒在这个系列照片故事中，使用了跟电影效果类似的画面语言，即弗里德里希·威廉姆·茂瑙式的光效。比如，光锥中手的阴影在 1922 年就已出现在吸血鬼电影中，而且这种画面的恐怖感也早已根植于观众的记忆中。模特手中的读物被打上了具有冲突感又充满活力的伦勃朗式用光。此外，台灯也向模特打了侧光，但光线并没有照亮阴影侧的眼睛，因为灯的位置和头的姿势都无法做到这点。同时从沙发上腿的阴影中，我们也知道模特身上的光线来自位于距离画框很近的右侧，而且阴影因白墙的反光被提亮了。

范例 2.41：卡琳·考尔堡

卡琳·考尔堡的这两幅作品展现了侧光效果下灵魂的堕落，反映了模特此刻的内心状态。主光源是透过房屋窗户的自然光，但因为巧妙的头部姿势，该光源也可以用作其他光源，并产生其他画面基调。

范例 2.42：梅拉妮・乔恩斯

通过梅拉妮・乔恩斯的这张人像摄影作品，我想告诉你这是我认为非常棒的一张照片。尽管看起来光线来自偏上的正前方，但从相机方向来看，光线实际上是打在模特的长侧，这不仅使面部毫无阴影，也让人将画面中的模特联想到人物剪纸。此外，梅拉妮・乔恩斯还通过模特精致的妆容避免了皮肤可能出现的反光，而相应的眼影和腮红则突出了眼部的立体感。使用长侧打光，不仅使耳朵这个重点干扰因素被头饰遮住了，而且也突显了皮肤瓷器般的完美质感。

3.
主光源的选择

主光源的类型是由光线路径决定的，光也是按照这一路径照射到模特身上。随着光线路径的不同，会或多或少地产生带有不同造型特点、不同氛围或寓意的阴影，而这些所产生的阴影，又将继续对被摄主体起修饰作用。

主光源的选择，尤其是主光源大小的选择，对模特（或者任一摄影题材）的阴影侧与高亮面之间的过渡都有着决定性的影响。与此密切相关的就是，任一题材应该怎样或立体或平面地呈现在照片当中。

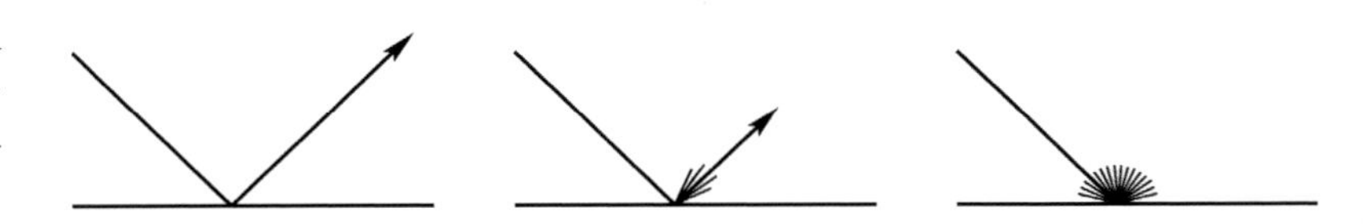

范例 3.1：镜面反射和漫反射之间的过渡是流动的，而且是由摄影题材的表面纹理决定的。

此外，主光源的大小也会影响镜面反射时物体表面所产生的高光种类，以及漫反射时物体表面的结构纹理。通常镜面反射的物体表面会将入射光线按照“入射角等于反射角”的原则反射出去。而且镜面反射的物体表面是光滑的，所呈现的影像也清晰可见。而漫反射的物体表面则是粗糙的，它可以把光线向各个方向以同样的强度进行反射，最终使物体的表面结构借助光线和阴影很好地呈现在影像中。这两种反射类型之间的过渡是流动的，多由摄影题材的表面纹理所决定。拍摄人像时就常会遇到两者的混合模式，如皮肤对光线的反射多是漫反射，但未化妆的皮肤由于其表面会形成一层由脂肪和汗液组成的薄膜，则会对光线产生镜面反射。因此在选择主光源的大小时，要同时注意被摄主体的立体感、表面结构和纹理的再现。当然，想要进行娴熟地艺术创造还有一些其他因素需要考虑。

虽然主光源类型是由射向被摄主体的光线路径决定的，但你仍然可以在一定程度上自由选择距离。比如，对于高光的营造，你既可以借助日光，也可以通过距离被摄主体 10 米的路灯，甚至可以是放在被摄主体跟前的一只蜡烛。当然，照明距离的选择也不是完全随心所欲的，它会影响两种反射所形成的影像间的过渡感。

设定主光源时，结构和表面纹理同样重要，但对于立体感、明暗对比度和色彩的再现则影响较小，这也是某些闪光设备或者照明设备的制造商试图让你相信的一点。但有目的地进行主光源选择会为你的摄影创作提供更多可能性，因为通过改变主光源的类型可以营造不同的画面氛围。

在本章中，我会向你介绍所有相关要素，并详述这些要素对影像构成的影响。

3.1 光源的角度大小

从摄影角度来看，光源的“大小”由两个因素决定：一个是所选光源的实际大小，即光线射出时开口的直径；另一个是光源与被摄主体间的距离。两者结合后，人们也称作“光源的角度大小”。通俗点讲，就是从被摄主体的位置来看，光源有多大？比如，以太阳作为光源，绝对很大，但它距离被摄主体又十分遥远。因此从摄影的角度来讲，太阳仅是一个很小的光源，当你伸长胳膊、伸出拇指，就可以遮挡住它。不过做这个试验时，请你务必在日落时进行，以免被太阳灼伤眼睛！

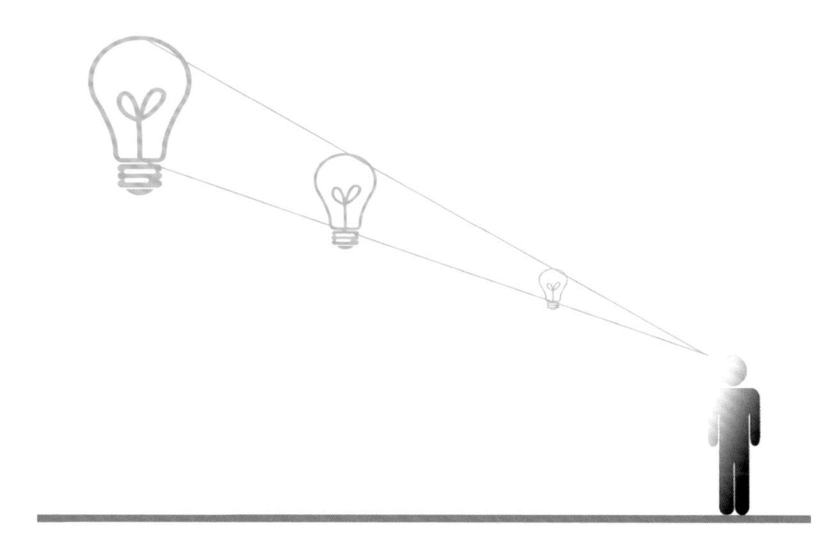

范例 3.2：在模特附近有一个固定的小角度光源和一个距离相对较远的大角度光源。从模特的角度来看，感觉上它们是同样大小的光源。

对于摄影中的立体感、结构、色彩和光影效果，起决定性作用的是光源角度的大小。也就是说，在这一角度下，从模特的位置所能感知到的光源大小。通常角度大小是由光源的实际大小和光源与模特间的距离所决定的。

摄影棚用的反光伞直径约1–2米，以其绝对大小而言，是一个远小于太阳的光源。但你若把它安放在距离模特很近的地方，从模特所在的位置来看，它很可能就跟放置在半臂处的标准A 4纸大小一样。而且就摄影角度来说，距离2米的反光伞是一个远比太阳要大的光源。但同样的反光伞如果放置在20米处，从模特的位置来看，伸出胳膊用小拇指就可以把它遮挡住，因此就摄影角度而言，这时它又成了一个很小的，甚至远小于太阳的光源。

3.1.1光源的角度大小与立体性

在拍摄会出现漫反射的被摄主体时，光源的角度大小决定了画面的立体感。也就是说，光源的角度越小，被摄主体的阴影侧与高亮面的分界就越清晰，其立体感也就越弱。比如，在范例3.3中，那个最左侧类似镰刀的球体（如月亮），就是因为太阳照射到月亮的角度很小，其高亮面和阴影侧之间没有过渡而形成的。与月亮一样，任一球体被一个很小的光源照射时看起来都是镰刀状的。在这组图中，描绘了从不同光源发出的光线照射到球体表面所形成的不同状态，以此来体现阴影变化的过程。

范例3.3：角度很小的光源不会产生阴影过渡，也不会形成立体感。通常光源的角度越大，高亮面与阴影侧间的过渡范围就会越大，从而被摄主体的立体感也就越强。

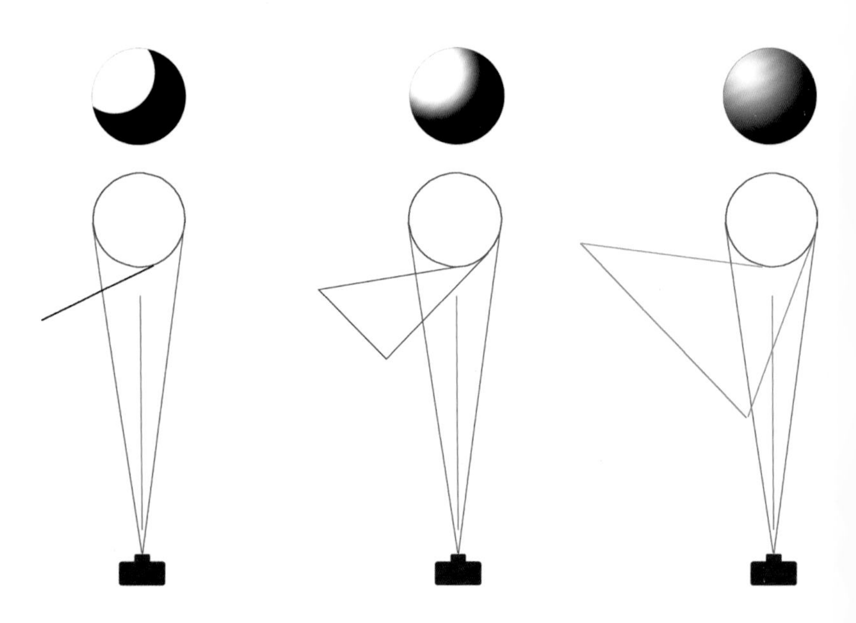

通常增加光源的角度（参见范例 3.3 中间的球体），高亮面和阴影侧之间的过渡区域就会变亮。其视觉效果就是，位于画面中的被摄主体更具立体感。

也可以设置从白到黑最大范围的过渡区域，以实现最大程度的立体感，如范例 3.3 最右侧的图片所示。如果一个大光源位于模特和相机间连线的某一侧（即“牛线”），就会出现范例 3.3 中最右侧的球体效果。

稍后我将借助 3 个距离模特 2 米的侧光光源，并就此光线下所拍的人像作品来向你详细讲述这种阴影效果。

在范例 3.4 中，我使用的是直径为 15 厘米的标准反光板，距离模特约 2 米，从而形成了一个角度很小的光源。此时额头阴影侧与高亮面的过渡区域非常狭小，仅有一个小拇指那么宽，而在颈项处则可以看到过渡区域有非常清晰的阴影边缘。

在第二幅人像（参见范例 3.5）中，使用了直径约 180 厘米的反光伞，同样距离模特约 2 米，也是进行侧光照射。此时额头处阴影侧与高亮面的过渡区域明显变宽，与使用小角度光源相比，皮肤整体呈现出更多的亮度层次，长侧眼睛下方的阴影与上一张相比也没有那么暗，鼻唇沟则更显清晰。而在颈项处，喉咙旁边的肌腱则被浅色阴影所呈现出来。通过这些亮度层次的变化，模特整体上更具立体感。此外，模特的皮肤也不再显得蜡黄，反而营造出一个更温暖健康的基调。

如果使用一个真正大角度的光源，如一块 4×4 米的白色幕布（莫列顿双面起绒呢或者其他不透明布料），距离模特仍为 2 米，然后从幕布后面点亮以作为光源。或者使用一个相同大小的柔光箱，以使高亮面和阴影侧的过渡区域变宽，从而增加模特的立体感。与范例 3.4 中的照片相比，增加短侧的亮度所表现出来的效果常常更令我惊讶。总之，你可以清楚地看出额头处这种灰度的柔和过渡，以及更加立体的鼻唇沟和被肌腱包裹的颈项。在范例 3.4 中，使用小角度光源所呈现出的立体感还不够突出；而在范例 3.6 中，这种立体感已经跃然纸上，使图像有了更深的层次感。当然，你也可以通过线条或者颜色来进一步加强这种三维立体感。

范例 3.4：距离模特 2 米处且直径约 15 厘米的光源，在侧光下所拍的模特。

范例 3.5：距离模特 2 米且直径约 180 厘米的光源，在侧光下所拍的模特。

范例 3.6：使用 4×4 米的白色幕布，在侧光下所拍的模特。

随着立体感的增强，阴影边缘的清晰度在减少，其所塑造的轮廓感也在减弱。而使用小角度光源虽然表现出的立体感不强，但轮廓却非常清晰，这有助于吸引观者的视线。比如，额头上的引导线条就将观者的视线直接引向了阴影侧的眼睛处。如果使用较大的光源，这种效果则会削弱许多。所以在拍摄时，你总是需要在塑造出较强的立体感和保持轮廓清晰之间进行平衡。

但无论使用何种角度大小的光源，阴影侧的面部边缘都一样较暗，因为所用的光线都没有穿过"牛线"。事实上，不管光源多大，只要没有越过"牛线"，从相机角度来看，光线就无法到达模特阴影侧的面部边缘，而使这一区域完全是黑的。但无论怎样打光，都要使反光处尽可能接近白色。也就是说，白色的高亮区域与黑色的阴影区域其对比度不会因为选择光源的大小不同而改变。通常角度较小的光源射出的光线比较集中，明暗对比也很强烈；而角度较大的光源，其明暗对比则会有过渡。

定 义

"强立体感"的定义是指阴影侧至明亮侧需通过一个尽可能宽的明暗过渡，这一过渡带同时包含了黑白之间的所有亮度值。

这里所展示的照片都是在摄影棚所用闪光灯下拍摄的，但你也可以用天空阴云密布时从窗户投射进来的光线作为光源，关键是窗户的大小以及窗户与模特间的距离。比如，通过调节深色窗帘以控制窗户的大小，调整模特的位置以改变其与窗户间的距离，最终获得不同角度大小的光源。

1. 如果你使用了角度较大的光源，就会在被摄主体的高亮区域与阴影区域间形成一个过渡带，从而产生较强的立体感。而角度较小的光源则会因为明暗对比过于分明显得立体感不强。

2. 立体感过强则会因阴影线条不够明显，而降低被摄主体与背景间的轮廓感，也不易集中观者的视线。

3. 对比度是对明暗区域中最亮的白色和最暗的黑色间不同亮度层次的测量，只要光线没有越过"牛线"，就不会受到光源角度大小的影响。

4. 光源角度的增大，会使可分辨的亮度层次增加，反之则会减少。

在这一过程中，使用的是自然光还是人造光区别不大。比如，一个内置闪光灯与一支蜡烛相比，只是照明时间和光线颜色有明显不同，可两种光源如果都是从距离被摄主体 2 米处打光，就都是角度很小的光源，其立体感都较弱。但他们在本质上一样，即都会在模特身上产生立体效果。

3.1.2光源的角度大小与纹理再现

“纹理”这个概念是指被摄主体表面的不规律性，如表面是平滑的，还是不平整的，甚至沟沟洼洼的，有时还会出现划痕、开口、细纹或者褶皱？被摄主体的纹理可以在照片中通过非常小的表面粗糙度所形成的阴影看出来，也就是说可以通过被摄主体的局部细节再现出来。而立体感则是指被摄主体整体的形状，常通过整个被摄主体表面所形成的阴影过渡来表现。

在范例 3.7 中，泡沫球我已经用灰色亚光漆进行了处理，无论是漫反射还是镜面反射，它都能像皮肤一样反射光线，其背景是灰色的纸张。范例中上面那幅作品使用了一个直径 15 厘米的反光板且放在距离球体 3 米处所拍摄的效果，而下面两幅作品则是将一个 1×1 米的柔光箱放在约 50 厘米处所拍摄的效果。

使用角度较小的光源通常产生的立体感较弱，明暗间的过渡很锐利，“球”的感觉也很少，仅从球面上的反光让我们觉得这是一个球体。通常月亮的这种效果更明显，因为月亮的平面性使它不会产生反光，所以我们看到的就是一个无阴影的镰刀。

范例 3.7：在角度较小的光源照射下，球体表面的纹理效果明显，但立体感较弱。

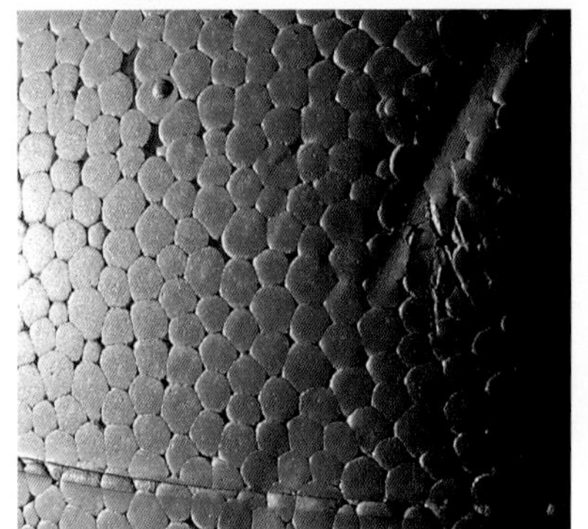

另一方面，角度较小的光源对球体表面的纹理再现效果明显，大大小小的沟痕与泡沫颗粒都在小而界限分明的阴影中清清楚楚，甚至作为背景的纸张表面的每一个纤维和折痕也都清晰可见。

范例 3.8 中使用的是角度较大的光源，球体高亮面与阴影侧之间的过渡和缓，立体感也较强。同时球体投射在地面上的阴影则比较集中，周围也是不同灰度值的过渡带，但球体的纹理却不明显，沟痕也不易看出。即使单个的小泡沫颗粒虽然还可以区分开来，但内部结构已消失不见。

范例 3.8：角度较大的光源，其纹理再现的程度较弱，但增强了立体感。

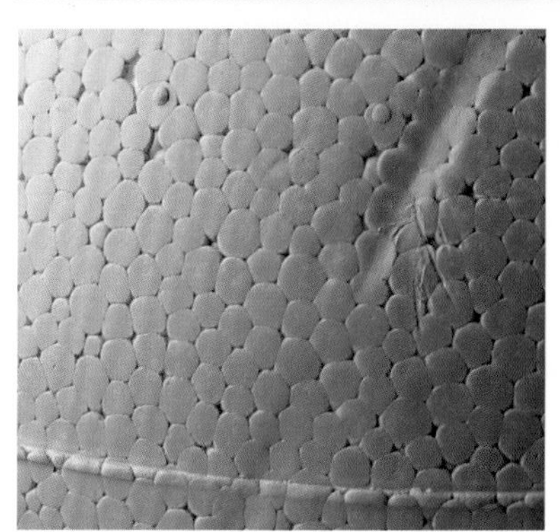

此时地面上的纸张纤维很难看出，显得有些像大理石，而且很平滑。但我并没有在两次拍摄间碰过这张纸，也没有更换，却丝毫不见折痕，就像被熨平了一样。如果光源的角度很小，那么球体表面的纹理结构就非常明显；如果光源的角度很大，那么球体表面的纹理结构就不甚清晰。

通常立体感越明显，纹理结构的再现程度就越低。反之亦然。

你可以根据被摄主体来选择不同角度的光源，或者强调立体感或者再现纹理结构，甚至可以选择一个折中的方式来突出这两种特性。

3.1.3光源的角度大小与反光

操作提示

在不同的光线条件下，观察不同主体的不同表面，尝试体会最终的立体效果和纹理结构的再现程度，训练你这方面的眼神。

同范例 3.3 中电脑生成的“完美”亚光球相比，范例 3.7 中的泡沫球在明暗交界处多了反光。因为泡沫球不仅会将打到球面的光线进行漫反射，还会将一部分光线进行镜面反射，使球体表面的赤道附近产生了一个不太明显的光源镜面图。除了反射光部分，明暗半球都是统一的中灰色。而且小角度光源下的反射光显得特别小又特别亮，与周围界限分明，阴影区域的明亮过渡则在球体中间。

如果使用大角度光源，如范例 3.8 中所用的柔光箱就直接放在靠近球体的地方，从而使反光不那么明亮，同时反光区域会变大，与周围也不再界限分明。漫反射光线则使明暗间的阴影过渡变得更宽，经过球体的中间到达另一侧。

在人像摄影中，你会发现反光与阴影过渡能融合成一个整体。在范例 3.4 中，反光就出现在短侧的眼睛上，非常明亮，充满了威胁感，并使画面具有攻击性的效果。而阴影过渡则距离该反射光很远，在另一侧的眼睛上。如果忽略反光和锐利的明暗过渡，你会发现短侧额头亮得很均匀，但此时的皮肤看起来有些苍白，不太健康。

你选择的光源角度越大，反射光的面积就越大，强度也就越弱。如果你选择小角度光源，如太阳，其产生的反光面就非常小，而且界线分明，亮度大，有时甚至有“威胁感”。

在范例 3.5 中，就使用了大角度光源，这使其反光面增大，强度减弱，立体感降低且阴影过渡变宽。这幅作品看起来就不仅很立体，而且皮肤也提亮了，从而增强了画面感。

范例 3.6 使用柔光箱的幕布作为光源，使反光面再次增大，强度则更小，阴影过渡与反光过渡已经开始交织。可以说，阴影过渡是由过度的反光“引导”的，最终形成了更宽的整体过渡，以增强立体感。

3.1.4光源的角度大小与化妆

如果你在拍摄人像特写时，使用了角度较小的光源，以强调面部所形成的阴影形状与明暗对比，尤其想获得三四十年代电影中的效果，那么就不可避免地会发生皮肤反光。当然，你可以借助扑粉，来避免这种干扰，但必须是特别细的粉才行。

如果你将模特置于场景中，并使用了大角度光源以便突出立体感，弱化皮肤的结构纹理，那么皮肤可能看起来毫无光泽，因为没有明显的反光。在这种情况下，你可以先在模特的面部涂油，吸收约10 分钟后再用毛巾把多余的油擦掉。这样即使用大角度光源，你也能获得想要的立体感和光滑如绸缎般的皮肤质感，从而使画面中模特的皮肤重现生机。

操作提示

好的化妆师会在化妆之前，先了解所使用的光线和摄影师的预期效果，以决定是增加亮度还是降低亮度。

3.2光源与模特间的距离同光亮消减

光源的角度大小取决于光源的实际大小，以及光源与模特之间的距离。从光源本身来看，其距离也会对光线本身产生影响。光源与被摄主体间的距离，在我看来与“光亮消减”有关，这也表示光源角度大小相同时，与模特间的实际距离对被摄主体的明暗分布影响非常复杂。

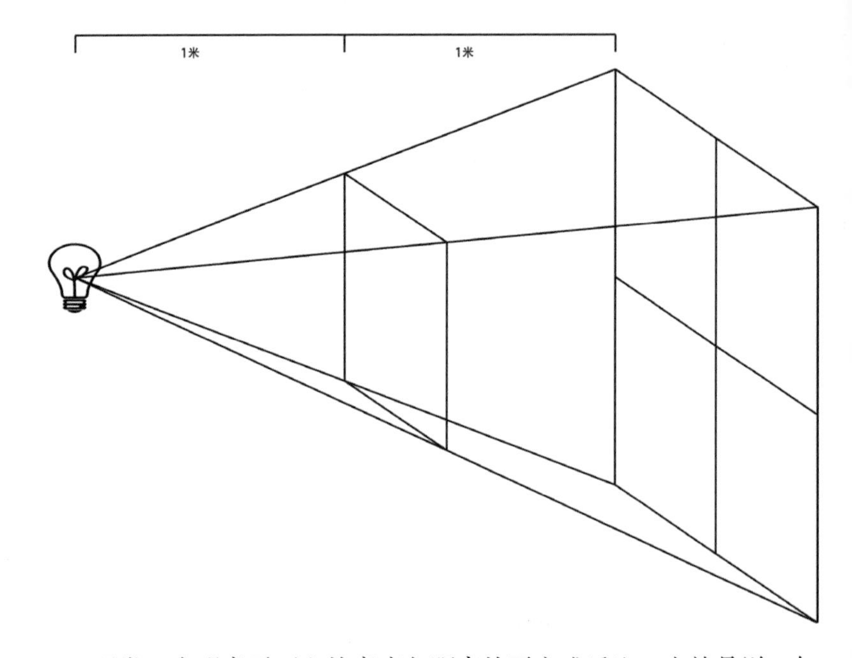

范例 3.9：如果是一个点光源，距离每增加 1 倍，亮度就会减弱 3/4，变成原来的 1/4。

通常一个明亮平面上的亮度与距离的平方成反比。也就是说，如果距离加倍，亮度并不是减为一半，而是正好变成 1/4。如果你将光源与被摄主体之间的距离加倍，那么同时会让被摄主体失去两个焦比，但这一规则只适用于点光源。如果是较大的光源，亮度减弱就不会这么明显，但并不表示上面提到的原理就不对。

如果光源来自太阳或者阴天时的天空，那么模特的头部和双脚距离光源就是一样的。因为当模特距离光源非常遥远时，一两米的误差距离基本没有差别。所以在日光下看不出模特身上的任何明暗过渡。

在室内环境，如摄影棚，光源无法像自然光那么远。此时被摄主体的不同部位与光源间的距离就明显不同，也可以看到模特身上的明暗过渡。这可能是摄影师想要的效果，也可能不是。

又如，你伸直胳膊，一只手放在距离台灯 10 厘米处，另一只手伸展后则距离台灯约 2 米。于是在投射到墙上的影子中，距离台灯远的手约是距离台灯近的那只手的 20 倍。

那么我就可以进行如下计算：较远的那只手上的光线量是比较亮的那只手的 1/400，因为 20 的平方是 400，亮度则是光线量的 2 倍，两只手之间的明暗对比度等于 400。在这种情况下，两只手的亮度对比约为 900 个亮度级。

亮度级对比约为 900 的两只手之间的亮度过渡，超出了绝大部分数码相机的动态捕捉范围。你可以用这样的方式对模特进行布光，从而得到一个非常明显的“对比度”。如果模特的一只手打光正常，那么另一只手看起来就是黑的，反之则白得吓人。

如果你不想因为太靠近光源而形成过强的对比度，并产生光亮消减，那么光源就要放到距离被摄主体至少 2 倍的地方。

比如，用侧光拍摄人像特写，画面中只有头部和肩膀，光线是斜的，即从一个肩膀打向另一个肩膀。假设模特肩宽约 1 米，那么光源无论大小都要放在至少 2 倍于 1 米的地方。当光源距模特 2 米远时，尽管还存在光亮消减，但会有两个亮度级，也往往都在相机的动态捕捉范围内。

如果你拍一个站着的人，假设此人身高 2 米，且从头到脚都处在侧光中，那么由上至下的亮度就没什么区别。因为从光线方向来看，他还是 1 米宽，也就是肩宽。但如果打得是高光，又想从头到脚全照到，光线只能按照自上而下的方向照射，光源也必须放在身高的 2 倍处，即 4 米的地方，也就是光源在地板上距离模特 6 米处。这样拍出的画面看起来才像是在自然光下拍的。因此要想模拟自然光线，你就需要有空间足够大的摄影棚。此外，在这种距离下，要想获得具有立体感的照明效果，你还得有一个足够大的光源。

事实上，模拟自然光线并非必要，明显的明暗对比可能也只是设计需要，希望获得冲突感。但关键是你要正视光源靠近被摄主体所产生的明暗过渡，并学会利用它。

范例 3.10：角度大小一样，但主光源与模特之间的距离不同，其产生的明暗对比度就不同。不过面部的亮度差别不大。

在范例 3.10 中，左图用的是一顶小型反光伞，放在距离模特 1 米处作为高光光源。伞的中心光线正对着模特的面部，光源距离双手约 2 米，是头与光源距离的 2 倍，所以比头部暗了 2 个亮度级，可以看到模特身上明显的明暗过渡。也就是说，打光的重点在模特头部，双手和髋部看起来仿佛是干扰性元素。而背景与光源相距约 3 米，只获得了头部光线量的 1/9。因此与头部相比，背景也暗了超过 3 个的亮度级。当时我用的是一张中灰色的背景纸，但拍出来的效果几乎是黑色的。

右侧的那幅作品则使用了直径加倍的光源，且放在与头部距离约 2 米的地方，但方向与左侧照片几乎一模一样，照射的也是高光。从模特角度看去，光源的角度大小同左侧例子中的一样。所以两张照片中面部的阴影过渡、纹理结构的再现，以及反光几乎完全相同，只是由于模特头部的姿势不同产生了一些小差异。当光源与模特间的距离加大后，双手看上去只比头部暗了约 1 个亮度级，模特身上的光亮消减也明显减弱。亮度从头部过渡到髋部虽然更显自然，但是画面的张力也变小了。此时光源与模特间的距离约 2 米，与背景间的距离约 4 米，是 2 倍的关系，因此背景看起来比模特暗了 2 个亮度级，比左侧照片则亮了约 1 个亮度级，但比实际颜色看起来还是暗一些。

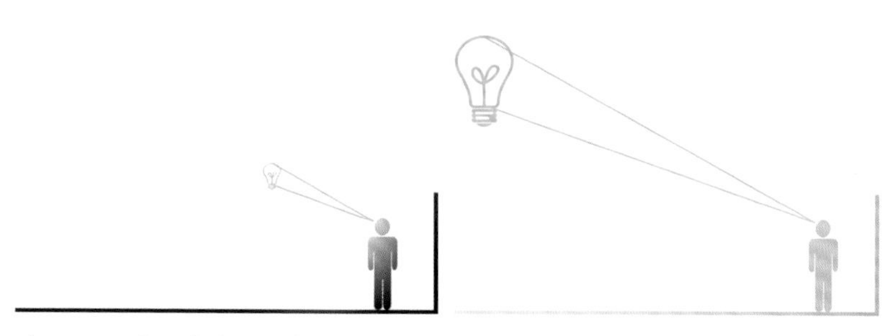

范例 3.11：光源角度大小相同，立体感则相似，但距离决定了明暗对比的过渡。

明暗对比度的过渡受光源与被摄主体间的距离影响。当两者的距离非常远时，其过渡就不明显；而当光源距离被摄主体很近时，过渡就非常明显。

光源与被摄主体之间的距离，对明亮侧与阴影侧间的明暗对比度不会产生影响。

在范例 3.11 的图示中，从模特角度来看，光源角度大小一样，两种情况下模特面部产生的立体感和反光也是相同的。如果小角度光源放在靠近模特的地方，光亮消减就会很明显，因为双脚和背景与光源的距离几乎都是头部与光源距离的 2 倍；如果大角度光源放在距离模特较远的地方，头部和双脚与光源间的距离差就不那么明显，其明暗对比的过渡看起来也会小一些。

尽管明暗对比度的过渡会随着距离的改变而改变，但两幅作品中模特面部长侧与短侧的明暗对比却是相同的。在两幅作品中，都是对面部进行曝光处理，且明亮侧的亮度相同，阴影侧的皮肤暗度也相同。

你是否希望明暗对比度的过渡更突出，以强调被摄主体的特定部位，并让次要部位处在阴影中，以及你可能需要的平衡照明，都会因被摄主体的不同而有异，当然这也取决于你想获得的效果。只有为特定目的的拍摄，你才能把光源靠近被摄主体，以增强明暗对比度的过渡，因为光亮消减与距离的平方成正比。即使你的眼睛可以看到这个明暗变化，也可能会超过相机的动态捕捉范围。也就是说，虽然眼睛可以看出黑暗中的图案，但相机拍出来可能就是黑乎乎一片。当然，你也没必要因为怕丢失阴影中的细节而将光源放在距离被摄主体尽可能远的地方。如果你想获得足够的立体照明，还需要一个巨大的光源，且要明显提升功率。

操作提示

一方面你需要在立体感、纹理结构的再现以及反光间选择一种折中方案，另一方面还要考虑明暗对比度的过渡。现在请用不同大小的光源来做实验，将其放在不同的位置，以辨识其产生的效果。

3.3大角度光源的主光类型

在第二章我介绍了三种小角度光源的主光类型。如果你是第一次使用大角度光源来尝试这三种主光类型，那么你可能会遇到第二章所提到的阴影和明暗过渡的问题。因此我建议你先用一个直径约1–1.5米的反光伞，这样在熟悉阴影过渡时，不必将光源放得距离模特太近。如果拍摄经验较少，你可以将大角度光源放在准确的位置以获得三种主光类型。

3.3.1侧　光

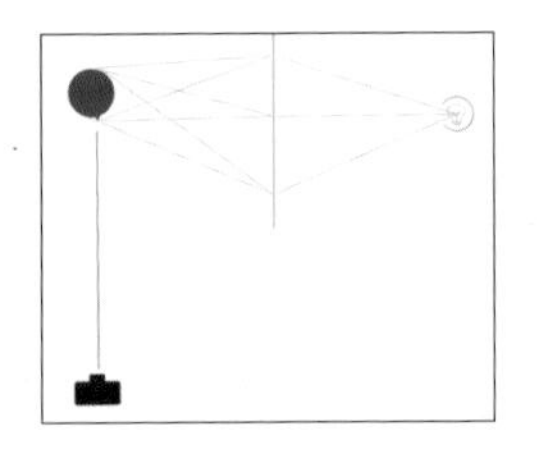

范例3.12：范例3.6中的布光组合。

范例3.6是一幅侧光下的人像摄影作品，光线来自后方悬挂着的幕布，其距离模特约2米，大小约4×4米。

当时我将整块幕布直接钉在拇指宽的板子上，然后用大夹子将板子固定在三脚架上。幕布后方支了一块广角反光板（参见范例3.25），光源在幕布上打出一个直径约3米的光圈。然后我根据需要的方向推动这个挂着幕布的三脚架到模特的侧面，并从后面打光，使光线能透过幕布从另一侧打到模特身上。范例3.12为布光组合，当然你也可以使用柔光箱或者反光伞。

学会正确地看

如果你使用大角度光源，光斑正好位于模特阴影侧的眼睛处，或许你在第一眼看到照片时会被吓到。画面中，模特的眼睛是黑的，但在影棚中它是被照亮的。因为大角度光源产生的不是棱角分明的阴影，而是边缘过渡柔和的阴影。而且面部阴影侧的光斑虽然亮度不够，但在被相机拍成黑色前，你的眼睛也能看出它是亮的。

如果你在光源照亮时轻微眯起了眼睛，让看到的影像变得模糊不清，那么你在被摄主体阴影区域的识别度也会下降。黑色的部分对你来说看起来就更暗，差不多就像数码相机中那么暗。

范例 3.13 是我在拍摄范例 3.6 时，在摄影棚中睁大眼睛所看到的模特的样子。如果你眯起眼睛看范例 3.13，你会发现阴影部分明显变得更暗。而现在范例 3.13 看起来就是数码相机所拍摄的效果，与睁大眼睛看范例 3.6 一样。

范例 3.13：这是在拍摄范例 3.6 时，我在摄影棚里睁大眼睛所看到的模特的样子。拍出来后，阴影过渡还会更暗一些。

在摄影棚里，判断灯光是否适合拍照时，我常常会微眯眼睛，以便更好地做出判断。当你对模特打侧光时，也可以眯起眼睛看效果，待光斑正好出现在模特阴影侧的恰当位置时即可。如果这时你再把眼睛睁到正常大小，那么模特看起来就会像范例 3.13 中那样，这时的布光接近伦勃朗式用光，而拍出的画面效果则明显具有侧光的特点。

操作提示

拍摄之前，微眯双眼看被摄主体，你就能看出稍后在数码相机中所出现的明暗对比度。

可能你觉得使用幕布打光非常迷人，首先只需选用一个小角度光源放在用来打侧光的最佳位置处，接着在光源前挂一个幕布，但事实上这并不能取得理想效果。从模特角度来看，幕布所形成的亮光要比光源本身照到模特的位置靠前很多（参见范例 3.12），光线是从偏前方射向模特的，并穿过鼻子打在阴影侧的脸颊上。如果此时将小角度光源换成大角度光源，阴影侧眼睛的亮度范围会更大。因此与小角度光源相比，要想获得相同的眼部光斑，大角度光源要放在相对靠后的位置。所以在第二章中我没有给出任何角度说明，而是描述了操作步骤，以使你不受所用光源限制，进行侧光或其他光照类型的布置。

解剖学特征

以第二章中的范例 2.11 为例，由于模特的解剖学特征不同，侧光会在嘴角产生干扰性光斑，并转移观者的注意力。即使使用大角度光源，也会出现这些光斑，但由于是柔和过渡到黑暗中，致使干扰明显减弱。如果你因为想表现扣人心弦的戏剧效果而使用侧光，就可以通过大角度光源来避开解剖学特征所产生的“问题”。当然，你也可以通过后期图像编辑软件来处理光斑直至消失。

范例 3.14：相对于小角度光源，大角度光源在嘴角产生的干扰点明显小很多。

范例 3.15：直径 180 厘米的反光伞所打出的伦勃朗式用光。

范例 3.16：在摄影棚内拍摄范例 3.15 时，展现在我面前的伦勃朗式用光。

3.3.2伦勃朗式用光

用小角度光源（如将直径 15 厘米的反光板放在距离模特 2 米远处）打出的伦勃朗式用光，其产生的阴影界线分明，肤色明亮，但反光面较小，正如第二章中的范例所展示的那样。此时让鼻子阴影与脸颊阴影在相应位置融合非常容易。

伦勃朗式用光是所有主光类型中，用大角度光源最难实现的。拍摄时需要反复确认的问题是，确定眼睛下方的“三角光”看起来是否“封闭”。通常角度大的光源不会产生界限分明的阴影，而更显流畅自然。那么怎样的过渡才能让“三角光”的下角闭合呢？这是一个你每次都需要解决的问题。此外，你还要面临一个难题，即微眯双眼确定拍摄后出现在相机内的画面，其正确的光线和对比度。

范例 3.16 就是我在摄影棚里拍摄范例 3.15 时，没有眯眼所看到的画面，数码相机拍摄后，其画面阴影较暗。无论是范例 3.15 还是范例 3.16，“三角光”与嘴角处光亮间的过渡都不是纯黑的。但在范例 3.15 中“三角光”则是闭合的，范例 3.16 则给人一种模特“哭过”的感觉，因为“三角光”的下角是开口的，观者的视线也会顺着光影往下走。然而范例 3.15 却将观者的视线锁定在“三角光”区域，使其关注模特的眼睛。

对于大角度光源，这里又使用了 4 × 4 米的大幕布且放在距离模特 2 米处。它几乎不可能产生深黑色的集中阴影将“三角光”下角闭合（参见范例 3.17）。其关键就是，阴影要足够暗，能使三角区看起来有闭合的感觉，而不会产生任何“流泪效果”。“三角光”的下角开口也可以通过图像编辑软件进行“修补”，如将过于明亮的部分暗化，从而让下角开口合起来。但把非常暗的阴影进行提亮处理通常不太可能，因为这会影响皮肤色调，产生很多“雪花点”。

如果你不能打出“教科书中”的伦勃朗式用光，请不要怀疑自己。重点在于，你要知道打出哪一种光，能够产生很好的立体效果，并进行纹理结构再现，最终获得画面所需要的影调。

范例 3.17：利用大幕布打出的伦勃朗式用光。

操作提示

用非常大的光源打伦勃朗式用光，可以看到模特“三角光”下角有明显的开口，类似高光。如果鼻子阴影与脸颊阴影有过多重叠，则说明此时伦勃朗式用光已经接近侧光了，因此大角度光源非常适合活动范围大的模特。因为当你使用一个大角度的光源打伦勃朗式用光时，模特能够轻微移动。有时根据模特的位置，伦勃朗式用光可以更接近高光或者侧光。

3.3.3高　光

高光是所有主光类型中最容易用大角度光源打出的光。

使用大角度光源，如将直径 180 厘米的反光伞放在距离模特 2 米处，其眼睑阴影、脸颊阴影、嘴唇上下的阴影锐度都会减弱。鼻子的阴影也是如此，灰度会增加，反光区会变大，由此而生的恐怖感也会降低。如果你第一次使用大角度光源打高光，很有可能会把光源放得过高，你以为那些部位还没有产生阴影。但实际上相机拍出的画面效果要比你眼睛看到的暗，因此打光时稍微眯一下眼睛再看效果。这是我在课堂上经常强调的，但几乎没人去做。事实上，如果你能像鼹鼠一样用眯眯眼看被摄主体，即使摄影棚内的模特或客户看起来会觉得奇怪，但对你准确判断非常有帮助。

范例 3.18：利用直径 180 厘米的反光伞放在距离模特 2 米处打高光。

范例 3.19：利用 4×4 米的大幕布放在距离模特 2 米处所产生的高光。

使用非常大的光源，如一块大幕布，鼻子阴影的方向就很难确定，甚至都无法看出。但打光时仍要注意脸颊阴影，且耳朵也要处在黑暗中，以避免成为干扰元素。眼睑阴影则要比周围稍暗，以增加眼睛的深邃感。由于鼻子与脸颊的灰度值不同，即使嘴唇没有投下真正的阴影，但也可以看出上嘴唇比下嘴唇暗，而且下嘴唇下面的阴影还能使双唇看起来更“饱满”。如果光源过低，眼睑阴影和脸颊阴影会消失，双唇亮度也会相同，整张脸看起来显得很“平”。这时你为了学习面部阴影和过渡，也可以一步步增大角度光源进行尝试。

3.4材料性质和主光源的几何特点

除了光源的方向、角度大小，以及与被摄主体的距离，反光板的几何形状和材料性质也会对画面构图产生影响，使不同光源将光线以不同强度照射在不同方向上，这也被称作方向特性或辐射特性。

3.4.1 极坐标

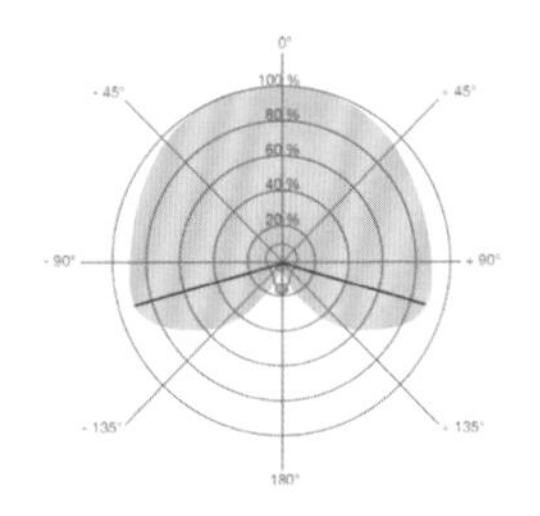

范例 3.20：一只灯泡的极坐标。

灯泡可以向上方、两侧和下方发射相同量的光线，只是向下的光线被灯头挡住了，其辐射特性如范例 3.20 所示。该图为家用灯泡的极坐标，它表现了亮度的过渡。

0° 方向，也就是上方，图中用黄色来表示辐射量，由此可知这里的光线最强。45° 方向，光线强度比垂直方向发射出的要少，约 95%。水平方向，即 +/– 90° ，其光线强度仍保持在 95%，但在 +/– 135° 时，光线量明显减少。

在 +/– 135° 时，黄色面积刚刚超过 50%，接近该方向消减掉的光线量。正下方，也就是 180° 方向，则没有灯光，从极坐标来看，就是黄色面积没有延伸到这个位置，其实是灯泡头部将这个方向上的光线完全挡住了。

通常情况下，极坐标上不会画出光源，但你可以想象在其中心点有一个光源或者反光板。在照明技术中，这种极坐标的使用很普遍，可惜在摄影中应用不多。照明设备的生产商通常喜欢用比喻的修辞手法来描述光的特性。我个人就很难想象模特被“光线组成的云朵”所环绕是什么样的，还好生产商给出了摄影棚照明设备的发射角度和直径说明。

3.4.2 光控器的表面特性

如果光线透过白色幕布、羊皮纸或者柔光箱照射出去（参见范例 3.21），光线会漫射到被摄主体上（黄线所示），并形成立体感，产生阴影过渡。若光线离开漫射器（紫线、蓝线和绿线所示），则能够照亮被摄主体的其他位置。通常被摄主体朝向漫射器的一侧会被所有光源照亮，也就是紫线、蓝线和绿线表示的部分，但其边缘只能被光控器相应位置的光线照亮，所以画面中就有了稍暗一些甚至黑色的部分。

光线照射到喷上白色亚光漆或者烤漆金属反光板的表面后，往往会发生漫反射，但用烤漆表面要比亚光漆表面反射的光线更多一些。

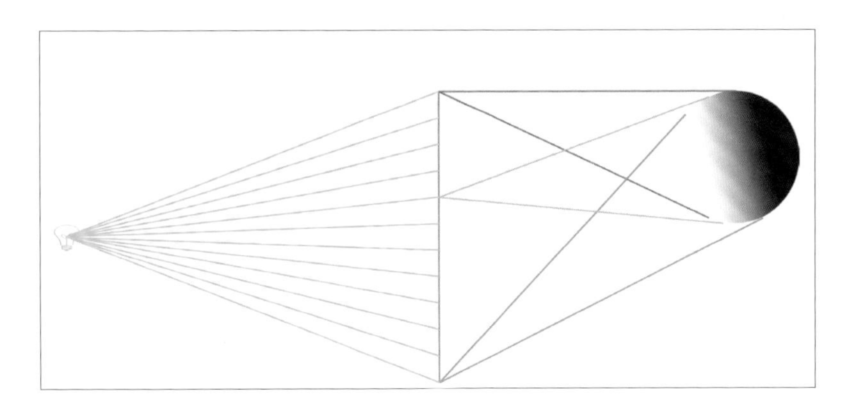

范例 3.21：透过羊皮纸或者白色幕布的漫射光。

范例 3.22：处理后的表面所反射出去的漫反射光，如烤漆金属表面。

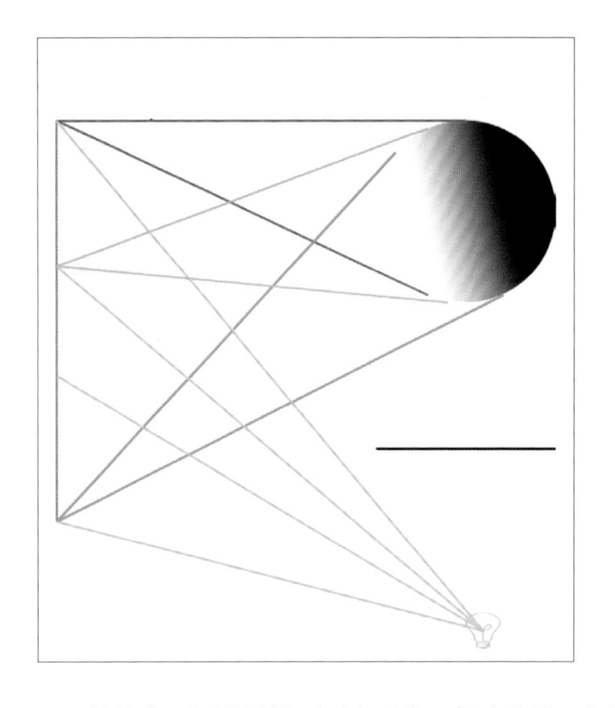

一旦光控器有漫反射作用，要突出画面的立体感、纹理结构，以及反射光线的角度和密度都取决于光源的角度大小。

烤漆表面因其结构不同会吸收一部分光线，但漫反射光线与反射光线间的过渡非常流畅。在本节和第 3.5.1 节中，你还会看到，尽管所使用的光控器（如幕布和金属）材料不同，但当光源角度一样大时，能产生同样的立体感。

从摄影角度来看，要想获得与白色亚光漆光控器表面一样的立体效果，也可以考虑使用烤漆金属反光板。此外，白色的墙壁也同样可以将点状或者片状的照射光线漫反射出去，但要想获得足够的立体感，需要漫反射平面这个光控制器将所有光线都能照射到模特身上。假如照射光线的角度增大，漫反射光线就只会经过模特身边，而不产生其他任何效果，立体感也不会增强。

在反射较强的情况下，很少有漫反射光线从各个角度射向被被摄主体，因此立体感较弱。从模特角度来看，光线未射向模特的地方多为黑色，反光板的有效角度大大减少，因此降低了被摄主体的立体感。而且反射表面产生的有效角度大小往往要比光源本身的角度小。比如，你在镜子中看到的太阳就比实际看到的太阳要小，所以光源本身的直径并不能决定光源角度的大小，它只决定了模特能够看到的明亮部分。

最极端的情况就是纯镜面反射。通常观察光控器效果的立体感需要与其形状相结合，后面我会根据弧形反光板来直观介绍这部分内容。但使用镜子就简单很多，从图中就可以看出反射光源的大小（红线部分）。

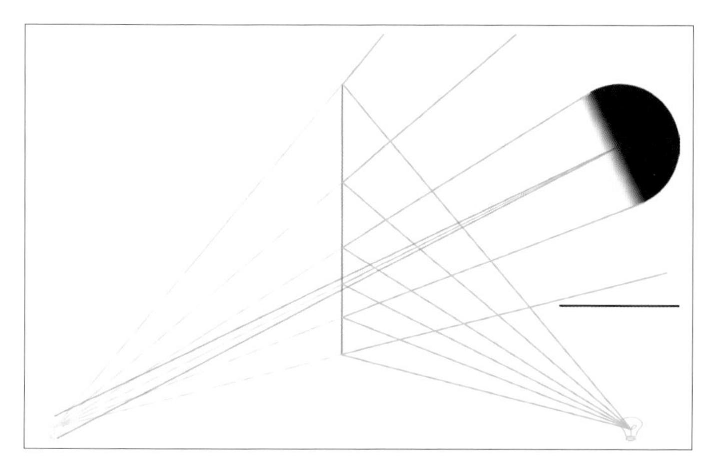

范例 3.23：抛光物体表面的镜面反射。

镜子中反射光源的角度大小（参见范例 3.23），对立体感的产生有关键作用，而不是镜子本身的大小。其他有反射作用但表面较复杂的光控器，我会在下文讲述。

如果你用的是摄影棚照明设备，那么可以为闪光灯选各种反光板，而且只需要考虑直径即可。不止这些设备，其他光源也是如此。我会根据摄影棚照明设备所用的反光板，来讲述不同光控器的特点。

当光控器的直径相同时，几何形状与所用材料对辐射特性将起到至关重要的作用。如果不确定，可以在购买前通过生产商的展示厅，自己试不同光控器的效果。几乎所有生产商都能提供展示厅服务。

3.4.3普通反光板和广角反光板

普通反光板和广角反光板是经常用到的光控器，两者大小相同，只有细微差别。大多数情况下，反光板内侧都是烤漆表面。

普通反光板

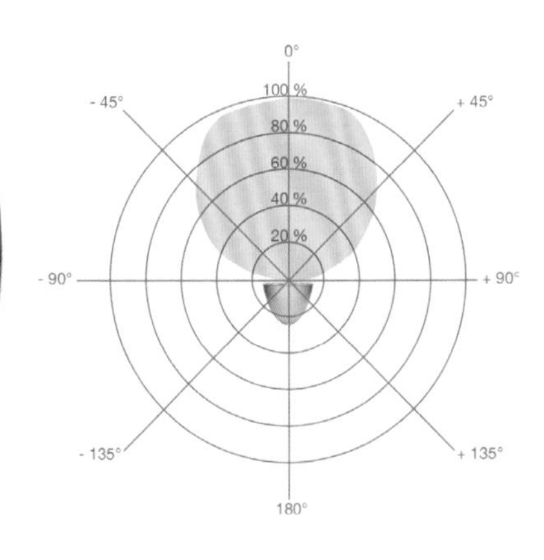

范例 3.24：使用中的普通反光板，其材质为镍铁铬合金。

通常情况下，普通反光板能在大约 40° 范围内发射出亮度一致的光线；–20° 至 +20° ，从测量点来看即“中心射线”，焦点常出现在正前方；辐射角度为 60° 时，则介于 –30° 与 +30° 之间，亮度会稍微减弱，只有最大值的 60%。此后会在两边很小的角度范围内降至 0° ，光锥则消失在阴影中。上图右侧为极坐标图示。

这张人像作品使用的是普通反光板，光源是从约 2 米处以高光形式打到模特脸上的，衣服上的阴影过渡非常明显。一方面是因为髋部距离光源较远，另一方面是这里接收到的是反光板光线边缘的弱光。通常这样的布光方式可以让模特“浮现”出黑暗的背景，从而获得一个非常有“封闭感”的人像轮廓。

模特站在一个灰色的背景前，距离约 2.5 米，且背景与光源因为距离太远，看起来则非常黑。普通反光板的直径只有 20 厘米，所以模特的头部在这个背景上投下的阴影其边界很清晰，位于画面左下角的位置。

为了清晰再现辐射特性，右上方一只带普通反光板的闪光灯被放在了距离白色背景约 3 米处的地方。普通反光板的溢出边缘可以在背景上形成相应的阴影过渡。

广角反光板

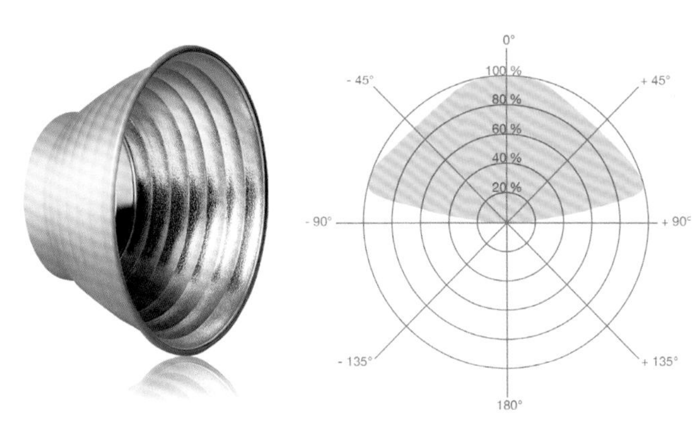

广角反光板发出的光线角度比普通反光板要大，会形成更大的光锥。在我们所展示的例子中，正前方有一个“焦点”，即最大亮度值。光线先从两侧开始减弱，然后又逐渐增加，使其最大亮度不仅出现在光线中央，也出现在光线边缘，即极坐标中大概约 +75° 的位置。然而在白色背景的照片中却看不出边缘光线亮度的提高，这是因为明暗对比度的过渡使其变得不明显。尽管 +75° 处的边缘光线比 +45° 处的亮，但后者在背景上留下了更宽的光线路径，使边缘光线的亮度增加与明暗对比度的过渡相互进行了弥补，从而使广角反光板比普通反光板打出的光线更显均匀。约 +80° 时，即一个很窄的范围内，光线亮度会随着阴影边缘的出现降为 0。

范例 3.25：使用中的广角反光板，其材质为镍铁铬合金。

当两个反光板所用材料完全相同时，如均为烤漆金属表面，不同的光线特点则由反光板的几何形状所决定。但由于两者的直径相同，因此在模特身上产生了相同的立体感、纹理结构和高光效果。

不同的几何形状可以将光源发出的光线，以或大或小的角度发射出去。相对于普通反光板，广角反光板可以在较短的距离内照亮一个

当反光板角度大小相同时，其几何形状对光线特点起决定作用，并能影响光线对模特和背景所产生的明暗对比过渡。

立体感、纹理结构再现、反光形式，甚至模特的肤色再现，都与反光板的几何形状无关，而是同反光板角度大小密切相连。

较大的被摄主体。因此要想从不远处均匀照亮面积较大的背景，广角反光板会更实用，而普通反光板则适合产生阴影过渡带。

在人像摄影中，广角反光板的焦点也正对模特头部。又因反光板相同大小的角度，不仅模特面部产生了相同的立体感，头部在左下角也投下了几乎一模一样的阴影。与普通反光板相比，广角反光板投到整个背景上的光线更均匀，阴影过渡基本消失。

3.4.4间接光控器：反光伞、柔光箱、美人碟和多功能灯

反光伞、柔光箱及美人碟在光线的照射效果上非常相像，会让模特无法看到光源（如灯管或者灯泡）。这时光源或者被隐藏起来，或者先照射到光控器上，再由光控器将光线射向模特。

在我看来，摄影棚只要具备其中一个光控器就足够了，它们只是价格和操作性有差异而已，基本的光线特点没什么区别。

反光伞

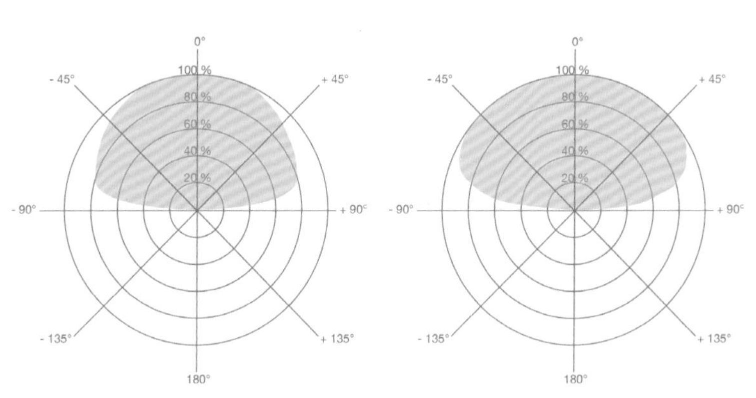

范例 3.26：右侧为布质反光伞极坐标，左侧为金属涂层（材质为镍铁铬合金）反光板极坐标。

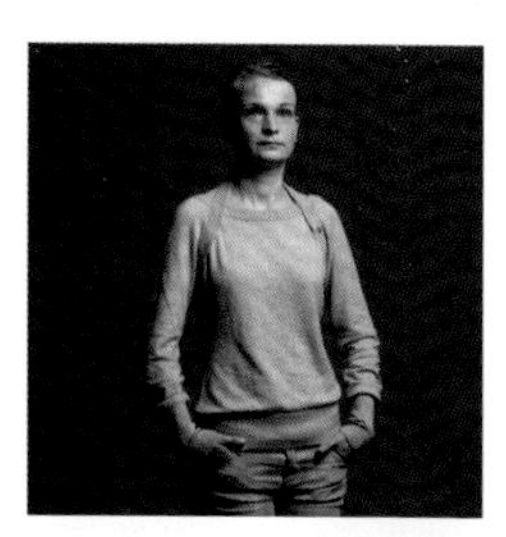

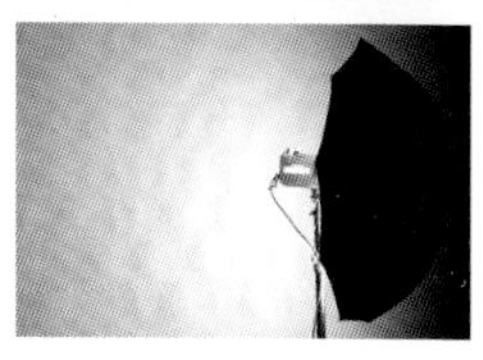

范例 3.27：
使用中的反光伞。

不同厂家生产的反光伞从直径 30 厘米至 2 米不等，有的厂家还生产稳固且专用的反光伞，直径可达 4 米。这些反光伞多配有有金属涂层的罩布，可以快速组装，且占地很小，方便携带，价格合理。

罩着白布的反光伞，可以通过一个很大的角度发出非常均匀的光线，并在靠近中心轴约 +80° 的位置，其光线量会逐渐减少至零。但即使是同样大小的反光伞，如果配的是金属涂层，其焦点会减弱，边缘位置的光线也比布面反光伞明显。正如前文所述，反光伞大小相同时，尽管材质不同，其在模特身上产生的立体效果一致。而且材质不同其发光率也不同，金属的光反射性能就比布料好。由于我所用的是金属涂层的反光伞，所以能够发出跟布料反光伞相同的漫反射光线，但布面反光伞通常会使色温升高，而金属涂层的反光伞基本上不会改变色温。此外，还有金色涂层的反光伞，它具有更高的发光率，能降低反射光的色温，从而让光线看起来更温暖，颜色也更偏向橙色。

使用反光伞，多数情况下都不会有太大惊喜。如果忽略其大小，绝大部分反光伞发出的光线特性都非常相似。因此要想让模特的阴影轮廓更明显，你可以用一顶大反光伞代替小反光伞。然而更简单的做法是先使用大反光伞，然后将手柄稍微推向靠近闪光灯的地方，致使闪光灯无法照亮整个伞面，将光线集中于闪光灯头部更小的范围内，使其边缘也处在阴影中，没有光线反射。这时你就可以“大伞小用”，相当于获得了“可变焦”光源，且能手动调节大小，简便易操作。当然，你也可以通过调节伞与闪光灯间的距离，来改变光线在模特身上产生的立体感。有时我虽然用的是一顶大伞，但并不把它完全撑开，使其看起来更像一只空的纸袋。这样我就得到了一个直径较小、焦点明显的光控器。对我而言，反光伞因其众多的优点，属于我的摄影基本装备。

从范例 3.27 中的人像你可以明显看出，在反光伞作用下头部在颈项产生的阴影过渡要比普通反光伞柔和得多。头部在背景左下角的阴影，其边界也不明显。背景看上去亮度则非常均匀，与所用反光伞的光线特性一致。此外，尽管反光伞放在与范例 3.25 中广角反光板完全相同的位置，但其背景要比在广角反光板照射下明亮得多。通常在使用较大角度光源时，明暗对比度过渡会随距离的增加降低亮度，相对于理想状态下的点光源，更不明显。因此模特身上的亮度下降也不明显。而且由于背景光线均匀，模特身上亮度下降较弱，所以相对于范例 3.24，那神奇的“浮出感”也就弱得多。现在模特在背景前显得更中性，也更立体。

柔光箱

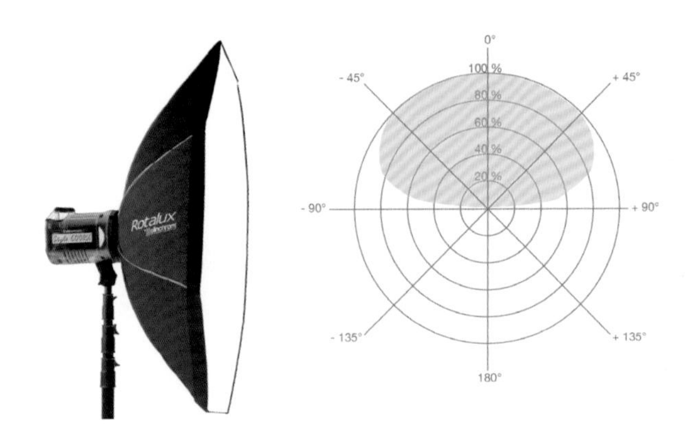

范例 3.28：柔光箱的发光特性。（范例中柔光箱的材质为镍铁铬合金）

当柔光箱与反光伞大小相同时，会在模特身上产生相同的立体效果，甚至是非常相近的光线特性。至于光线是穿透柔光箱的幕布漫射出去的，还是由反光伞上的布料反射出去的，都无关紧要。

柔光箱几乎没有焦点，在约 150° 的角度范围内均会发出非常均匀的明亮光线，并逐渐过渡到阴影区域，就像反光伞一样。也就是说，反光伞同柔光箱的光线特性一样“柔”。

然而柔光箱的大小是固定的，如果你想要一个稍小或稍大的光源，光线出口的直径就只能用黑布或者纸箱调节。然而比较费事的是，你需要通过把手来调节反光伞与光源间的距离，或者改变反光伞的开合度来调节光线出口的大小。当然，你也可以将小柔光箱换成大柔光箱，因为收起或者撑开柔光箱远比收起或者撑开反光伞复杂得多。在摄影棚，柔光箱一旦撑开，就不再收起，用完后直接放在摄影棚角落以备下次使用，但这比较占地。而且购买反光伞要比柔光箱便宜得多，也更便于撑开，更灵活实用，因此多数情况下我都避免使用柔光箱，而是用反光伞。通常我只有在拍摄反光物体时，如金属或玻璃，会选择柔光箱，因为白布覆盖得很均匀，又没有伞骨，不会在金属或玻璃

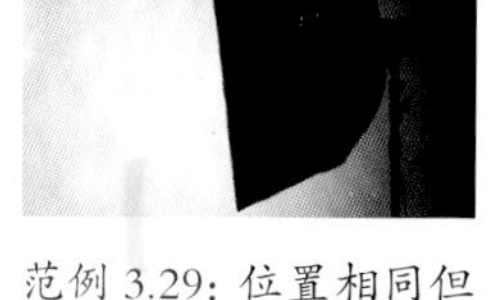

范例 3.29：位置相同但方向不同的柔光箱打光时的对比图。

上成像。有时你可以在柔光箱内的闪光灯头与外侧幕布之间加装一层布，以使透过外侧幕布发出的光线更均匀，最终在反射面形成一个完美的无过渡反射。

当你在距离被摄主体非常近的地方需要使用一个大角度光源时，柔光箱还能体现出一个优点。如果这时你使用的是反光伞，则会使三脚架出现在画面中。但柔光箱会将三脚架置于光线出口后方，从而避免干扰画面。而且柔光箱的光线出口，可以放在距离被摄主体任意近的地方，这对产品摄影师而言是难能可贵的。

光源的焦点不必一直面向模特，你可以利用布面光源的焦点和边缘光线来设计背景的明暗对比度过渡，或者控制背景的亮度。

此外，对于非常大的柔光箱，如3×3米或更大时，根本无法用反光伞代替。因为反光伞的伞骨结构，无法承受面积和张力都如此大的反射布。

现在对比范例3.27与3.29中的人像摄影作品，如果忽略使用柔光箱时背景较暗这一点，你几乎找不到反光伞与柔光箱在打光时的差别。

在拍摄时，我没有把柔光箱直接对着模特，而稍微左转了一些（从相机位置看去），所以中心光线没有直接出现在模特身上，而是从模特身边擦过，背景也只被柔光箱的边缘光线所照亮。对于范例3.29右侧的人像，柔光箱的方向往相机的位置转了一些，使其偏离背景更多，但位置未变。在给模特打光时，你也可以根据光源方向，通过巧妙利用边缘光线所形成的阴影过渡来设计不同的背景。

当然，你还可以利用反光伞或者任何一种其他光控器进行同样的操作。

范例3.30：灯带。（反光板材质为镍铁铬合金）

灯　带

灯带是一种细长的柔光箱，至少有两种常用的拍摄方式，非常需要这种布光工具。一种是侧光下人像的全身照，这时用正方形的小柔光箱来打亮模特面部，那么距离柔光箱位置较远的双脚看起来就会明显比头部暗很多。但如果你在模特旁边放一个竖着的灯带，那么模特的双脚和头部就会得到相同的光线。当然，你也可以将两三个小柔光箱叠放在一起，以获得相同的光线。然而你同时用两三个灯箱获得的效果一个灯带就可以达到，所以明显后者在成本上更具经济性。

另一种，就是常用于产品摄影中。比如，为了强调汽车的挡泥板，你需要在汽车表面获得线条状反光效果，这时就需要特别细长的灯带。此外，拍摄带特定反光的玻璃时，也需要用这种灯带。

美人碟

从名字本身已经透露出美人碟是使用在人像摄影中的。范例 3.31 就是使用美人碟的光线极坐标，所用金属烤漆使其辐射特性与金属涂层的反光伞几乎一样，大小也差不多。但美人碟的弧度更均匀，光线也能更精确地集中。而且由于两个光控器都是烤漆表面，光线漫射出去后，只有通过美人碟较明显的焦点才能区分开来。因此在使用过程中，你必须仔细观察、对比两者，才能注意到美人碟在边缘区域的阴影过渡要比金属反光伞锐利。但由于用来对比的美人碟和反光伞在大小上非常相似，所以两者在模特身上产生的立体感、纹理结构和亮度也没有太大差别。

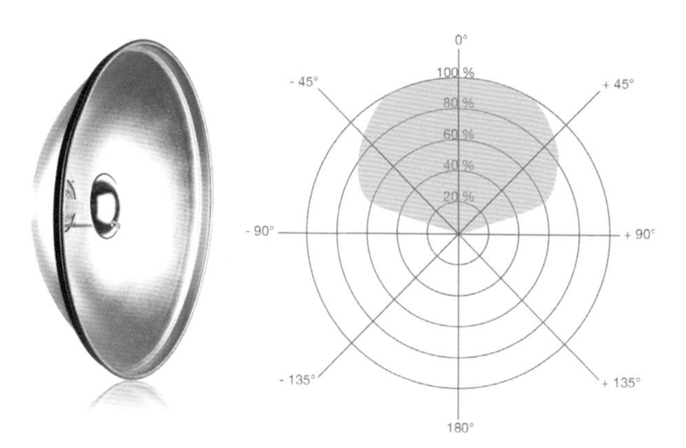

范例 3.31：美人碟的辐射特性。（反光板材质为镍铁铬合金）

范例 3.32：使用美人碟布光。

与反光伞相比，美人碟的优点在于，三角尖位于光线出口的后方，即使距离被摄主体很近，也不会出现在镜头中。这也是美人碟无法像反光伞或者柔光箱那样折叠的原因，而且美人碟要重得多。如果想带着它去“现场”，这么一个又大又贵的“沙拉盆”放在行李箱中，留给其他设备的空间就很少。美人碟会在模特眼中产生一个亮度均衡的圆盘，就像太阳一样；反光伞会连同伞骨一起出现在模特眼中；而正方形的柔光箱则会在模特眼中产生同样形状的亮点。

操作提示

有些摄影师用黑色胶带在柔光箱的罩布上黏出“窗棱”，但会在模特眼中反射出来。

多功能灯

在求学时期，我还非常穷，因为非常需要，才买了一个通用的光控器，它产生的立体效果和纹理结构的再现效果是可调节的，其反光的形状也可变，既可以是圆的，又可以是方的，甚至可以调成任意形状。即使放在距离模特非常近的地方，也不会被光线出口前的三脚架所干扰。这种光线出口的直径是通过把手自由调节的，在模特身上产生的立体感也是“可变焦的”，即从非常大的片光源到点光源。其辐射特性与柔光箱或者反光伞相似，但需要调整到特定方向，甚至可以调出无阴影的环形灯。在摄影棚可以用电闪光灯或持续光源，在户外则能够完全不用电。此外，这种设备拆装起来很快，非常节省空间，而且轻便又便宜，这就是“多功能灯”。

这个工具由两条木制板条和中间钉着的宽幅白法兰绒布组成。使用时，你可以将这个简单的组合用夹子挂在三脚架上，从布的后面打光，大部分情况下用闪光灯，户外则用内置闪光灯，这会将模特被穿透幕布的光线打亮。如果光源直接放在布后，那么改组合能照亮的范围就很小，只相当于一个小角度光源。如果光源放在距离幕布很远的地方，整块幕布都会被照亮，那么你就获得了一个非常大的光源，也称为片光源。在户外摄影时，你可以靠阳光照亮法兰绒布，即使没电也能有光源，还可用黑布和几个大头针调出想要的形状和大小。

通常我会直接把布料缠在木制板条上，这样拆起来就很快，装运也方便。如果由于裹着木条卷起来产生了褶皱，你可以把布料挂起来，用喷雾器在褶皱处稍微喷些水，待水干后褶皱就会消失，布料就像刚刚熨过一样。此外，你还可以像画家那样使用画框将布料绷紧，或者使用由钉子固定的羊皮纸。

此时打出的光线效果同真正的大柔光箱一样，只是价格更便宜。但一个能与天花板轨道相衔接的大柔光箱，则比木条和布料容易定位得多。如果是在摄影棚拍产品照，我就会放弃自己喜欢的木制板条。不过很多事情都可以通过“略施小计”获得改善。比如，为了获得方向明确的辐射特性，我会将木制板条与建材市场买来的半透明薄膜进行组合，这种塑料薄膜多在作画时使用，漫射效果比法兰绒布弱，光源透过薄膜依稀可见，光线包含了部分的方向性。

在木板条上装一块绒布或薄膜通常不好看，也不像大柔光箱或者美人碟那么专业。因此只有在客户吃惊的眼神中，这些我原本认为可有可无的光控器，才会列入我的摄影装备中。我曾经做助理时的一位摄影师其口头禅就是：“客户进来时把圣诞树打开。”然后各种柔光箱、环形射灯和其他昂贵又跟现场无关的灯都会被打开。在这种条件下拍出的照片，客户会觉得比我们用寒酸的布料布光的照片好得多。其实这完全是心理作用，价格昂贵的光控器并不是一项物有所值的投资。可惜很多新人会受到客户、照明产业和其他偶像摄影师的影响而跟风，最后迷失在昂贵的摄影器材展厅，投降于促销的侃侃而谈中，无知无觉就花掉了大量该用于摄影学习的钱。

根据我的经验，没有任何“光控器”能够比一块布料和一盏灯更灵活、简单、便宜且多变。

此外一种比木条绒布稍显专业的器材就是闪光灯扩散器，有很多厂家在生产。其边框由一种弹性塑料组成，可以将布料撑开。多数情况下，一套器材是 1 个框架配有 5 种不同涂层的布罩，可让光线穿透的漫射布罩 1 个，可反射光线的白色、银色和金色布罩各 1 个，用来屏蔽干扰光线的黑布罩 1 个。通常使用银色和金色布罩可以让你看起来好像沐浴在银霜或夕阳中，到处都弥漫着闪闪的感觉。但随着时间流逝，其反光特性会逐渐变差，因为布料涂层会慢慢脱落。价格昂贵的可折叠反光板其涂层可保留多年，而且每次使用后你也不必洗衣服，打扫摄影棚。

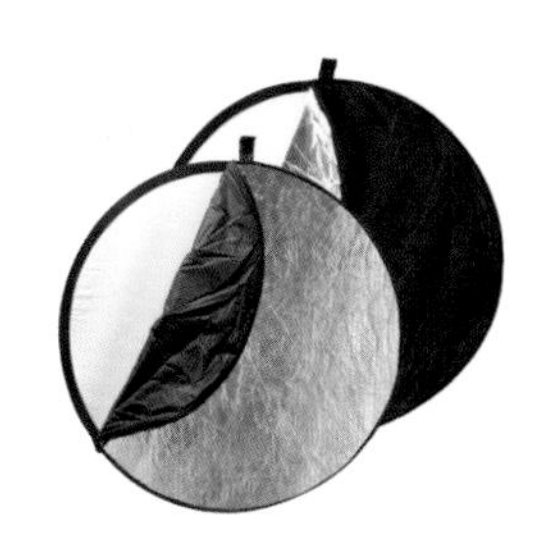

范例 3.33：1 个框架和 5 块闪光灯扩散板，实用又实惠。（Delamax 材质）

3.4.5开放式抛物面形反光板

最常用的反光板就是普通反光板，而抛物面形反光板，其灯管或灯泡在焦点或靠近焦点的位置，并直接朝向开口。这种结构的反光板具有更大、更长、开口更宽的特点。美人碟就是一种很短却开口很大的抛物面形反光板。由于没有使用光偏转器，所以本质上属于这一范畴。通常这类反光板向前伸得越长，焦点就越明显，辐射角度也就越小。

范例3.34：不同外形构造的抛物面形反光板会产生不同的辐射特性，范例中所用的即为30° 镍铁铬合金材质的。

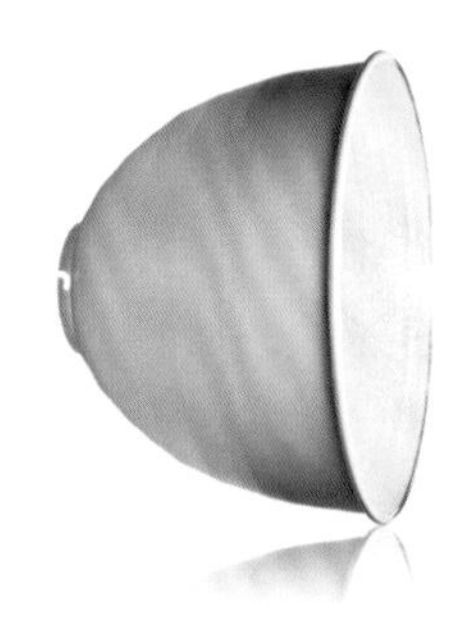

范例3.34最左侧的反光板是第二章中所使用的，辐射角度略大于50° 。而右侧的反光板由于罩碗较深，产生的反射光线角度常小于30° ，其焦点明显要比直径相同但罩碗更浅的美人碟明显得多。范例3.34中的人像，我直接把焦点对准模特面部，不仅让初学者可以看到较窄的反射角，也能使模特从阴影中突显。由于它与小美人碟

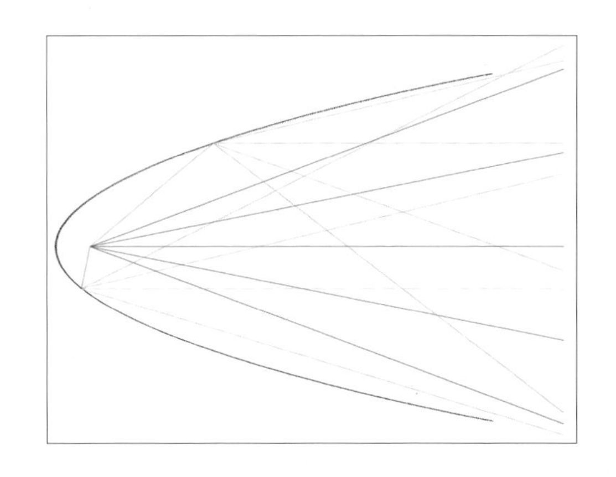

范例 3.35：开放式抛物面形反光板的光线路径。

的大小相同，所以在模特身上也能产生相同的立体感。

除了漫反射的光线，即范例 3.35 中黄线所标；开放式抛物面形反光板则是直接从小灯泡或灯管照射到模特身上的光线，即图中红线所标。

烤漆表面的漫反射光线会在模特身上产生柔和的阴影过渡，其宽度同反光板大小相关。从光源直接发出的光线，会在模特身上产生轮廓鲜明的阴影，以吸引观者的视线。而且使用这种反光板，相当于将两个光源合二为一，即小角度光源被大角度光源所包围。

所有开放式反光板中（即能被模特看到的），有些厂家的光源所校准的辐射特性明显与闪光灯校准的有偏差。这与灯头结构有关，也就是安装反光板的位置。即使是著名灯具的生产商也会出现这样的偏差，因此我在选择反光板品牌时这个就是主要的判断标准。

你可以直接用光源来校准光线，如在黑暗的摄影棚内将光源发出的光线打在白墙上，然后再用闪光灯照射白墙，最后对比两个焦点、所有的辐射角度和相互重叠的边缘区域。如果使用了反光板或者柔光箱，即闭合型光控器，那么模特就无法看到光源，你也就很难发现校准光和闪光灯之间的区别。但事实上，开放型反光板有时会在校准光和闪光灯之间存在差异。就我个人而言，为了获得完美自然的照片，这些设备都不经常使用。毕竟，我更愿意用校准光线来营造摄影需要的光线，尤其在接下来要使用闪光灯拍照时，我不希望因为光线的改变而令我前功尽弃。虽然我常听到推销员说，闪光灯根本不可能安装在发出校准光线的光源所处的位置，校准灯看起来必定与闪光灯不同。但还是无法解释有些厂商的卤素灯调整光线与闪光的闪光之间存在差异，而有些厂商的两种产品所得到的光线却能完美地一致。

利用小辐射角度的范例

范例 3.36：使用开放式抛物面形反光板后，左图焦点打在面部，右图焦点则打在双手位置。

抛物面形反光板越长，照出的光锥就越窄。拍摄范例 3.36 中的两幅人像时，我使用了一个中等大小的开放式抛物面形反光板，辐射角度约为 35°，且放在距离模特面部 2 米处作为高光使用。其中左侧人像，焦点对着模特头部，所以头部明显比双手亮；右侧人像，焦点则对着模特髋部，因此距离光源较远的双手被照亮了，而距离光源较近的面部只接收了稍暗的边缘光线，二者的辐射特性与明暗对比度恰恰相反。

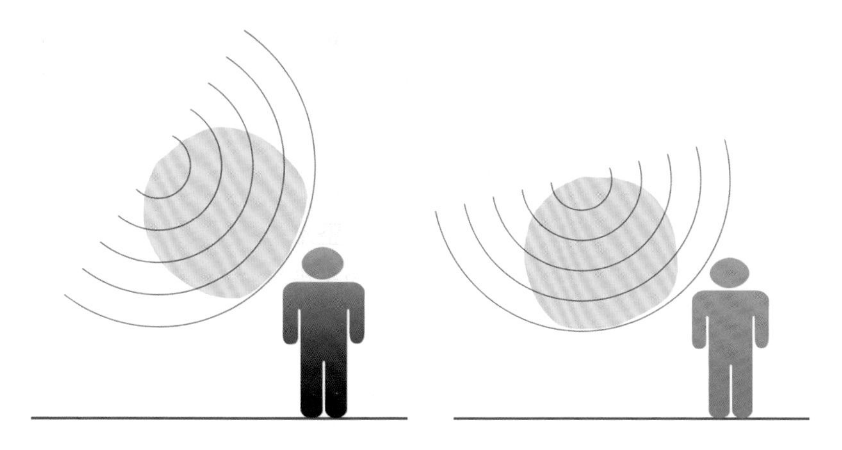

范例 3.37：相同位置的光源可以通过调节灯头方向来改变辐射特性，使其明暗对比度相反，从而产生一种或戏剧化或均衡自然的照明效果。

通过范例 3.37 可以看出，在调整光源的照射方向后，模特身体获得的光线看起来均衡了很多。

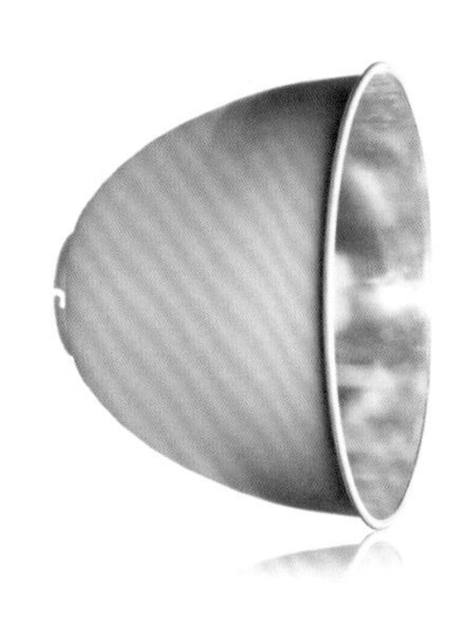

范例 3.38：高反光抛物面形反光板。（镍铁铬合金）

3.4.6高反光抛物面形反光板

这种反光板是一个特例，拍摄时会出现两个点光源，它们看起来与被摄主体的距离不同，但实际上却是一个光源。这听起来似乎很神奇，其实一经解释就很简单。

第一个光源就是灯管或者灯泡（范例 3.39 中红线标出的就是光源直接照向被摄主体的光线）。在一些反光板中，可以通过加装光偏转器挡住这些光线，如美人碟。

范例 3.39：镜面反射抛物面形反光板的光线走向示意图。

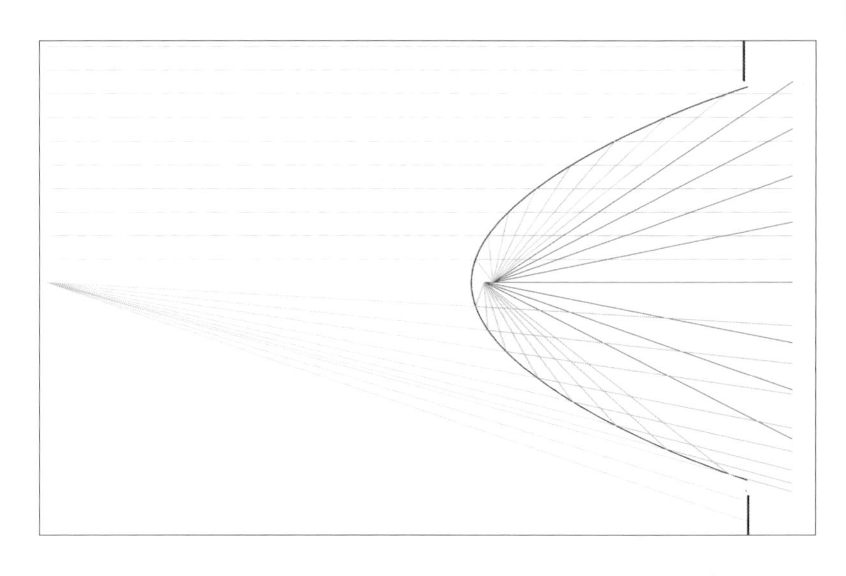

镜面反射抛物面形反光板可以出现两个光源：一个是灯管本身，一个是距离模特很远的点光源。

第二个光源是视觉上的光源。如果灯管直接放在抛物面形的焦点位置，反光板会反射出一道平行光线，致使光源看起来似乎放在很远的位置（在范例 3.39 中用橙色线条画表示），从而使你获得了像日光一样的平行光线。如果灯管放在抛物面形焦点稍微靠前的位置，反光板就会反射出发散状的光线，看起来像从反光板后面的一个点发出的光一样，但要比模拟日光近（在范例 3.39 中用绿色线条表示）。

抛物面形反光板适合在小摄影棚中使用，可以模拟距离模特较远的光源，以创造出摄影棚因空间限制所无法实现的条件。

这样的反光板直径非常大，有些可以达到几米，但是从摄影角度来看，这仅相当于距离模特非常远的小角度光源。因此即使反光板非常大，也无法在模特身上产生足够的立体感，它产生的光线就像阳光穿过一个圆窗的效果。当然，你也可以用一个光源放在距离模特非常远的地方，用黑布或者黑纸挡住光线，然后留出一个窗子，作为光的出口（在范例 3.39 中标出了与反光板大小相同的银色挡板）。

立体感与反光板直径相关的规则，不适用于高反光抛物面形反光板，尽管它是从自己设置大小的出口射出光线，但它必须对应于一个远处的小角度光源。反光板的开口相当于一个窗户与后面稍远处放着的小角度光源的组合使用。

如果灯管装在抛物面形焦点稍后的位置，反光板折射出的光线会形成一个明显的焦点，但这些效果只会在反光表面的反光板内侧看到。如果内侧是烤漆表面，这些现象则不会出现。因为烤漆具有漫反射光线的功能，此时就不会出现平行光线或者突出的焦点。

范例 3.40：直径 220 厘米的抛物面形反光伞。

抛物面形反光伞

来自不同厂家的抛物面形反光伞的反射面，其镜面反射效果并不完美，漫反射效果也不好。这时就出现了一种经过轻微亚光处理的银色表面来作为伞的覆盖面。它不仅能够打出平行的光线，还能打出微漫射的光线（范例 3.41 上半部分黄色线条表示）。

反光伞产生的光线可以与穿过窗户的阳光相比，窗户与伞大小相同，上面挂着柔软的窗帘。在摄影棚中，抛物面形反光伞也可以用画布框架制作。首先在框架中嵌上半透明塑料膜或者窗帘，然后在它后面一定距离处放置一个小角度光源（范例 3.41 下半部分亮灰线条表示）。

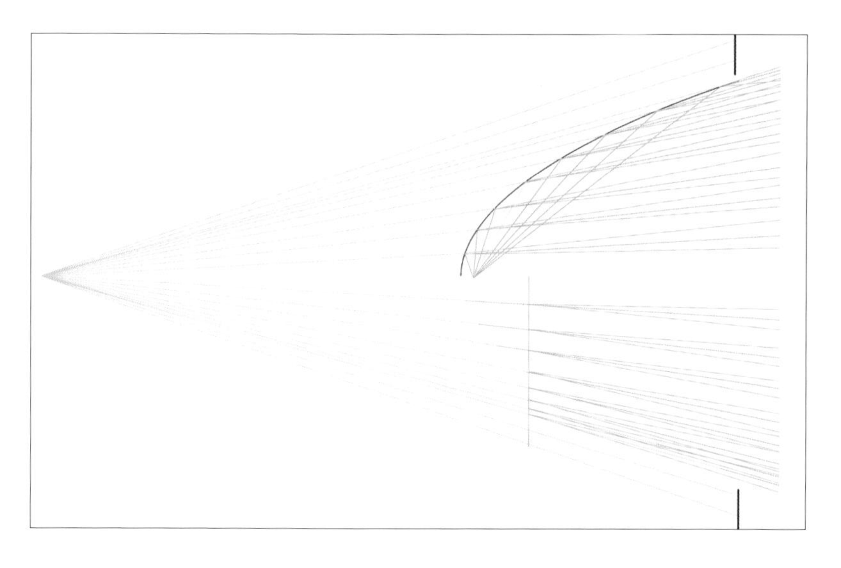

范例 3.41：一个大的抛物面形反光板（上半部分）和一个覆膜画框与远处放置光源的组合（下半部分）能产生几乎一模一样的光线。

光线过渡的操作与上文一样。根据薄膜厚度或者所用窗帘层数不同，可以获得更具方向感的光线或者漫反射的光线。如果你想换掉抛物面形反光伞的罩布，则会大大降低使用效果。

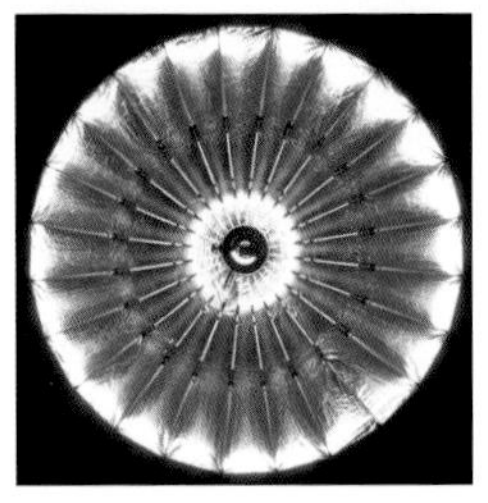

范例 3.42：带变焦的抛物面形反光伞。

在范例 3.42 中，使用了一个直径为 3.3 米的可变焦大反光伞，它在一个以环形灯作为发光体的轨道上，可以前后移动。该伞是从模特角度拍到的样子。根据光圈设置，反光伞在直径为 2 米的范围内发光（左图）或者只在最外面的边缘区域发光（右图）。这样就得到了一个直径大于 3 米的“环形光”，但比较其拍出来的人像效果，很快就让这个外观炫丽、昂贵却笨重的可变焦反光伞失去魅力。两个人像都是在约 2 米处打了高光，两幅作品也都是在反光伞调到两个焦点处拍摄的。可以看出，两张照片几乎没什么区别，其立体感、结构再现、画面大小，以及反光度都与范例 3.18 相似，但范例 3.18 中只使用了一个直径 180 厘米的低廉反光伞，价格仅为抛物面形反光伞的一小部分。尽管抛物面形反光伞体积大，但其对模特产生的阴影却要小。根据焦点位置，在照明距离都相同的情况下，反光分别对应着直径为 150 厘米和 180 厘米的普通反光伞。

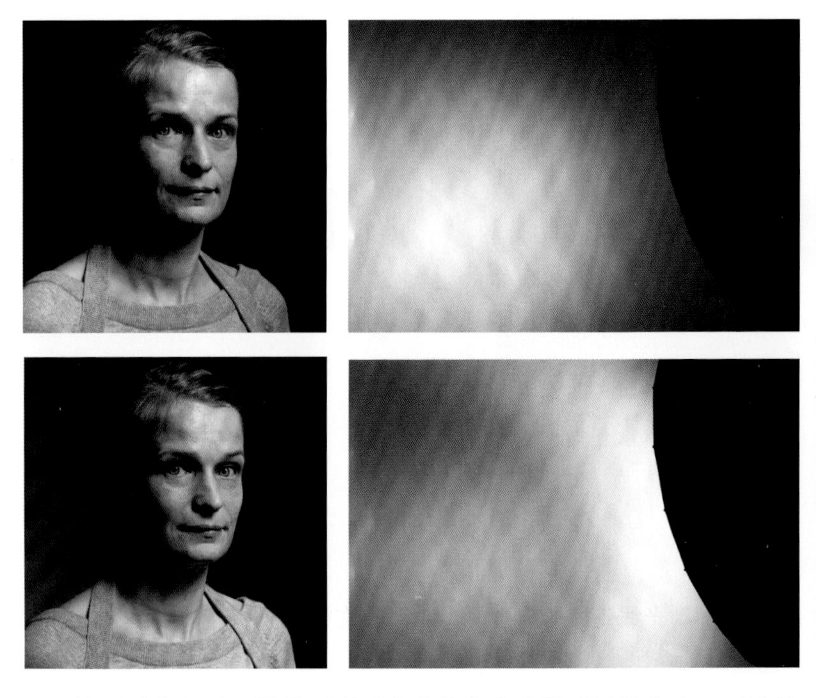

然而对焦之后，抛物面形反光伞能产生非常明显的焦点，而这几乎不可能在普通反光伞上出现，具体可见左侧范例中被照亮的白色部

分。失焦之后，反光伞会形成一个光圈，中间有一个小焦点，如右图所示。事实上，之前从未在摄影光控器中看到这样的辐射特性。

聚焦的抛物面形反光伞相当于一个带强焦点的、直径约为 1.5 米的反光伞，但是价格昂贵、携带不便又占空间，而且不便于组装，打光时也操作复杂。

你可以试着用一个直径为 3.3 米的反光伞来打高光。首先要在不碰到屋顶的情况下，尽可能把这个光控器举高。其次，你可能无法看到模特，因为巨大的反光伞占据了所有视线。因此用它打侧光就会有问题。侧光一般需要的光源非常低，而抛物面形反光伞太大，即使放在最低的位置，如地板上，产生的侧光也会过高，这时只有让模特站在一个台子上才行。

尽管这个光控器存在种种弊端，但抛物面形反光伞还是有一个非常重要的优点，即它可以让每一个进入摄影棚的人都印象深刻，算是摄影棚中完美的“圣诞树”。

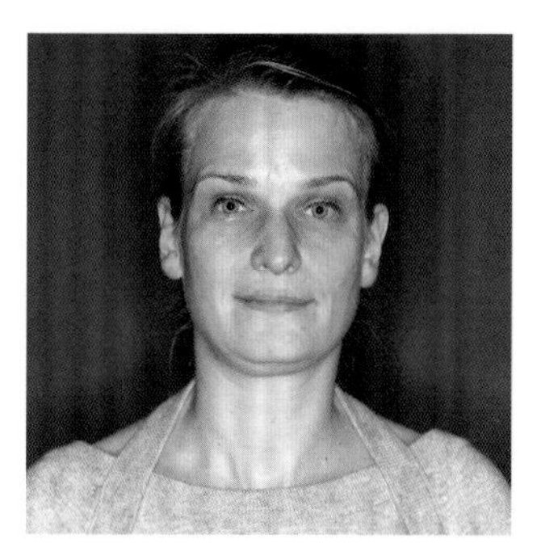

范例 3.43：环形闪光灯。（镍铁铬合金）

范例 3.44：使用环形闪光灯拍照的效果。

3.4.7 环形闪光灯

环形闪光灯是摄影照明器材中最具特色的灯光。它能从正面给模特打光，且光线正好来自视轴，却不会在模特身上产生任何阴影，而是在背景形成一个典型的黑色“光晕”。环形闪光灯还会产生一种非常直接，甚至有些奇怪的布光效果，因此遭到一些模特和摄影师的唾弃，但它的优点是不能被抹杀的，那就是它不会在这些照片中出现阴影。

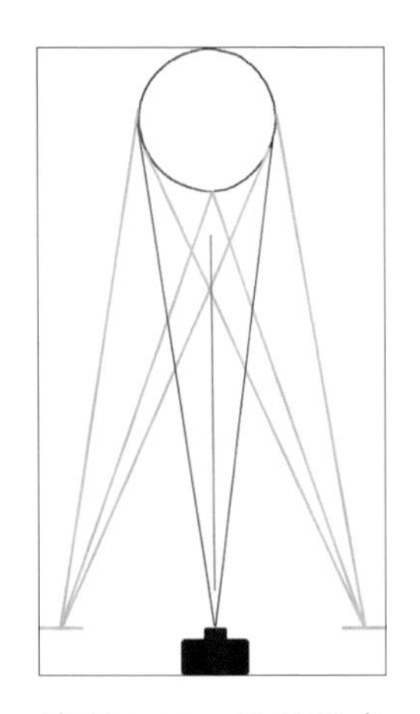

范例 3.45：环形闪光灯无阴影的立体感。

范例 3.44 中的人像摄影使用的是直径约 30 厘米，放置在 2 米处的环形闪光灯。这种角度非常小的光源在未施粉黛的皮肤上会相应产生非常强的反光。因为未化妆的皮肤在这种光线下尽管没有阴影，但环形闪光灯会使其产生具有特殊效果的立体感。

范例 3.45 中环形闪光灯及其光线用黄色表示，中间是三维立体的主体，如模特的鼻尖。它会被环形闪光灯照亮，但其左侧靠近边缘的部分只照亮被摄主体的左侧，无法到达镜头能看到的右侧（用红线表示），因此这一位置所获得的光线比主体获得的要少。环形闪光灯的右侧、上侧或者下侧同样如此，因为圆环完全围绕视轴发光。由此可知，模特所有边缘位置获得的光线都比其中央获得的要少，如额头。鼻子被光源照亮了一侧，阴影则产生在另一侧，所以面向相机的部位会产生亮度差，而这会让照片中的主体部位形成立体感。

为罪犯拍照就需要使用类似的光线，且照片中不能出现相互交叉的阴影，而是要毫无修饰的再现“嫌疑犯”。这类照片在大部分情况下都需要用钳形光，也就是范例 3.45 中表示的光线，即一个光源在相机左侧，另一个在相机右侧。因为在这种钳形光结构中，不存在完全围绕视轴的环形灯，但会产生两个相互交叉的阴影。环形闪光灯的画面效果虽然相同，但没有这种交叉阴影。

如果你将相机放在反光伞的中间，如范例 3.46 所示，抛物面形

范例 3.46：从正前方使用抛物面形反光伞进行打光。

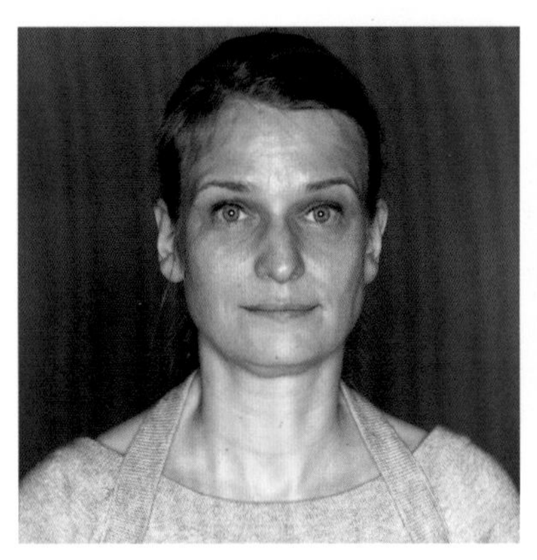

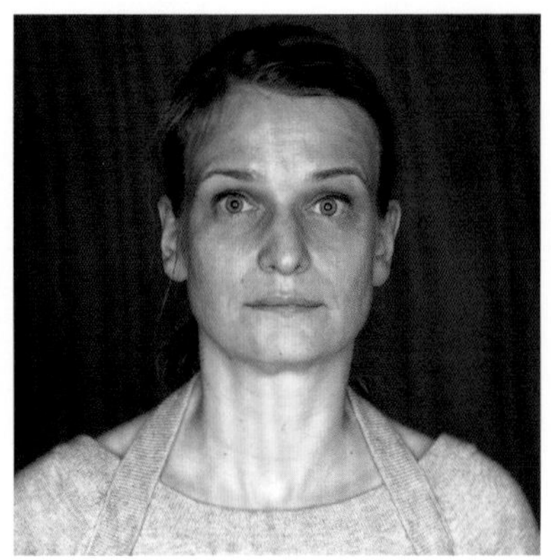

反光伞可以当作大环形闪光灯使用。在两幅作品中，一个用了反光伞的对焦功能，一个用了散焦功能，但与环形闪光灯表现出来的效果十分相似。抛物面形反光伞虽然很大，但反光并不强烈，所以没有化妆的模特最好不要使用这样的光线。

3.4.8 辐射角度非常小的光源

射灯是一种非常小的光源，光线出口的直径通常约 15–20 厘米，距离被摄主体超过 1 米的正常照射距离时，立体感非常弱，但结构再现非常明显。此时只能通过化妆才能中和模特身上的反光，以避免吞噬性光线所带来的问题。通常射灯的反射角更小，光锥边缘也更显锐利。

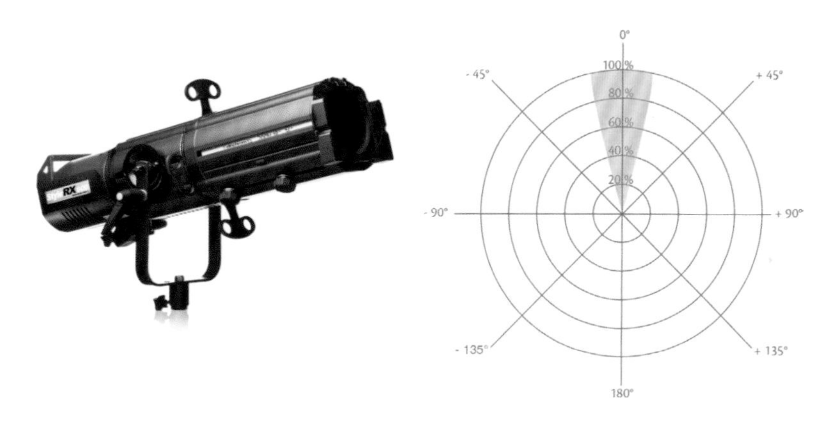

范例 3.47：射灯及其辐射特性。（镍铁铬合金）

投光器

投光器的工作原理与投影仪类似，是经过多个光学镜片将光线聚焦在一个光线内。这种仪器往往都是可变焦的，辐射角度在 20° –40° 之间。由于生产商不同，辐射角度通常是在 10° –30° 的范围内进行调节。该仪器可以通过调节光圈来改变光线，调节度视不同厂家而定。

射灯主要用于背景照明。调好之后，它能产生一个亮度均衡的光圈，可使其与周围阴影形成明暗清晰的界限。剧院中的射灯常常被作为追光灯使用，但模特应尽量避免光锥边缘，否则会产生非常难看的色差，这通常是由镜片系统调焦失误造成的。用于照明设备的射灯与使用灯泡和灯管时的调焦有所不同，操作起来比较难，但可以尝试使用校准光，以确定拍摄后的光线效果。此外，还可以使用投影仪，尽管光线的输出功率会明显降低，但画面质量会好很多。因为投影仪使用的是白炽灯泡，其色温可在 2800 –3200 开尔文之间调节。

菲涅尔射灯

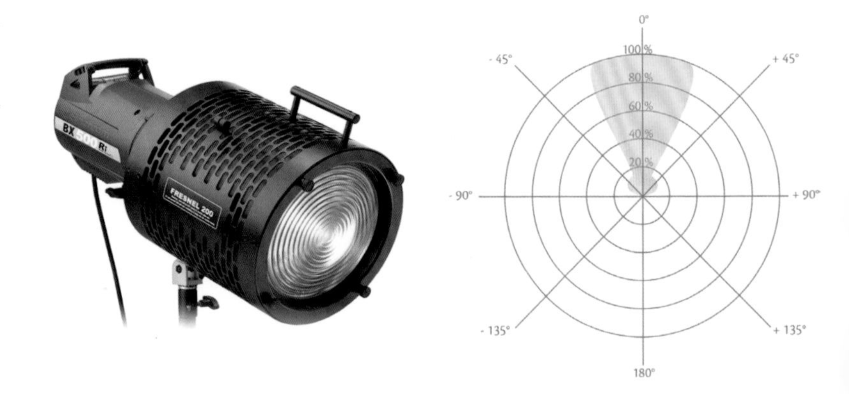

范例 3.48：菲涅尔射灯（环带射灯）的辐射特性图。（镍铁铬合金）

菲涅尔射灯所形成的光线，主要由一个单独的菲涅尔透镜组成，即环带透镜。与具有相同焦距和直径的传统透镜相比，该镜片要薄得多，因此也更耐热。因为较厚的镜片在强光下会因过热而碎掉。而且从价格来说，菲涅尔镜片比其他很多射灯内的光学镜片要便宜得多。

这种射灯还能将光线集中在一个光锥内，其辐射角度可调节。当模特不同时，可根据需要调节辐射角度，其范围在 10° —50° 之间。有时菲涅尔镜片会整片进行亚光处理，从而使投射的光锥不会像射灯一样在边缘处出现明显的光降。

你也可以用一个同样大小的小角度光源模拟这种射灯。比如一个普通反光板，此法可以在模特身上产生相同的立体感、结构再现和高光；或者在一个黑箱子上打个洞，并使其与光源保持一定距离，最终得到透过洞的细光线。如果在箱子的洞口铺上一层厨房用的薄膜（也可能是两三层），就能模拟经过轻微亚光处理的菲涅尔透镜，产生漫反射光线。

加网格的普通反光板

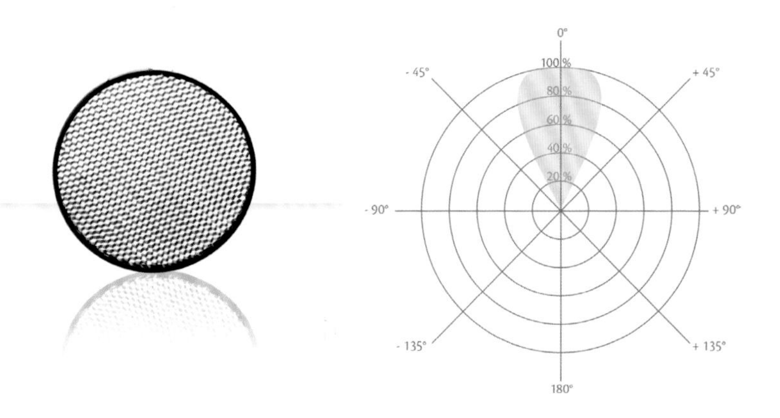

范例 3.49：金属网格和装上网格的普通反光板的辐射特性。（范例中反光板材质为镍铁铬合金）

如果你手头上没有纸箱和剪刀，你还可以将金属网格放在普通反光板上模拟菲涅尔射灯的效果。

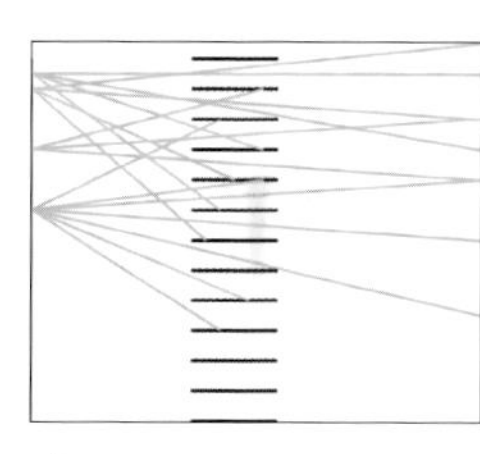

范例 3.50：通过网格可将漫反射光源变成方向稳定的光源。

范例 3.50 为金属网格的原理图。它使通过阳极氧化处理成黑色的金属表面，从而光线有了很多小通道。这使得斜射向网格的光线，就无法通过这些通道。也就是说，只有通过通道的光线才能到达模特身上。如果网格过厚，通道就会变长，光线要想通过就必须与通道方向完全一致，但射出的光线会非常窄；如果网格较薄，通道就变成了网格状的“窗户”，光线照出来的面积也相对更大。

通常因为网格的厚度和开口直径不同，会产生 5°—30° 的辐射角度。

范例 3.51：根据网格的大小和厚度，普通反光板的辐射角度也会出现程度明显不同的聚拢。

普通反光板前安装一个网格能明显改变辐射特性，而且加网格后所产生的光锥，与追光灯或者菲涅尔射灯相似，同时边缘区域与阴影过渡也不那么锐利。

范例 3.52：使用不同厚度网格的普通反光板。

范例 3.52 中的人像，一个用的是普通反光板与薄网格（左），一个用的是普通反光板与厚网格（右）。模特的双手湮没在黑暗当中，这是由于辐射角度较小，且与黑色背景相同，双手无法获得光线。因此大多数情况下加网格的光源都不作为主光使用，而多是运用于希望强调画面的某一部分或者营造一种特别的氛围时。

使用网格时，要在灯头位置装冷却器，因为网格会妨碍灯头散热，易引起火灾或损坏灯头。当灯开着时，网格会非常烫，切忌触摸。通常加了网格的灯不但能像射灯那样将光线集成一个细光锥，还能将光锥外面的光线屏蔽。由于光线输出较少，就需要用一个大功率的灯头才能在拍照时获得足够光线。此外，网格的价格也比真正的射灯便宜许多。

柔光箱与网格也能很好地搭配，其材质大部分是布料，也有金属。带网格的柔光箱其辐射角度会相应改变，多以一个较小的角度向前方发光。当摄影棚拍摄需要避免漫射光时，就可以用带网格的柔光箱。

柔光箱的大小不会因网格而改变，所以模特的立体感也不会因此发生变化。但如果有一个非常大的柔光箱使用了网格，且距离模特很近时，可能会出现模特无法看清整个光线出口。即使模特能透过网格看到亮着的柔光箱的中心，也无法看清边缘，除非柔光箱是斜放的。在这种情况下，柔光箱的辐射特性并没有改变，只是角度变小了，这时模特的立体感会发生变化。

范例 3.53：带网格的柔光箱。（反光板材质为镍铁铬合金）

束光筒

黑色金属束光筒能射出约 15° 的光线，因为不需要透镜，因此价格较为便宜。但由于其光线输出较小，所以使用时需要一个大瓦数的光源。

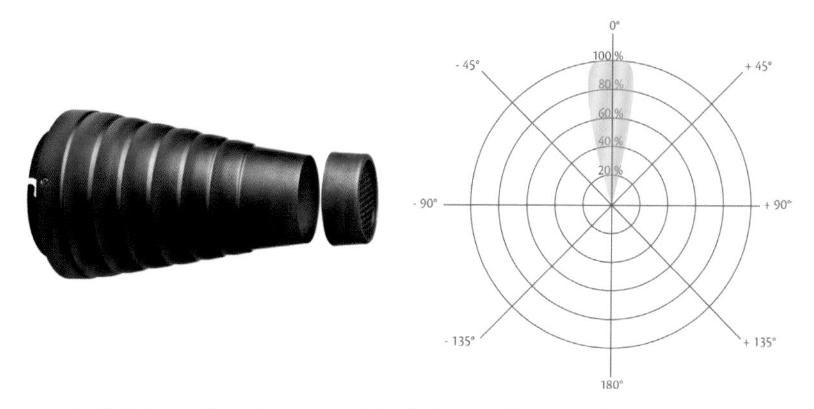

范例 3.54：一个装上网格的束光筒，能产生较小的光锥。（反光板材质为镍铁铬合金）

如果想让光锥变得更小，则应该装上网格，这会使辐射角度变小，但拍摄人像时最好不要使用。

范例 3.55：未使用网格和使用网格的束光筒。

将装有网格的束光筒放置在距离模特 2 米处的位置，此时因辐射角度过小，模特的脸无法完全照亮。

范例 3.56：束光筒未使用网格和使用网格时的灯光效果。

虽然如此，这个光控器还是可以作为小背景灯使用的，有时在摄影中也作为针对性光线使用。范例 10.7 就是以束光筒作为效果灯的使用范例。在实际拍摄中，你还可以用铝箔或者带开口的纸箱与光源组合使用，从而获得一个可以打出针对性光线的束光筒。

3.4.9 光导玻璃纤维

光源的辐射特性和角度大小可以分别进行操作。

小角度光源的可调节照明角度范围较小，大角度光源的可调节照明角度范围较大。

光导玻璃纤维也能当作一个极小的光源来使用，此时光线输出口的直径往往只有几个毫米。光线通过一个玻璃纤维光导管，从大而笨重的光源直接导入光纤末端的光线输出口。尤其在你想照亮非常小的物体，且要求笨重的大角度光源在拍照时不会出现在镜头中时，就可以使用光导玻璃纤维。通常它的辐射特性是通过镜片、漫射片、软管或者微缩网格来任意改变的。但在拍摄人像时，往往不会使用这种照明设备。

范例 3.57：使用中的光导玻璃纤维。（反光板材质为镍铁铬合金）

3.5立体感、反光及色彩饱和度方面的常见错误

在我的求学生涯中，经常听到我的导师和一些著名摄影师说，他们要在反光板或者内置闪光灯前放一个散光器（如亚光纸、白布或羊皮纸等），让光线变得“更软”，从而获得更多的立体感，或者更少的高光、反光。这些“学说”终日被挂在摄影师的嘴边，然而在我早期的摄影创作过程中，它们却常常让我感到困惑，因为按照这些“学说”摄影，很难达到想要的效果。

散光器会使光线变“软”的说法让人质疑，甚至可能导致摄影师无法表现出真正想要表达的视觉效果。经过多次徒劳的尝试后，我个人拒绝使用“软光”或者“硬光”的说法，也拒绝那些所谓的会让光线“变软”或“变硬”的“学说”，甚至拒绝与此相关的思维方式。因为这些说法在试图用一个定义来表达完全不同，甚至性质完全相反的光线。到底“软光”是什么？为了揭开这一词汇的神秘面纱，查明所造成的诸多困惑，我做了一些小的摄影实验，以兹证明。

3.5.1“软光”与立体感

为了解开“硬光”与“软光”的谜底，先要区分直接光控器和间接光控器。回顾一下，间接光控器是指灯管或者白炽灯泡本身无法被模特直接看到的光控器。由此发出的光线要么是被一个反光板间接射向模特，要么是被一个由不透明的布、塑料或毛玻璃所制成的分流器引向模特。而直接光控器则是指模特可以直接看到灯管或者白炽灯泡的光控器，如由反光板围绕的灯泡。

范例 3.58：带扰流器的美人碟与直接用幕布作照明的光源所进行的效果对比。

在范例 3.58 的两幅作品中，都使用了美人碟布光，间接反光板直径约为 70 厘米。美人碟放在距离模特约 2 米处，作为伦勃朗式用光的光源使用。左图用了直接安装在灯管前面的扰流器来遮挡模特的视线，也使光线无法从灯管直接照射到模特身上，而只能通过直径约 70 厘米的金属反光板反射。通常反光板的尺寸和其与模特间的距离，会在面部的亮侧与阴影侧之间形成相应的明暗过渡，使鼻子在脸颊上形成阴影。

在拍摄右侧的照片时，去掉了美人碟的扰流器，使模特能看到直径约 70 厘米的金属反光板内的灯管，但在正前方又挂起了白幕布来作为扩散器。这样模特透过幕布无法看到美人碟的金属反光板。通常罩上幕布的美人碟其功能等同于圆形柔光箱，但幕布吸收了一部分光线，所以需要相应地调整灯泡亮度。

此外，白幕布因为有些泛黄会轻微改变白平衡，这相当于我相应地调节了白平衡。在理论上，调节好亮度与白平衡的白幕布，能够产生较软的光线。

但事实上，美人碟前面有无白幕布，并不会对画面产生差异性影响，如在金属反光板前作为扩散器的幕布就没有改变画面的立体感，甚至连面部的纹理结构和皮肤上的毛孔都一样。在这两种情况下，反光的亮度和大小一样，阴影的形状相同，连灰度也一样。也就是说，扩散器并没有让光线“变软”！

在范例 3.59 中，两幅人像使用的同是直径约 70 厘米的反光伞。左侧人像使用了银色面料的反光伞，右侧则使用了白色漫射布料的反光伞。同美人碟或白幕布一样，模特也无法直接看到反光伞内的灯管，光线只能通过伞的反射到达模特身上。尽管使用了不同面料，不但两幅作品之间没有区别，而且与美人碟或者白幕布布光下的照片也没有区别。

范例 3.59：金属面和布面反光伞的效果对比。

无论你用的是金属反光板还是漫反射的白幕布反光板，或者是一个平坦的美人碟，或者是一个弯曲度极强的反光伞，甚至是由白幕布与光源的组合，这些都无所谓。因为立体感、纹理结构的再现和反光效果只由光源大小和光源与模特间的距离决定，同样直径的不同材质的反光板之间的区别在于反射特性、光线输出量和价格三个方面。

在间接光源前放置扩散器不会让立体感、纹理结构的再现和反光效果“变软”，它不会改变光的这些特性！

反光板前的扩散器使模特无法直接看到光源，因此它既不会改变被摄主体的立体感，也不会改变结构再现或者反光效果。光源只是以一个更大的角度发出光线而已。

通过扩散器可以将光线以更大的角度照射出去从而改变辐射特性，通过灰卡则可以测量不同反光板之间白平衡的轻微不同，在RAW处理中需要考虑这点。金属反光板、布面反光伞或者幕布之间的光输出量明显不同，厚幕布会吸收很多光线，但使用一个大功率的光源或者延长曝光时间来提高ISO值，或者使用大光圈来达到平衡效果。最终的照片虽然使用了同样直径的不同反光板，但画面效果看起来却是一样的。

通常布面反光伞所反射的光线角度比金属面反光伞稍大，因此在背景上能打出更多的光线，但在模特身上，却看不出使用不同材质反光板的差异。

范例3.60：没有安装扰流器的美人碟。

扩散器会将开放式反光板的灯泡或者灯管遮挡起来，这样就不会产生轮廓鲜明的阴影。

对于那些模特无法直接看到光源的反光板，如反光伞、柔光箱和所有使用了扰流器的反光板，以及在光源前安装扩散器都不会对模特的立体感、结构再现、反光效果和对比度产生影响。

拍摄范例3.60时再次使用了美人碟，但取走了光源前的扰流器，也没有用幕布。在这项试验中，从模特角度来看，光源第一次是开放的，模特也能看到光源。除了围绕光源的大反光伞产生了过渡阴影，光源也发出了一个符合自己直径（7厘米）且边缘轮廓清晰的阴影，从脸颊上鼻子部位的阴影可以明显看出这点，这与上面光源被挡住的四幅作品相比，第一次在模特身上出现了差异。

范例 3.61：无幕布和有幕布的普通反光板效果对比。

两幅作品中都使用了普通反光板，右侧照片在光源开口处直接撑起了一块白幕布。尽管左侧照明组合的灯管模特可以看到，右侧无法直接看到，但两幅作品看不出什么差别。

当小角度光源作为开放式反光板使用时，增加扩散器不会对立体感、结构再现、反光效果或者对比度产生任何影响。这就解释了直径约 15 厘米的反光板同光源本身一样，可以产生轻微的立体感，以至于用扩散材料覆盖后，小反光板产生的清晰的阴影轮廓保留了下来。但用扩散器遮挡光源，本身并不会增加反光板的开口直径，所以阴影依然是不立体的。

只有在大的开放式反光板中，扩散器在减少小角度光源密集而直接的光线，及其产生的锐利阴影时才有意义。于是通过大反光板到达模特身上的光线，其产生的效果由角度大小决定，而且会在模特身上产生相应较宽的过渡阴影。

带开放式可视光源的大反光板是由一个小角度光源（灯管）与一个环绕其周围的大角度光源（被照亮的反光板）组合而成。它既可以产生锐利的阴影轮廓，反映出被摄主体的形状，吸引观者的视线，也可以产生额外且较宽的过渡阴影，从而强调立体感。

3.5.2 “软光”与反光

接下来的摄影实验要研究镜面反射材料产生的反光，如水的表面就不会有任何阴影，因而也就没有结构再现和立体感，往往只能看到其产生的反光。

范例 3.62：通过不同大小的光源有针对性地改变镜面反光板的形状。

范例 3.62 中的杯子使用了不同的光源布光，但都是从约 80 厘米的距离处进行照射。左侧例子用的是银色反光伞，直径约 1.2 米。这个角度非常大的光源产生了极度漫反射的光线，使杯子的阴影在纸面上相应过渡。但应该注意到水面那不太明显的反光将视线透过水面引至水中的木筷上。

中间的照片用的是 1×1 米的柔光箱，放置在距离被摄主体 80 厘米处进行布光。阴影几乎与左边一样，因为光源角度大小几乎与第一幅作品一致，甚至水面的反光也相同。

反光板的材料特点：漫反射布料或烤漆表面的银色薄膜，对反光的亮度或透明度没有影响。

右侧照片用的是直径约 15 厘米的普通反光板，放置在距离被摄主体 80 厘米处布光。水面产生的镜像更亮，但透明度下降，木筷子在水的折射下很难辨认。反光板的烤漆表面虽然略显粗糙，但比反光伞小得多。由此可知，水面反光的强度是取决于光源大小的。

范例 3.63：镜面反射的效果可以通过调节光源的位置来改变。

范例 3.63 中的三幅作品与范例 3.62 中所使用的光源一样。不同的是，这次是从约 4 米处布光，反光明显变亮变强，同时也变得不那么透明。反光的亮度取决于光源与被摄主体之间的距离。与此同时，光源的角度大小对反光效果也起着关键作用。

需要注意的是，如果拍一辆被抛光喷漆的汽车或者一面大玻璃时，柔光箱或者一块绷紧的幕布相对于烤漆表面的金属反光板或者带辐条的反光伞来说，就是优先选择。因为汽车会反射出反光伞的辐条，从而对画面产生干扰。而汽车的烤漆表面也会产生类似金属烤漆表面的反光伞的效果。

对立体感、结构再现和反光起决定性作用的是光源的角度大小，而不是光控器的几何形状或者所用材质。

在拍摄人像时，光线会在皮肤表面产生漫反射，既不会看到光源的镜像，也不会看到反光伞的辐条。只是在眼睛中，光线会在瞳孔产生镜面效果，从而看到非常小的光源成像，区分出不同材质的反光板。

3.5.3“软光”与色彩饱和度

色彩饱和度与反光有间接关系。你可能时常会看到，一个“又小又硬的光源”产生较高的色彩饱和度，而一个“又大又软的光源”产生较低的色彩饱和度。虽然这个规律并非一直如此，但色彩饱和度确实与反光相关，间接取决于光源大小。

范例 3.64：光源大小对反光及色彩饱和度的影响。

在范例 3.64 中，一个深棕色亚光喷漆的木桌上放着一系列不同颜色的纸张，如蓝色和红色的高光纸，蓝色、红色和绿色的亚光纸，蓝色和绿色的毛毡，橙色和黄色的亚光纸，灰卡纸。左侧照片用的是直径约 20 厘米的普通反光板，右侧照片则使用了直径约 1.5 米的大反光伞，两者距离被摄主体均为 3 米远。

在高光红纸和黑色桌子上可以看出灯的镜像，且色彩饱和度很低，镜像的亮度盖住了红色和棕色的亮度。两幅作品中，右下角的红色亮度与色彩饱和度相同，因为那个位置没有反光。也就是说，色彩饱和度不仅取决于反射光的亮度和大小，也与其是否在某个特定位置有关。

靠近反光位置的亚光纸上会产生非常弱的反光，这些反光会对色饱和度产生影响。当使用大角度光源时，毛毡的色彩饱和度会升高，这个微妙的变化是在Photoshop中用移液器测量位置时发现的。可见，色彩饱和度在很大程度上由被照亮材料的表面特性所决定。

拍摄时，如果从一个不会产生任何反射的角度布光，那么色彩饱和度就不会因为光源的大小发生变化。为了避免反光，你也可以从侧面对色板布光，这样不论是大角度光源还是小角度光源，被摄主体的色彩饱和度都是一样的。如果在布光时被摄主体出现了反光，色彩饱和度就会降低；如果没有出现反光，那么光源对色彩饱和度不会产生影响。

此外，色彩饱和度也与灰度值的亮度有关，它既不是白的也不是黑的。颜色在亮度上越是接近中灰色，其色彩饱和度就越好。范例3.4中的模特，其皮肤被拍的非常亮，所以色彩饱和度较弱。通过使用大角度光源可以产生更强的立体感，即更多不同的亮度值，就像范例3.6中看到的那样。所以拍出的皮肤就不光有亮或黑的灰度值，还有介于两者之间不同级别的灰度值。在这个过渡区域中，越靠近中灰的位置，色彩饱和度越高。在具体情况下，小角度光源会降低色彩饱和度，而大角度光源却会使其升高。

现在已经了解了立体感、结构再现、反光效果和色彩饱和度，以及画面明亮区域与阴影区域的过渡。而且除了光控器的不同辐射角度，所有这些特性都可以单独控制，不是一对简单的“硬光”与“软光”的概念，就能全部囊括的。

小角度光源会产生面积非常小的反光，由于其亮度较高，所以饱和度明显下降，反光也会掩盖被摄主体和颜色。

大角度光源会产生范围较大、强度较小的反光，被摄主体的色彩饱和度在一个较大范围内降低是明显降低。

3.6 背景设计

在上面的章节中，我们学习了辐射特性，光源对模特或者背景所产生的阴影过渡，以及辐射特性与阴影过渡的结合使用。通常阴影过渡受光源与被摄主体之间距离的影响，如范例 3.10 左右两张照片的均衡照明和戏剧性效果对比。

接下来我要介绍一些其他应用，让你们进一步了解并熟悉光源的辐射特性、与被摄主体间的距离和方向之间的关系。

3.6.1 背景过渡

我喜欢用中灰色纸背景，因为通过相应的主光源照明，它可以横跨中灰至黑色的不同明暗范围。

范例 3.65：不同方向的主光源产生的背景效果。

范例 3.65 中的范例使用了一个柔光箱在布伦勃朗式用光。柔光箱不能距离模特太近，以避免模特身上的亮度下降。通常模特头部至髋部的距离约为 1 米，灯与模特之间的距离则是这个距离的两倍，即约 2 米。如果不想让照片的立体感过强，但又想突出阴影轮廓，使用了较小的柔光箱并放在距离模特侧面约 1 米处。这时光线射向模特的方向，由伦勃朗式用光规则决定，即在眼睛下产生“三角光”。然后让模特站在距离背景非常近的位置，要求布光后不会在背景上产生阴影。这样布光就需要在大约 2 米处才能实现，它可能会把背景照得非常亮，致使背景成了灰色的纸背景效果。

在拍摄第一幅作品时，柔光箱对着背景，模特身上只能接收到边缘光线。通过柔光箱射出的焦点大概对着背景的中心，所以背景上的光线非常均衡，赋予了画面一种中性纪录片的感觉。但伦勃朗式用光本身就具有冲突感，中性的背景则不能真正强调这点。

在拍第二幅作品时，让柔光箱的焦点对着模特前面，使背景获得边缘光线，这时垂直过渡与模特身上的过渡正好相反。模特的阴影侧从明亮的背景中突显出来，而模特的明亮侧则与黑暗的背景相呼应。这幅作品强调了左右轴，与前一幅作品相比，模特给人一种正在回忆过去的感觉，或者使人感觉照亮模特的光线来自未知的未来。

在拍第三幅作品时，将柔光箱向下调45°，使焦点对着地板方向，于是背景上的阴影过渡也向下转了45°，并且沿着画面的对角线过渡。此时的画面明显暗了许多，比第一幅作品中的冲突感更强烈。

巧妙地选择背景距离、照明距离、光控器和光控器方向，不仅可以对模特进行造型设计，还可以对背景进行设计。

3.6.2 亮白色背景

只用一盏灯作为照亮模特主光源时，白色的纸背景不会在照片中显示真正的白色。

范例3.66：白色的纸背景虽然也会被主光源照亮，但从画面看，显示效果多不是白色，而是鼠灰色。

即使用主光源的焦点对着背景，模特也被主光源的边缘光线照亮，背景也不会比鼠灰色更亮，如范例 3.66 所示。因为背景与光源的距离始终比模特与光源的距离远，所以获得的光线也会比模特少，因而在画面中白色的背景纸就变成了灰色，从而营造出苍凉的氛围。

范例 3.67：要拍摄出非常明亮乃至白色的背景至少还得需要一个光源。

如果想让背景看起来比鼠灰色亮，那就需要在主光源之外再加一个光源来照亮背景。

范例 3.67 中左侧的照片中，在模特背后放了一个广角灯，以增加背景亮度。拍摄时，先将照明功率调到最小，然后一步一步增大，直到模特右肩的背景处为白色，这样模特就好像被一个明亮的背景光环包围着。

在右侧的照片中，将灯的功率调至让照片左下角的背景也变白的程度，这样整个背景就都变成了明亮的白色。但为了让画面中的背景变为白色，灯射出了多于实际所需的光线。虽然照片中的背景不会变得更白，但过多的光线会使背景过亮。当光线反射到镜头中，照片的对比度消失。

如果想把一个较大的背景设计成均衡的白色，再照明布光是解决这一问题的绝佳方案。

3.6.3 再照明布光

再照明布光，就是将平面主体进行再加工。这时就需要一个尽可能均衡的照明，它也是获得白色背景所需要的重要元素。

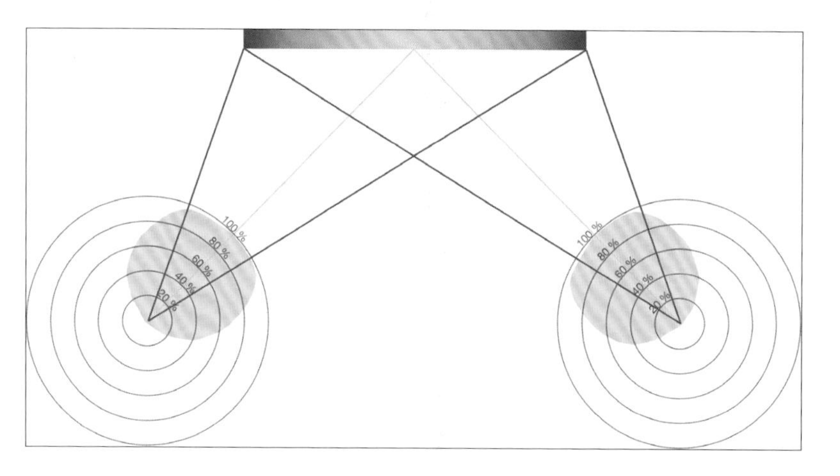

范例 3.68：再照明布光的焦点正对被摄主体中心。

在范例 3.68 中，左右两侧的再照明部分是由两盏灯来布光的，它们的位置与被摄主体的距离相同。理想状态下的照明角度应该为 45°，而且在这种经典结构中，两盏灯的焦点则是正对中心点的。需要注意的是，用两盏灯做背景光源拍摄人像时，不要让灯光打到模特身上，否则就会产生非常难看的钳形光，通常你可以在灯与模特之间放一个黑色的大纸箱来挡住光线。

但这种结构还不够完美，被摄主体的中心被灯照亮时，右侧的灯则用稍弱的边缘光线照亮了靠近主体右侧边缘的位置。在理想情况下，那里由于辐射特性产生的亮度减少与靠近主体产生的亮度增加是相反的。而且右侧的灯也用了强度较弱的边缘光线照亮被摄主体的左侧位置，左边的灯则以同样的方式作用于右侧，所以被摄主体的边缘要比中心暗一些。

范例 3.69：经典的再照明布光打造的白色背景，其焦点位于中间，边缘逐渐变暗。

在范例 3.69 均衡的白色背景中，使用了两个灯以组合出经典再照明布光，并将其背景调到头部区域最亮处。如果正好需要画面中的暗影，就可以利用这种布光方式。但尽管如此，还是不能使背景达到均衡的白色。

范例 3.70：再照明布光焦点相互对着主体的另一侧。

如果在这样的布光方式中直接调大灯的发光功率，直到背景看起来成为均衡的白色，其背景光线又会出现过亮的情况，虽然可能不会像范例 3.67 中那么严重，但影响还是较大。

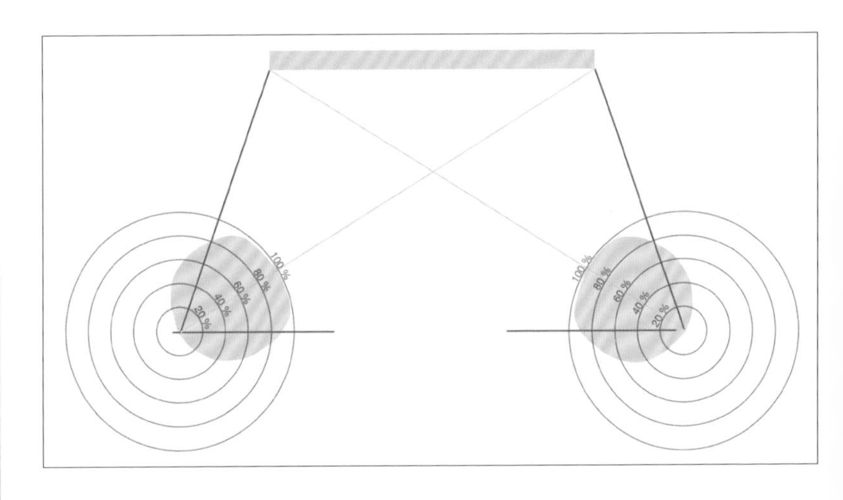

操作提示

通常再照明布光为得到一个尽可能均衡的背景，需要用至少两盏灯从同样的距离布光，并将焦点分别对着照亮平面的另一侧。

如果将灯的焦点分别对着主体的另一侧，那么距离光源较远的被摄主体部分就会被照亮，而靠近光源处只获得边缘光线。这样的照明结果要比经典再照明布光均衡得多。

范例 3.71：用再照明布光进行背景照明，焦点则对着另一侧的边缘位置。

如前文所述，范例 3.71 中，将灯的焦点对着背景的另一侧，并将光线调到角落，使背景达到最白的程度。被摄主体只是稍微过亮，画面对比度则明显提高。你也可以用再照明布光把背景调到任意亮度，用不同的灰度值传递不同的氛围感。

纯白色背景显得轻松、明亮、干净、中性、纯洁、无辜、真实和纯粹，它可以根据被摄主体和所布光线产生很多相似效果。白色让人联想到青春与活力，给人的感觉就好像被摄主体从背景中抽离出来，使模特周围的空间感消失，仿佛站在一片“虚无”当中，给人一种幻境感。

有一种明亮的灰色有时更像水洗白，略有黑烟、霉味、浑浊、晦暗和不干净的视觉效果，但也可以营造出高雅与别致的感觉。这两种效果间的分界线很模糊，具体会出现哪种效果主要取决于画面的色调。中性的亮灰色与整个暖色调的画面搭配，看起来更有艺术感，也更显精致。这种轻微的亮度差异就像未洗的衣物，会让人联想到污渍，如背景纸上的轻微凹痕就会产生这种效果。但非常柔和均衡的亮灰色过渡，则会给人一种优雅的感觉，所以亮灰色产生的视觉效果要视具体情况来定。

深灰色背景时常会赋予画面一种深度，传达出很强的空间感，尤其是与白色背景对比时会显得更温暖、深刻。它虽然不如白色背景有动感，但也是精致的，比青春的白色更经典，会让人联想到“经验”或者“成熟”。如果灰度值过高，就会显得晦暗，给人一种威胁感或产生阴郁的氛围。

在大多数情况下，深黑的背景会使画面充满死亡气息，除了“黑色”观者没有任何其他感觉。但轻微的炭黑色则会让画面的深度感重现，给观者留下想象的空间。因此在使用黑色背景时，应该采用高光纸。它的表面反光会在合适的比例下再次赋予黑色以结构感，而粗糙明亮的纸张表面结构也会映入眼帘，使纯黑色变得充满生机。在结构过于均衡或者细腻的纸张上，大片的黑色只会显得死气沉沉，从而产生一种空荡感。

除了借助再照明布光或者主光源发出的边缘光线，背景还可以用其他很多灯来照亮。通常使用不同光控器会获得不同宽度的阴影过渡或者小光点，因此将纸箱、薄膜、布料或任何其他材料做成不同形状放于距离光源不同的位置，就会在背景上获得不同大小和锐利度的阴影。通过这种方式，你还可以熟悉不同灰度值、阴影过渡和结构再现的效果，而且这些灰度值和阴影过渡都可以通过所用背景材料的不同而进一步改变。

3.7 发现自我

试拍本章中展示的所有范例，感受其中产生的效果变化，你将成为一个发现者。不要轻易相信他人操作中所说的不可行的东西，就像我们常常听到的关于“软光”和“硬光”的说法。虽然这一定义早已根深蒂固，但使用者还是很难解释清楚究竟什么是“软光”，什么是“硬光”。但即使是错的东西，也可以激发灵感，从而引导你寻找真理。所谓“失败乃成功之母”，错的观点也有可能锐化你在某个方向的感觉。

当然，本书中难免有错误之处。你可以发现错误，并用它们来扩大自己关于光影设计方面的知识，最后通过仔细观察达到自我学习的目的。光影设计无关信仰，只是对自己主观感受的认知。

操作范例：有区别的主光

范例 3.72：皮特·施沃贝尔

在拍摄人像时，皮特·施沃贝尔将一个大反光伞挂在了距离模特头部上方约 1.5 米处，并用高光布光，以使头和双手间的阴影过渡更加明显，此时头部成为重点。画面中，模特面露喜色，通过大角度光源，照明效果非常立体，每个圆角都被塑造得淋漓尽致。在分析作品的光线运用时，一旦不确定，就可以通过下颌在胸部留下的阴影过渡的宽度来判断。当选择角度大小时，你还需要考虑结构再现。模特的面部与胳膊上的小皱褶显示了生命的痕迹，突显了照片想要表达的内容。去掉了强光灯，会产生更强烈的立体感和结构再现，从而使光线显得非常有力。

在拉法埃莱·霍斯特曼的两幅自拍人像中都没有使用强光灯，其中的阴影却都达到了最大灰度。画面中的人像使用了一个较大的平面照明设备——多功能灯，一个用于打亮的约4平方米的幕布，作为侧光源从右侧布光。由于光源角度很大，所以侧光看起来像伦勃朗式用光，只有通过仔细观察才能区分，因为左侧脸被头发和树枝遮住了。通常这种大角度光源会产生非常宽的阴影过渡，几乎都不足以称为过渡。因此从身体到锁骨部分都是一个色调，没有立体感。一般情况下，不建议使用这么大的光源，以避免拍出来的画面过灰、平坦又无立体感。但此时拉法埃莱故意选择了这种效果，通过平坦的光线和刻意的曝光不足，让画面显得阴暗、苍白，而干枯的树木、低沉的眼神和血淋淋的面孔都进一步加深了这种视觉效果，这是一种绝妙的反衬手法。下面的人像摄影也用了同样的光源，但只作为高光使用。拉法埃莱将它的位置放得很低，几乎不会产生鼻子阴影，甚至连下巴下面的阴影也要仔细观察才能看出是妆容和后期处理的效果，而不是照明效果。照片表达了一个蝴蝶曼舞的春天，但树木却是枯死的。因此这个充满生机的场景在高光下，表达出的效果非常苍白。如果刻意想达到这样的效果，那么如此大的光源是非常有意义的，但立体感会欠缺。

范例 3.73：拉法埃莱·霍斯特曼

范例 3.74：麦基克·旭克斯

在麦基克·旭克斯的这张人像照中，我们可以看出所布光源是一个直径约1.5米的柔光箱，放在距离模特2米处。伦勃朗式用光产生了一种非常具有戏剧冲突的氛围，以很好地突显模特的内心活动，而这点又通过面部表情得到了加强。阴影丰富的伦勃朗式用光所产生的阴森感则通过非常弱的钳形亮光所保留，这可以从脸颊的阴影过渡看出，即从耳朵到鼻子方向的阴影变得越来越暗。此外，指尖和耳朵却没有“沉浸”在黑暗中，所有的细节也都被展现出来，使画面看起来更精致。背景光用的是一个位于模特身后的普通反光板，从约1.5米处直接照向背景。

范例 3.75：利塔·黑恩茨

利塔·黑恩茨在这张人像照中展示了她的一个同学在第一学期与摄影的关系。人物内心对摄影的热爱就像一个孩子，还在慢慢长大。在拍摄过程中，她选择了充满希望的高光，非常倾斜的光线让这位同学的眼睛陷入阴影当中，从而强调了画面内容——他闭着眼睛看世界，因为相机就是他的眼睛。同时，利塔为达到柔和立体的阴影效果，突出动作的温柔，使用了一个大反光伞，并将其放在稍偏短侧的位置，以使耳朵不会过于明亮，从而体现了作品所表达的“看见”而不是“听见”。此时反光伞正好靠近模特头部，在这种距离下，通过将重点放在面部和相机上，以使重点部位与画面下部边缘的光降得到突显。通常所有的光照类型都会产生明显的阴影，在这张照片中，高光的阴影就出现在眼睛、颈项，和胳膊下面。而且通过胳膊，我们可以看出这张照片没有使用强光灯，而颈项处的阴影也被相机、撑起的手和模特自己的胸部提亮。

范例 3.76：梅尔勒·海特斯海姆

在这幅作品中，通过动感主题所用的动感阴影过渡可以判断出，梅尔勒·海特斯海姆的人像照使用了伦勃朗式用光。拍摄时，梅尔勒使用了一个直径约 2 米的大反光伞放在距离模特约 1 米处作为伦勃朗式用光的光源。此时模特面部产生的明暗对比非常明显，如手明显暗了很多，双脚虽然没怎么伸出来，但被光线照亮了；面部的阴影侧在靠近鼻子处是暗的，靠近耳朵处却是亮的。而且模特面部左侧的逆光突出了伦勃朗式用光带来的动感效果，以避免深色肩膀和头发与背景相混淆，最终使模特从黑暗的背景中浮现出来，冲击着观者的眼球。

范例 3.77：安德里亚·略珀尔

在这两幅作品中，安德里亚·略珀尔用高光强调了画面内容，将男人都表现得非常有存在感。这不仅是通过大角度光源或者强光灯，还通过后期处理明显降低了对比度，从而表达了一种不可捉摸的短暂情感。对比照片中的多数设计细节，如色彩饱和度、所用色调范围和动静对比，都正好与人像照相反，从而衬托出其效果。这组对比照片用的也是高光，而且增加了很多对立统一的设计元素，最终从画面感使单幅作品之间建立了联系。

范例 3.78：考丽娜·格拉尼希

从考丽娜·格拉尼希的宝丽来人像照中可以看出，侧光是怎样传递出恶魔般的效果。画面中的侧光来自窗户，模特位于相应的房间内，与强光灯一起产生的阴影过渡使两幅作品充满了神秘感。这里看到的两张照片节选自考丽娜·格拉尼希的系列作品，讲述的是模特与观者的联系。其中有些照片能够产生直接联系，而有些照片中模特好像完全处在另一个世界中。她通过这些照片，探索出在多大范围内，这种联系就像一个“无形的门帘”一样出现。原照片是由宝丽来所拍，给观者传递了一种强烈的视觉感受——模特在这个“真实鲜活的牢笼”中。

范例 3.79：托比亚斯·穆勒

在这一组照片中，托比亚斯·穆勒通过静物突出了模特的特点，非常巧妙地运用了颜色和光影理论。第一张人像照使用了透过窗户的非常简单的自然光，窗户约 4 平方米，模特则站在一个看起来像是打了侧光的位置。此时自然光照到了模特身上，可以看出阴影侧的眼睛还是明亮的，阴影轮廓也非常柔和，这都得益于大面积的窗户。画面的重点是孕妇的肚子，从背景的阴影过渡可以看出，托比亚斯将卷帘往下拉了一些，使模特的头部处在半阴影中。而且因为房间内的白墙，画面被明显提亮。此外，非常有意思的是抱枕上的亮光，它也是侧光打亮的。第二张人像照则使用了一个直径约 60 厘米的反光伞，放在距离模特头部约 1.5 米处，并用伦勃朗式用光打在模特面部的长侧。

范例 3.80：托比亚斯·穆勒

反光伞的焦点没有对准面部，而是对着远处的双手，以抵消阴影过渡的明暗对比。此时模特头部与画面右侧的手亮度相似，因为靠近反光伞的头部只获得了边缘光线。仔细观察你会发现，托比亚斯将打亮长侧耳朵的问题试图通过后期处理来暗化修复。他原本可以用头发直接盖住耳朵，但通过这种方法他可以获得一种动感照明，使皮肤像瓷器一般明亮细腻。窗帘上有简单的逆光，其后被盖住的天空就是光源。

范例 3.81：拉法埃莱·霍斯特曼

拉法埃莱·霍斯特曼的这张人像照，是另外一种光线的违规操作，却也是产生和谐效果的一个范例。因为侧光非常高，明亮侧的眼睛处在半阴影当中，所以光斑没有打在眼睛上，而是打在了阴影侧的脸颊。此时耳朵被光线照亮，尽管轮廓不清晰，但却是一个表现重点。根据这本书介绍的原则，这幅作品不算合格，但效果却非常理想。那处在半阴影当中的眼睛让视线回归自我，眼神看起来有些悲伤，阴影侧眼睛下面的光斑把视线引向前方，从而加重了悲伤感。此外，这只眼睛被浴室的门生硬地挡住了，脸颊是水珠的明亮舞台，既像泪水，又像银色的珍珠。透过浴室的门缝，你还可以看到非常有立体感的嘴唇，它使观者的视线被吸引。所以在这幅作品中，笼罩着看到与看不到的冲突，内含着青春的懵懂与萌动。

4.
增加亮光

到目前为止，所有展示的照片与所选的主光类型和所用的光源都没有关联，但它们有一个共同点：模特的阴影侧都是深色的，明亮侧与阴影侧的明暗对比度也相当高。

“曝光”是指选择一幅作品所需要的光线亮度，通过光圈、曝光时间、感光度设定、闪光灯功率以及模特与光源之间的距离，或者通过中灰镜来调节。为了画面的曝光效果，应当准确地呈现明亮侧，在目前所展示的照片中，阴影侧均为深色。

即使有深色和未被呈现的阴影，曝光也始终关注被光源照亮了的清晰的被摄主体。你可以尝试通过更强的曝光来呈现阴影，因此照片的明亮区域会变白，丢失画面细节，这就是过渡曝光。在目前的这些照片中，对比度过高的问题不能通过曝光解决，而要寻求其他照明方法。

一些摄影师尝试通过设置主光来解决这一问题，但会出现对比度不足的情况。例如，他们把主光源放在模特的长侧，或者直接从正前方照亮被摄主体，以避免出现阴影，但也很难表现出立体感。这样的照片会显得过于平面，无法充分将被摄主体的特征表现出来，也无法通过阴影渲染来“指引”观者的眼睛。在光照均匀明亮地平面图上，摄影师应当利用光线的可塑性，突出重点以擒获观者的视线。你可以尝试直接通过光源制造对比度尽可能低的照片，只为避免阴影过暗。从长侧布光不一定是错误的，但要避免从正面照明。如果依据想要表达的主题，也可以有意地选择这种方法。但为了掌握对比度，与较平坦的照明效果相比，还有更多、更实用的方式。

操作提示

首先采用一束灯光照亮你的被摄主体，然后在下一个步骤中通过适当提高阴影亮度，按照你的意愿，控制生成的明暗对比度。

若想使用已经介绍过的三种经典主光类型，在只用一种光源照明的前提下，表达出所想要的影调、重点、轮廓、线条和平面区域，以有效吸引观者的视线。在布光时，你首先应当有意识地忽视大多数照片中的高对比度，将注意力放在尽可能完美的光源上。只有当你通过光源，使照明角度达到最佳状态，才能使产生阴影的亮度能够按照意愿随意地降低对比度。

有许多种拍摄技术可以提高阴影亮度，本章所介绍的这些技术在耗时、成本和产生的效果上是有所区别的。

4.1 钳形增亮

为了使那些深暗的阴影获得亮光，需要使用所谓的增亮器，它可以是泡沫塑料板、白色纸板、白色织物、铝箔板或者镜子。原则上，几乎所有能够反射光线的平面都可以用作增亮器。

增亮器应当能够将光源的光线反射到模特的暗阴影侧，而最自然、简单、快捷又实用的方式是将增亮器放置在模特的阴影侧。

在范例 4.1 中，光源所射出的光线用黄色表示，增亮器用灰色表示，黄色光线抵达增亮器后被其漫反射，致使模特的阴影侧被照亮。光源位于用红色表示的“牛线”一侧，而增亮器则在另一侧。

增亮器是用来反射光源线的光源，它能将光线通过反射到达过暗的阴影里。

这种方法的确是最常用的，因为它在器材搭建上非常简单，增亮器在这个位置几乎可以获得足够作为光源的光线，并有效地将光线反

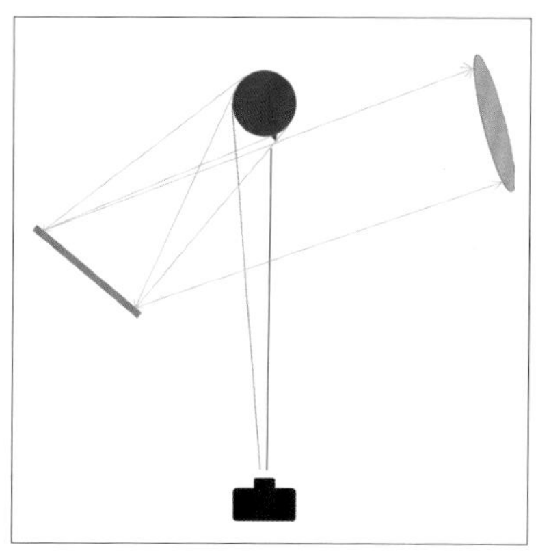

范例 4.1：钳形增亮容易实现，但表现得却不够自然。

射到阴影侧。这种方法通常在白天使用，但也能在摄影棚中使用。它的优点是，相机能自由识别模特，且增亮器不会遮挡画面。

最好使用泡沫板作为增亮器。泡沫板能反射所有可视光谱中的光线，而且不含光学增亮。这种增亮会将日光或者闪光灯中的 UV 光转换成蓝光，从而导致色彩失真。白色纸板与之相比，就不太适合作为增亮器的材料，因为它含有光学增亮。此外，铝箔板也适合

作增亮器，它重量轻且稳定的性能，明显减轻了助理的体力消耗。如果不想使用铝箔板，也不想耗费资金购买昂贵的摄影器材，那么各种各样的灯光三脚架上都有类似干草叉的托叉，它们能够将泡沫固定在三脚架上。

无论是白色的尼绒布，还是银色或金色箔膜，原则上所有能够反射光线的材料均可作为增亮器使用。在海滩上，使用一块白色浴巾就能当作增亮器，因为你只是将光线带进了缺光的阴影里而已。许多制造商在生产增亮器时，会将白色织物安装在自动夹紧的装置里。为了便于使用，这种设计既便于携带又能折叠，需要时可自动撑开。此外，还有利用银色或金色涂层材料作为增量器，通常银色材料比白色材料能反射更多的光线，而金色材料则能给阴影反射出暖色光调。你也可以给泡沫板涂上橙色或天蓝色，使产生的阴影侧看上去更自然。在野外拍照时，往往就适宜采用天蓝色的增亮器为阴影增亮。

可惜的是，光源的光锥度很窄，只能照射到模特，很难有足够的光线落到增亮器上以进行反射。在这种情况下，你需要在反射光线的安置另一个灯光替代泡沫反光板来照明，借此主动从模特的背光区域带入光线。如果你想使用灯罩或者柔光箱，因其照明功率比主光源小，因此也能像泡沫板一样获得相同的拍摄效果。

反射光线始终比照明光源的强度弱。如果你在增亮器位置放上一盏光线强度与主光源一样的照明灯，就会形成钳形照明。

就增加光亮而言，无所谓你是使用主光源的反射光线还是使用来自第二盏灯的光线。

即使钳形增亮的方式非常吸引人，也经常被采用，但它仍会导致光线不自然。这是因为反光板采用了比主照明灯功率小的灯，在相对方向上作为第二个光源。然而事实上，我们的天空中只有一个太阳，没有两个，因此钳形增亮后的影像就我们的视觉习惯而言显得非常做作。

请想象一个球形物体在你面前，你尝试用铅笔画出影像。你想象中的“理想球体”看上去是什么样子呢？请对比范例 4.2 中的球体。

根据以往的经验，一个球体在日光下，由明亮面过渡到阴影侧，能够体现它的立体感。而显现在球体末端的阴影边缘也符合我们的视觉习惯。而钳形增亮则会形成一种亮—暗—亮的过渡，阴影区域对我们的视觉习惯来说，好像球体上捆扎的一条绳子。但这又与影像轮廓不符，因为这条“绳子”并没有显示出阴影侧的轮廓，因此钳形增亮在我们的视觉习惯上不可避免地造成冲突，引起曲解。

通过增亮技术，范例 4.1 的模特看上去就像在被“审讯”。虽然在这张照片中，主光灯采用了打侧光的方式，但影像重点并没有放在面向相机的明亮侧眼睛上，只是通过增亮器突出了模特的这只耳朵。

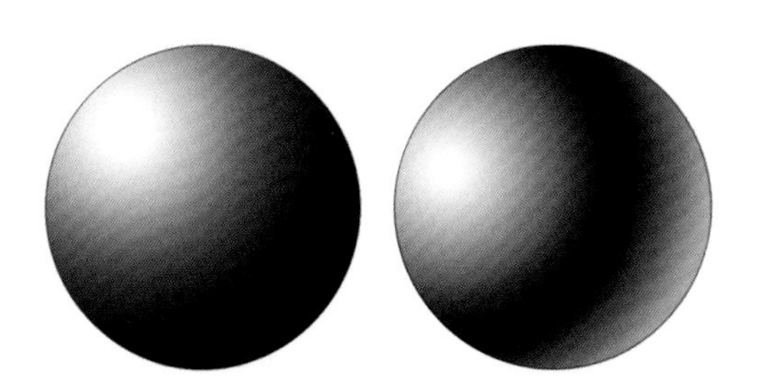

范例 4.2：一个完美的球体在钳形增亮后会走样。

此外，右侧脸颊的大部分区域被照亮，致使观者因为乏味而失去兴趣。朝向相机这侧的眼睛区域和嘴部区域则陷入了深色的阴影中，此时模特的面部表情看上去很糟糕，被突出的阴影部位，就像出现了一条深深的“裂痕”，使面部像被“捆扎”了一样。这不仅是一种想象的毛骨悚然，而是真的会令人毛骨悚然。就我们的视觉习惯而言，深色阴影应当位于视觉后方。

通常这种不自然如恶魔般的视觉效果源自无心之过，它多是因为诱人又简单的操作方式或是一位无经验的摄影师。但如果是有意识地使用这种布光，则能制造出扣人心弦、超现实的画面感。在 YouTube 或者在线课程中，有很多涉及摄影布光的“教学微电影”，可惜的是，它们都只是称颂这种增亮技术，甚至涉及向阴影区域带入光线，以及降低明暗对比度，但都没有提及其在艺术层面所造成的后果。

通常增加亮光绝不只是给一片阴影增加亮度，它均会改变主光源的色调、侧重点和轮廓，以及照片所强调的内容和视觉点。有些出色的摄影师在构图时，会有意识地利用这种“钳形光线”和它们的整体效果。

钳形增亮在照片中会显得诡秘、不祥、病态而造作，乃至超越现实想象。对于一张讨喜或者自然的照片而言，采用钳形增亮是不合适的，不管这种效果是多么的突出。

我并不想就此把钳形增亮视为毫无意义，它有自身的效果，如果有意识地使用，能够表现特殊的拍摄主题。此外，它钳形增亮可以把视线直接引到模特身上，甚至给相机位置的转换留有余地。这种布光方法作为标准技术使用时，能够增亮阴影。

自然的钳形增亮

在范例 4.3 的人像照中，采用了大角度光源，以形成伦勃朗式用光来勾勒模特。画面中较宽的阴影过渡，额头上大幅却得体的反光，以及鼻翼一侧的阴影都使得模特易于识别，甚至连阴影侧的脸颊和耳朵在钳形增亮的效果中也变得清晰突出。此时的明暗对比也不像范例 4.1 中那么高，从而淡化恶魔般做作的效果。

将同一张人像照在扩大的取景框下观察，将在照片中展示周围环境，此时钳形光线不再显得过分失真，如范例 4.4 中的效果。照片中白色的墙壁作为天然反光器，不仅产生了钳形光线，也向我们的视觉"解说了"钳形光线。安塞尔·亚当斯，作为一名举足轻重的乡村摄影师，已经在他的《照相机》一书中介绍了这种效果。

链　接

一张关于成功使用钳形照明的范例是由阿诺德·纽曼于 1969 年拍摄的人像，这幅作品中的人物是阿尔弗雷德·克虏伯。为了把克虏伯作为凶恶的战争罪犯的一面表现出来，纽曼在这里使用了钳形光。你可以在 Google- 照片搜索栏输入"阿诺德·纽曼或阿尔弗雷德·克虏伯"搜索到照片，或者扫描文旁的二维码进行搜索。

在这张人像照中，深色区域被安排在正中的位置，目的是将克虏伯的脸"劈"成两个部分，让眼睛陷入深深的阴影里。此外，克虏伯也被照片边缘的混凝土石柱所"夹击"，光线颜色也显出了一些刺眼的绿色。纽曼是有意地将这些元素非常奇妙地组合在一起以发挥效果，最终表达了摄影主题。

纽曼是犹太人，曾在克虏伯的工厂里做苦役……

4.2 延长光源

不管是使用泡沫板还是大幅的绒布，或者单独使用的大型光源，都可以达到一种非常自然的增亮效果，只要你采用了“延长光源”的手法。

4.2.1 延长大角度主光源

首先演示借助侧光采用大角度光源的过程。在以下范例中，我们使用了一个灯罩反光板，其直径约1.5米，放置在距离被摄主体约2处。

在范例4.5中，侧光使重点落在了阴影侧的眼睛上。右侧通过有

范例4.3：这种钳形增亮突出了模特长侧的耳朵。

范例 4.4：画面中所包含的周围环境，说明钳形增亮的光线从何而来，其效果也不再失真。（人像照由霍斯特·哈茨福尔德提供）

当明暗对比度较低时，为了使被摄主体易于识别，可以采用钳形增亮，其效果会显得不再恐怖而更自然。

当光线从光源射出时，将增亮器放置在沿“牛线”的方向上，使光线围绕在模特周围。如果可能，请越过“牛线”放置。

角度的光源在短侧形成了立体感，之后则需要在长侧逐渐增亮，以产生浓重的阴影。

你可以使用泡沫板或者灯罩反光板的灯泡作为增亮器，就如这个范例所展示的那样。拍摄时，增亮器比主光源小两个光圈，以配合泡沫板的亮度，使主光源的光线仍可以进行反射。

我把第一个增亮器直接安置在主光源旁，朝向“牛线”方向。这时主光源照射到了增亮器的一侧，而其另一侧的光线则向着“牛线”方向。这条“牛线”非常长，它从模特的鼻尖开始，一直延伸至镜头。

首先，请将增亮器对准相机与模特间的“牛线”，使增亮器的光线越过模特的鼻子，照射到模特长侧的部分脸颊。这时阴影中的眼睛和嘴唇被浮现出来，能够明显识别。原本的明暗过渡是由大角度光源

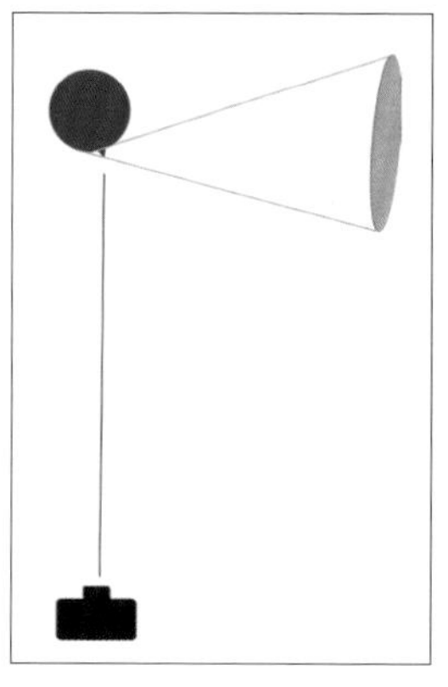

范例 4.5：侧光，无增亮。

在没有增亮器的条件下产生，并被继续延伸至长侧，从而使模特的明亮侧没有受到增亮效果的影响。但使原来的主光源阴影区域增加了过渡，短侧的高反光与长侧仍旧非常阴暗的阴影，形成了更宽泛的明暗过渡，增加了立体感。

如图例所示，当增亮器和相机之间距离增大时，增亮器的光线只能照亮某一部分的阴影（图中由黄线所示）。这时从相机方向观察，

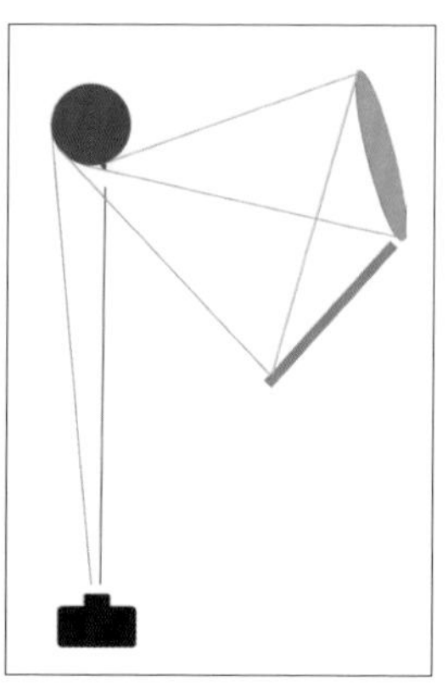

范例 4.6：采用延长光源可实现轻微增亮。

模特的某些局部完全没有光线（图中由蓝线所示），处于黑色中。因此通过这种增亮方式，模特只有一部分的阴影被增亮。

此时钳形增亮的优势显而易见，它能使整张脸看上去自然饱满，中间位置也没有“间隙”或者一条“捆扎的线”。模特的面部表情易

于辨别，有效防止了昏暗的侧光所造成的胁迫感。由于向内延伸的阴影，导致模特的耳朵仍然隐藏在阴影中，但观者的注意力没有因为耳朵被转移。新的阴影边缘融入最大化的黑色，呈现出一种舞动的效果，并由此突出模特面部。同时就像范例4.5中所示，阴影轮廓线也“突破”了面向相机所造成的脸颊的扁平感，长侧的眼睛获得了足够的光线，并由此来吸引观者的视线。在范例4.6中，由于增亮效果，观者的视线会多一点的“漫游”，即慢慢注意到整张脸。尽管如此，照片仍然保有昏暗的色调或者侧光所形成的忧郁感，虽然模特已经稍稍地做出了微笑的表情。

光源角度与明亮侧的立体感相关，那么增加亮光，就会形成阴影侧的立体感。

第一组照片显示了一位生活阴郁的女士，在期盼着一个更美好的未来……

其实一张照片主题的发挥在于所用的拍摄手段，包括光线和构图。在一幅作品中，如果按照预想的主题，基本使用了所需的技术手

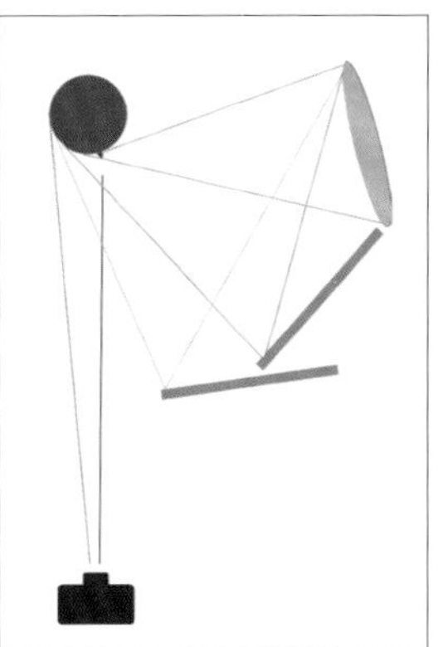

范例4.7：通过延长光线来最大化立体感。

段，最终展现的画面就会清晰而不单调乏味。例如，在这种情况下，通过构图以灰色的对立面为媒介，制造出紧张的氛围。如果需要用微笑来衬托照片的主题，那么可通过侧光来展示微笑的表情。总而言之，对由光线影响影调的这一效果要做到心中有数，其他拍摄手法也应当与此相互谐调。只要继续使用增亮器，深色阴影部分就能够获得更多光线。从主光源开始放置更多的小增亮器，一个挨着一个地拉长，直至如范例 4.7 中所示的位置。

尽最大可能在贴近“牛线”的位置设置增亮器，以便把光线反射进远离主光源的阴影里（图中由黄线所示）。从相机位置看去，只能看见模特的局部（图中由蓝线所示），它恰好是增亮器的光线无法达到的位置，因此这里仍呈现出非常深的阴影。在这里，光线的过渡是从面部短侧的脸颊和额头几乎泛白的高光处开始，延伸至长侧边缘的深色阴影。这时能够看见灰度值的所有分层，这些分层巧妙地塑造了整张脸，而且由主光源形成的大部分阴影被增亮，显得十分有立体感。

若增亮器从主光源开始一直排列至“牛线”附近，将在阴影区域获得足够的立体感。

明暗对比通过增亮的手法被减弱，在从主光源开始到“牛线”的范围内，增亮器设置越宽泛，立体质感也越强。

在此前所有的照片中，模特的深色阴影均被“吸入”黑色的背景中，阴影的深色和背景的深色融为一体。然而现在这张脸比之前在深色背景下显得更清晰。

模特的耳朵明显是个“光线捕手”，能够获得一些增亮器的光线，使其颜色明显比眼睛或者嘴唇更深。即使这样的反差明显，也不像钳形增亮中可以从面部最重要的部分转移观者太多的注意力。

想拍一张立体感最强的面孔，但因为照明很难如愿，面部边缘处的深黑色仍旧显得模特阴暗、神秘、压抑或者忧郁（视照片中其他相关情景）。在广告中，顾客就希望从照片的所有区域，包括阴影部分来获得信息。

链　接

请你仔细观察《茜茜公主》里的布光：为了把将军或者送坏消息的信使照亮，这部影片特别喜欢采用侧光，以使这些人物能够表现出胁迫感。但这毕竟是一座皇宫，金碧辉煌的光线与黑色阴影并不相称。因此影片中的阴影都被极端地增亮，一切景物都闪烁着漂亮的光泽，没有阴暗的色调。茜茜几乎无一例外地采用正前方光线增亮，只有她被阴谋陷害躺在病床上咳嗽时，为了强调压抑感使用了侧光，以突出当时消沉的气氛。这个场景能够传达出情况非常糟糕的视觉效果。在整个三部曲中，该电影使用侧光的增亮效果很少，而且伴随这一场景还出现了一句戏剧化的台词：“我的生活已经非常幸福了，有些时候是要出现一些阴影的……”如此体现了一种另类的增亮效果。

如果想达到立体感最大化的照明效果，那么在从主光源开始直到接近“牛线”的位置可以放置增亮器；如果不需要达到立体感最大化的照明效果，则可以在模特边缘布光，将增亮器围着模特越过“牛线”的位置摆放。

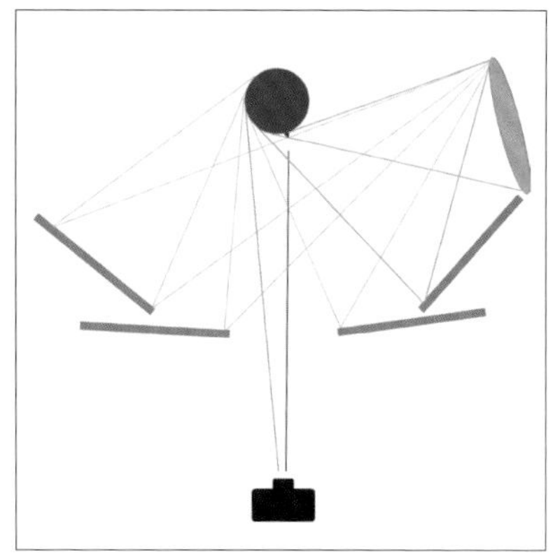

范例 4.8：大面积的增亮，仍然要使用有立体感的侧光。

将增亮器从主光源开始，越过“牛线”，围绕被摄主体摆放，从而使其所有区域都会有光线（图中由黄线所示）。而从相机位置观察，能看见所有区域（图中由蓝线所示），并由此降低明暗对比。现在被摄主体被增亮器照亮，从相机位置看过去，只有最远处才有被摄主体所形成的阴影。这时模特身后的区域也呈亮灰色，被摄主体的整体对比度在下降。

只要增亮器从光源开始，直至越过“牛线”进行布光，会降低模特的立体感。

在摄影棚里，从主光源开始，围绕模特按照弧形线摆放了 4 个灯罩，以产生立体感。如果灯罩太大且紧密地摆放在一起，则会挡住视线。如果使用与灯罩大致相同维度的泡沫板，也会出现这种问题。尤其要注意，上一张泡沫板不能在下一张上留下阴影。这样从模特位置看去，“延长的增亮器”由于“深色的穿孔”而不连贯。然而一个狭小的缝隙在“牛线”区域是必要的，这样你才能看见模特。但这条缝隙要尽量地狭小，过大时会在模特身上形成不美观的钳形光线。

操作提示

通过延长主光源的光线而实现增亮，应当尽可能地保持一致性。为了看见模特而留有的狭长的缝隙并不会妨碍光线的延长。但需要避免缝隙过宽，否则会形成钳形增亮，甚至钳形照明。

主光源的照射角度非常小时，则无法通过泡沫板延长光线来达到增亮的目的（用射灯举例）。因为泡沫板放在射灯近旁，无法获得主光源的光线。如果用其他与主光源照射角度无关且能够自身发光的灯具作为增亮器，来延长越过“牛线”的光线，就能照射到远离光源的模特颈项。此时侧光明显少了紧张、危险的感觉，但重点在于从阴影侧照亮这只眼睛的光线也一同消失，同时还失去了模特本身形成的阴影，从而使面部显得更没有立体感。当耳朵被过分地照亮后，轻易地破坏了原有的重点。在范例 4.5 的照片中，被照亮的阴影侧并未受到影响，与明亮侧几乎一致。

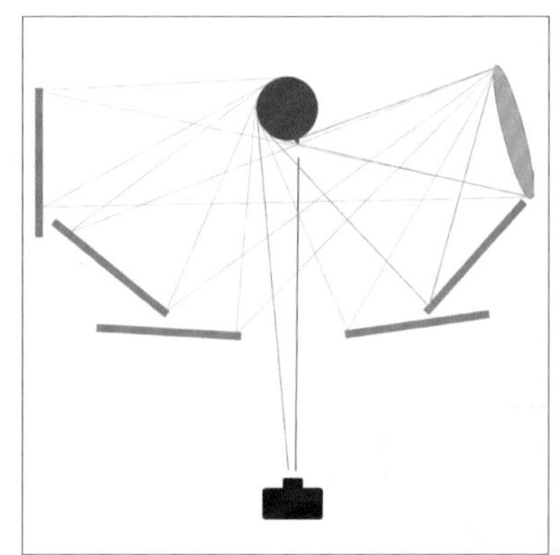

范例 4.9：围绕模特进行 180° 增亮，这时阴影侧被照亮，但模特也显得完全没有立体感。

如范例 4.9 所示，从主光源开始直至“牛线”，以及越过“牛线”围绕模特形成的 180° 增亮，使模特的明亮侧和阴影侧的对比度逐步降低。除此之外，阴影侧的额头或脸颊也不再表现出光线的明暗过渡，阴影侧的立体感全部消失，从最初没有明暗变化的深色阴影侧，到现在没有明暗变化的明亮面，侧光所制造出的紧张感和侧重点也几乎消失。模特长侧的线条轮廓已经降到最低，短侧照明的立体感继续增加，致使短侧的法令纹、颧骨和眼窝的立体感也在继续增加。至此，这种照明效果的特点显而易见，即短侧显得有立体感，长侧显得无立体感。

操作提示

增亮器放置在“牛线”近旁，将主光源的光线从主光源延长至“牛线”，由此阴影侧的立体感会随之慢慢增加。在这种情况下，阴影侧的立体感达到最大程度。

主光源的光线越过“牛线”，会使阴影侧的立体感逐渐下降。当主光源的光线以 180° 的增亮围绕模特时，立体感会整体提升，被增亮的阴影侧获得了大量光线，但不再有明暗过渡。

围绕模特放置越多的增亮器，阴影侧就会获得越多的光线，由此阴影侧和明亮侧之间的明暗对比度则会越低。

4.2.2 延长小角度主光源

在下面的例子中，把上一组范例中的大型反光灯罩换成小型标准灯罩，直径约 15 厘米，而其他增亮设备与上一组范例相同。

范例 4.10：侧光，无增亮。

范例 4.10 中采用了一个小角度光源作为照明，并从侧面布光。与范例 4.5 相比，皮肤上的反光明显更亮，明亮侧的半张脸其立体感因为光源照射角度较小已经消失。而眼睛下面的阴影和眼窝，在范例 4.5 中尚能清楚看见，但在范例 4.10 中则明显不易识别。在这个范例中，法令纹几乎完全消失。而且小角度的光源在明亮侧无法产生立体感，在阴影侧所形成的色彩饱和度与范例 4.5 相比稍稍提高了些。

范例 4.11 中的增亮与范例 4.6 的增亮相同。与此相适应，阴影也被有立体感地增亮，且明亮侧没有受到增亮影响。因此在这幅作品中，明亮侧显得没有立体感，阴影侧则有。

范例 4.12 中的增亮与范例 4.7 的增亮相同，实现了立体感最大化。这时明亮侧未受影响，立体感极弱，但阴影侧最大化地获得了立体感。此外，主光类型产生了强烈的高光，明亮侧的光线好似钻石般闪亮，增亮器也使得阴影区域获得了最大的立体感。

范例 4.13 中的模特，使用了小角度主光源进行增亮。与范例 4.8 相比，光线约 145° 围绕模特。由于增亮器越过了“牛线”，阴影区域丧失了部分立体感，其所产生的明暗过渡也不再是以黑色调结束，而是以一种

范例 4.11：轻微增亮后通过光线延长在阴影侧产生了立体感，即便主光线未形成立体感。

范例 4.12：使立体感最大化的增亮，但主光线未产生立体感。

深灰色调结束。此后明暗对比继续降低，照片因此弱化了危险感。

在范例 4.14 中，使用了小角度光源 180° 增亮手法，与范例 4.9 相同。由此，阴影侧和明亮侧都不再有立体感，几乎看不见阴影过渡，但能够特别清楚地看见颈项。在范例 4.10 中，明亮侧非常不连贯地向阴影侧过渡；在范例 4.14 中，明亮侧也同样不连贯地向阴影侧过渡，明暗对比度则急剧下降，特别是颈项和额头。

阴影本身被明显地照亮了，这可以通过增亮灯的明亮程度来调节，并随意改变。如果使用泡沫板，也可以通过泡沫板的间距与大小来进行亮度调整。

明亮侧的立体感、结构再现、高光和色彩复制的校准，与阴影侧的立体感没有关联。

4.2.3 增亮程度

通过延长光线增亮时，要先确定阴影区域是否需要具备立体感。如果在阴影区域不需要或者只需要轻微的立体感，那么用增亮器略微增加光线即可。也可以从主光源开始，向着“牛线”（或越过“牛线”）180° 地延长光线。这种略有立体感的增亮刚好适用于略有立体感的主光类型。

范例 4.13：越过“牛线”的延长光线，可达到大面积增亮的效果。

范例 4.14：180° 的光线延长，虽然可使增亮面积最大化却塑造不了阴影侧的立体感。

如果要在阴影区域制造更强的立体感，那么从主灯开始放置增亮器，直至接近“牛线”，或者略微越过“牛线”。

阴影被增亮的程度和它所获得的光线，都与其他更多的因素有关。在使用泡沫板或者尼绒布时，需要注意这些工具与模特之间的距离多远算合适。此外，泡沫板的大小和倾斜角度的改变也会对其产生影响。泡沫板通常放置在主光源旁，面向模特，它在这个方向更有利于于反射光线。将泡沫板向天花板或者地板扭转 45°，这时泡沫板反射到模特身上的光线就会远远减少，由此也降低了增亮的效果。如果将泡沫板的横侧面转向天花板，从模特的角度就只能看见纵侧面，因此也只能反射少量的光线到阴影区域。

此外，不一定非要使用泡沫板，灰色的纸板也可以实现对阴影区域的增亮。你可以尝试铝箔，先把它揉成团，再展开铺平，将泡沫板包裹在里面，从而获得一个非常好的增亮器。在相同过渡面、立体感和亮度下，你可以按个人意愿塑造光感。

这也再次说明了增亮器位置与立体感和增亮强度间的相互关系。以模特为原点，主光源定为 0° 位置，增亮器从这里开始围绕模特放置，直至“牛线”处，此时立体感在逐渐增加；将增亮器延长至越过“牛线”，其立体感会随之减少；直至 180° 的位置时，立体感又将减至没有采用增亮器的。此外，改变增亮器与模特间的距离能够调节增亮器的强度，但与立体感无关。浅灰色表示增亮器产生了最大化的立体感和最强程度的增亮，因为它瞄准了“牛线”上的一个点，这个点距离模特很近；深灰色则表示增亮器营造出了微弱的亮度和中等水平的立体感。这种增亮效果下，阴影区域的颜色变得不再那么浓重。最后将增亮器延长至“牛线”，并摆放在相机的后面，从而对阴影区域产生更弱的照明。

按照延长光线的方法选择不同增亮方式，同时改变光线的两种特性，明亮侧与阴影侧的明暗对比，阴影区域的立体感。

只要有通过主光源的光点，就将其调整为直接照射到模特身上的光线，增亮器或多或少能够调整主光源的倾斜度，控制它的光线力度。

增亮的程度可以通过增亮器的间距、尺寸大小、独立光源和灯泡功率有针对性地进行调整。

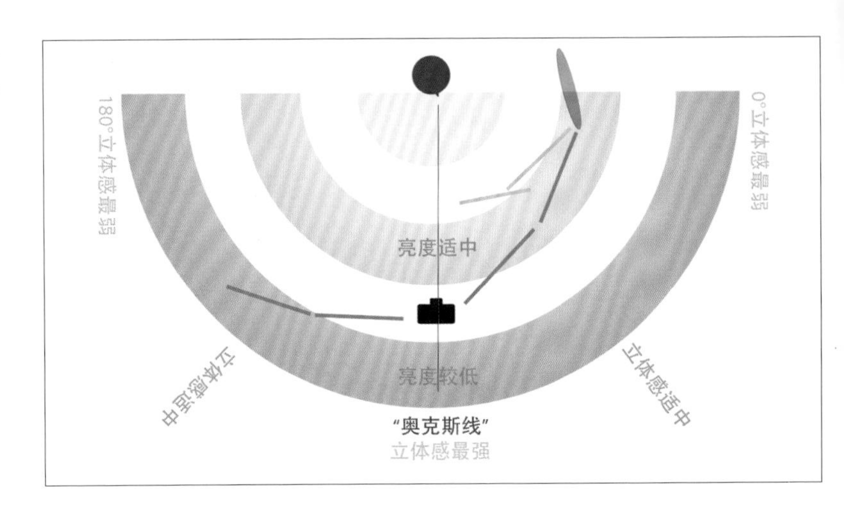

范例 4.15：与增亮器位置相关的增亮立体感和增亮强度。

从艺术角度看钳形增亮，基于它自身的效果、艺术的变形，通过延长光线实现的增亮与其相比则具有明显的优势。无论如何，大多数情况下不仅仅需要一个增亮器，有时需要两个或者三个。这样的组合将更为复杂，搭建和拆装也不便捷，但使用灯光作为增亮器，成本则明显更高。

此外，延长光线的增亮方式局限了摄影师和模特的活动范围。主光源照射的方向是模特的鼻子，但相机的活动范围不能越过鼻子所示的方向，以使照明优先打在模特的短侧。增亮光线的方向是指向主光源与"牛线"的位置，这个位置与相机机位相关。因此当模特改变位置时，主光源需要重新定位，增亮器也需随主光源的位置做出调整，由此才能再次将主光源相应地延长。如果模特或者相机移动了，增亮器始终需要随其重新安置。这种方法虽然看起来有些慢，但获得的回报是非常有针对性的，它不仅能塑造阴影，也能准确地调整立体感和对比度。

操作提示

可以分别调整增亮后的立体感和强度。

与立体感相关的是围绕主体延长了多少光线。

增亮的强度与模特和增亮器之间的距离、增亮器的倾斜度、尺寸大小、反光特性有着紧密的联系，还有可能受到主光源功率的影响。

4.3主光类型的延长

4.3.1 侧光的延长

在上一节中，以相机为视点，形成侧光的主光源位于右侧，略高于模特的头部，以便给给阴影侧的眼睛提供光线。增亮器放置在光源旁，沿相机的方向延长光线，即以将近水平的、略微倾斜的弧线形状围绕模特放置，如同范例 4.6 所示。

建议使用一个石膏像或者与一位友好的模特模拟后面的范例。首先拍摄模特躺在地板上，眼睛望向天空的场景。主光源和增亮器的位置非常重要，主光源必须放在模特附近的地板上，用侧光照向模特的头部，阴影侧的眼睛将重新获得光线。增亮器则必须面向相机的方向反射光线，通过“牛线”的另一侧以弧线的形式围绕模特。

注意范例所示，增亮器是从模特一侧水平围绕模特摆放的。如果从摄影师的角度看，就像常用范例说明的一样，不仅仅要掌握独立的光线形式，而且还要模拟这种组合方式。现在试着了解摄影师在此结构上是怎样搭建的，以及其内在的逻辑是什么。这里所展示的范例，延长光线还要取决于主光源和相机的位置，如果改变其中一个的位置，就应当把增亮器的位置随之进行调整。

根据增亮的程度，照片中的对比度下降时，将在被增亮的阴影区域获得一些立体感。由此，打侧光的主光源所产生的效果有所减少，但基本色调被保留了下来。侧光光线和由此产生的基本色调依据不同的内容和效果通过增亮而发生了改变。至于选择何种光线方式，需要依据自己的想法，但是应当对出现的效果有所预期。

我个人使用的侧光通常不太强烈，多是基于其原本的光线效果。在摄影的最初，可以通过微弱但非常有立体感的增亮方式，来提升主光线效果。原本的纹理和偏离焦点的重心与侧光组合使用后，加重了画面中的侵略感。

现在你已对结构塑造有所了解，也已经会有意识地使用摄影的布光技术。如果你在追求同一效果的同时想要使用多种表现手法，可以将照片拍得足够清晰、醒目，也可以使用非常强的增亮效果把侧光光线转换成漫射光线，就像《茜茜公主》里的组合方法。

4.3.2 高光的延长

增亮器要根据主光源位置的改变而改变，这与相机位置改变时的情况一样，它始终与两者密切相关。

延长高光的方式与其他每一种光线的方式完全一样。增亮器延长光线时的摆放是一端直接连着主光源，另一端连着“牛线”。或者你也可以在这个方向上添加增亮器，即使越过“牛线”，只要是围绕主体放置，且尽可能地将所有增亮器均匀地相互连接即可。

当然，你也可以依据各种大角度光源及其各不相同的反射特性来选择高光，并采用具有立体感的增亮器，以获得在光线变量方面所具有的各种不同效果。

在范例 4.16 中，使用了带网格的小型标准反射罩，以获得较少的光线。此时若在把灯光放置在正面略高的位置，并向模特短侧轻微移动，使耳朵隐藏在阴影之中，长侧则获得明显的阴影。光线直接射向模特，就连背景部分都被照亮了，模特也因此被很好滴烘托出来。在未使用增亮器时，小角度光源狭窄的反射角能与深色背景相互弥补，从而获得了一张氛围非常抑郁的照片。

范例 4.16：高光可以制造夸张的影调。

在范例 4.17 中，使用了带网格和小型灯罩（直径约 1 米）的标准反光板，它明显能为照片营造更多的立体感。增亮器作为第二只灯罩，位于相机右侧微微偏上的位置，用来延长光线。在范例 4.5–4.14 中，增亮器都是水平放置于地面，光源射出的光线由上而下形成增亮效果。因为以大角度反射灯罩作为主光源，会降低增亮成本。因此它与选择使用一张更大的泡沫板相比，不仅取得的效果完全一样，而且使用时无需他人帮忙。

更大角度的主光源能够对其自身产生的阴影形成较宽的过渡，从而使立体感被大大提升。因为增亮器刚好摆放在“牛线”近旁的位置，并且没有遮挡住模特，因此鼻侧被照亮，以至于几乎看不到阴影。眼窝虽然仍有立体感，但与范例 4.16 相比不再明显。不越过“牛线”的增亮处理很有效果，因为颈项后方的区域虽然还有一块极深的边缘，但在此范例中比在范例 4.16 中的面积小很多，以至于这块“黑洞”呈现出柔和的灰色分色层。面部轮廓也通过阴影线条被勾勒出来，失去了尖锐感。扭转灯罩后，会向背景反射更多光线，使其显示出中灰色，这种效果更具亲和性。额头的高光在使用大角度的主光源后，则变得不再平庸，显得更鲜亮，甚至刺眼。然而，对于后期处理的普通照片，我更愿意把高光调暗，使画面的重点落在模特的眼睛上。或者在拍照时，给模特使用合适的妆粉，以使模特呈现更好的面色。在几乎一致的配置条件下，通过对大角度主光源和对立体感最大化的增亮器的选择，能够改变高光的影调。最终使照片的特点成为具有立体感的、有中性需求的画面效果，这也表示画面是有立体感的，却不会过分夸张或者过分美化。

范例 4.17：高光打造出非常有立体感的效果。

在范例 4.18 中，把直径 1 米的反射灯罩换成直径 2 米的，并在这一组合中添加另一个灯罩作为反光板。按照光线的延长规则，这个反光板应该放在相机下方偏左的位置，与第一只反射灯罩相对应。然后，用这两个增亮器把光线从主光源引向“牛线”方向，并且围绕模特继续在这个方向上越过“牛线”延长光线。此外，把增亮器的强度设置得比之前更亮一点，从而使阴影程度比使用主光源时要弱。

范例 4.18：高光的亮光模式。

当采用大角度光源时，即便不使用妆粉和后期处理，额头的高光也可以接受。大角度主光源产生的原本得体的轮廓阴影现在被如此强烈地增亮，以至于真正的阴影几乎不再被体现出来。然而眼睛在眼窝和眼睑处仍有阴影。长侧脸颊有立体感的过渡，且没有让人不适的深色，颈项处轻微的阴影则更好地衬托出面部，从而制造出一种几乎“无阴影”的立体效果。在这里，白色背景被延长的光线所照亮，高光的效果也在增加。周刊杂志和时尚杂志在拍摄封面人像时，就常会使用高光模式。对比范例 4.16，你能很清楚地看出，高光是怎样按照你的意愿而改变的。

使用小角度光源时，不使用会增亮光线和阴影的背景，这会使照片显得生硬、夸张。然而在使用大角度光源时，增亮手法和明亮的背景都使照片的整体效果显得开放、友善。

4.3.3 伦勃朗式用光的延长

伦勃朗式用光是一种兼顾了高光和侧光的光线，不是从灯泡位置而是从照片效果观察得出的。这种光线也需要增亮，即从主光源的灯光位置向相机机位的方向延长光线。

在范例 4.19 中，就使用了一块小型标准反光板，并配置了一个细眼网格，以获得较小的反射角度，与菲涅耳镜聚光灯相似，锐利的阴影轮廓和高光能够被清晰识别。如此小的反射角度，以至于只有面部能够获得光线，肩膀和额头都处于半阴影中，但眼睛区域则魔幻般地亮了起来，背景也获得了光线。

范例 4.19：伦勃朗式用光的阴影面。

伦勃朗式用光让所有重要的面部区域从阴影中“浮现”出来，使面部表情清晰可见。背景的过渡强调了主体，通过这种手法，整个模特有种从背景脱离出来“浮现”到前景框中的感觉。而且，光线落在眼睛上，眼睛“清晰地从暗色中浮现”。因此伦勃朗式用光的影调在各种不同层面会反复出现。

范例 4.20：使立体感最大化的伦勃朗式用光中和了高光和侧光的效果。

在范例 4.20 中，配置了一个直径约 1 米的灯罩作为主光源，同时非常注重鼻侧阴影和面部阴影的相互连接。我闭上眼睛，拍摄了一张测试照，在大角度光源的条件下，一切细节都举足轻重。随后我才开始调整阴影，如添加了一块灯罩反光板以延长主光源的光线，并在增亮的同时使立体感达到最大化。增亮的灯罩反光板一端挨着主光源的灯罩，另一端挨着镜头，位置恰好触碰到“牛线”，因此这样的增亮效果与范例 4.17 和范例 4.7 中的情况相符。

通过大角度主光源的使用及其增亮处理，伦勃朗式用光的高度接近高光。

回顾范例 4.17 中照片的整体效果，不仅只涉及增亮手法，而且主光源使用了高光。通常在使用大角度主光源时，阴影三角区的轮廓会被拓宽，从而降低其独特性。这个区域通过增亮处理看上去很明亮，以至于长侧眼睛下方的“三角光”也消失了，此时伦勃朗式用光的高度已经近似于高光。经过仔细观察你会发现它们的不同之处，在使用伦勃朗式用光时，高光不再位于额头中间，而是落在更吸引人且被照亮的眼睛上。明亮侧的半边面部和颈项部位都获得了更多的立体感，阴影侧虽然不再显示“三角光”，但整个区域仍然比明亮侧的半边面部颜色要深。如果仔细观察你会发现，阴影侧的眼睛被周围相对明亮的皮肤所包围，其下方的颜色则显得更深，从而使观者的视线始终被模特的眼睛所吸引，这比使用高光和增亮处理拍摄的效果更具吸引力。

在第一次尝试以伦勃朗式用光作为增亮手法进行拍摄时，不要担心在经过强烈的增亮处理后"三角光"会消失。事实上，这些被增亮的阴影很难看见，特别是当这种阴影轮廓由较宽的过渡勾勒出来时，比如这种轮廓由大角度主光源所产生。但如果在设置主光源时出现了差错，致使"三角光"显示过大或者下角没有闭合，都将在强烈地增亮处理后不再明显。

此外，这幅作品也有与使用侧光相似的情况，这种光线增亮的同时立体感也达到最大化。只要增亮的时候能够看见眼睛，原本落在眼睛上的光点不仅只落在眼睛上，而且还落在面部的下方。由此，在增亮处理的同时最大化立体感的伦勃朗式用光的效果，就会比高光的效果更吸引人，并且不像侧光经过增亮处理后会产生压抑感。

在范例 4.21 中，重新使用了一个直径约 2 米的大角度灯罩，并以 145° 的角度从主光源开始向"牛线"延长光线，越过"牛线"的地方使用另外两个灯罩进行增亮。因此增亮效果与范例 4.18 和范例 4.7 一致。相应地，这张照片的整体效果也处于两张范例照片之间。

范例 4.21：经过强烈增亮处理的伦勃朗式用光效果与其他两种光线的效果更加贴近。

在拍摄中，人们通常喜欢层次丰富的、透彻的面部，同样也喜欢谜一样的神秘感，因此也会喜欢伦勃朗式用光的效果，即使它是最难掌握的光线。如果你想很好地使用伦勃朗式用光，必须仔细地观察它。一方面，这种光线很开放，另一方面又很神秘，所以摄影师常喜欢将它与暗色却不是深色的背景组合使用。但不管怎么说，暗色的背景在广告照或者封面照中，通常不太受到德国顾客的青睐。明亮或者白色的背景更迎合他们的口味，也更符合常见顾客所期望的广告主题，至少通常情况是这样的。如果将伦勃朗式用光与白色背景和增加立体感的增亮手法搭配应用，将获得一种很好的融合效果。一方面你能得到一张亮调的照片，另一方面这种搭配与高光所实现的效果相比较，明显带入了更多的技术含量。

针对男模特，我更喜欢使用与高光亮度相同的伦勃朗式用光，否则光线会显得过分媚人。但在强烈的增亮处理后，你也可以在接下来在照片后期制作中，将整体偏暗的对比度稍微调高一些，以突显胡子茬或者小细纹，从而获得一张有个性的、色调也很明亮的人像照。

4.4小角度光源的增亮

通过延长主光源的光线而实现增亮的手法具有极大的优势，能够有针对性地调整对比度和立体感，取得一种非常自然的效果，同时可以修改主光源的影调。但如果摄影师不在乎相机的机位，那这种手法则显得过于破费，也变得不太适用。

操作提示

随着增亮效果的提升，灯光的之间也出现了高度地相似之处。与单独观看照片相比，相互对比地看照片，从本质上更易于发现增亮技术各不相同的效果。在这里，我们就采用了交换的方式介绍了各不相同的灯光形式和不同强度的增亮方法，以达到处理不同光量的目的，并让你由此逐步学会使用它们。首先，采用小角度主光源的增亮处理，其锐利的阴影轮廓即使经过强烈的增亮处理仍然能够很好地识别。其次，采用较大角度的光源，来给阴影区域增亮。操作时，请先把主光源调试到最佳状态，即使通过增亮也无法影响主光源所产生的阴影，只能在照片中通过增亮来降低对比度。如果不能确定，为了控制增亮的光线，你可以去掉主光源，或者把用于增亮的泡沫板暂时移向旁边。这也意味着模特不必再保持精确的身体位置，同时这也能减轻你的工作。

在拍摄模特时，由于相机的移动，必要时常常会采用另一种增亮手法。这种技术在摄影术和电影初期就被使用了，即在镜头附近采用小角度光源进行增亮。在早期的电影中，通常会使用一盏小角度的菲涅耳镜聚光灯作为增亮器。现在则所有可使用的小角度光源都能作为增亮器，安放在镜头旁边应用于增亮的需要。只要它的反射角度足够，便可获得需要的场景。比如，嵌入式闪光灯就很适合于相机。在路途中，你也可以使用一个小型LED灯泡，或者在摄影棚里使用带标准反光板的闪光灯头。原则上，内置闪光灯也同样适用，但这种闪光灯通常无法与光轴保持足够近的距离。因此在拍摄间距较小的情况下，会在模特的鼻子下方或颈项处产生干扰阴影。

使用环形闪光灯增亮

理想的增亮方式是采用小角度光源，直接沿着光轴的方向，避免产生多余的阴影，否则阴影会干扰主光源的增亮效果。环形闪光灯就是理想的选择，它能够以光轴为中心点，使画面中不产生任何多余的阴影。环形闪光灯需要与相机同时移动，因为闪光灯是固定在镜头上的。由于环形闪光灯小巧、轻便且紧凑，你可以手持相机拍摄，当快速移动机位时，增亮效果也会随着一同移动。

范例 4.22：采用闪光灯增亮在阴影区域制造出了一定的立体感，但这种立体感无法再改动。

阴影区域被增亮后所产生的立体感并不是延长主光源光线而产生的立体感。回顾 3.4.7 章节，由于环形闪光灯，相机正前方的区域会显得特别明亮，模特的面部正中也被特别强烈的照亮。与之相反，面部的边缘并没有被照亮。因为阴影的过渡是从面部中间开始向四周扩散的，这种过渡与准确定位的延长光线的增亮效果相比，不能很好地叠加在主光源的过渡上，因为准确定位的延长光线是向着同一个方向的。但当准确定位的延长光线与变动的相机位置无法协调时，甚至会产生钳形光线，此时这种过渡与其相比就能够明显地叠加在主光源的过渡上。因此采用环形闪光灯的增亮方式对于所有想要快捷灵活进行拍摄的摄影师而言，都是一种非常好的方法。摄影师可以与相机一起围绕着模特或者主体自由地进行移动拍摄，而不需要针对改变的相

链　接

马丁·帕尔在他的几篇传奇新闻报导中就使用了环形闪光灯进行增亮。你可以在 Google 搜索中输入“马丁·帕尔”进行搜索，也可以直接访问他的网站主页 www.artinParr.com，或者扫描文旁的二维码。

用于增亮的环形闪光灯是延长光线的一种不错的工具，因为它小巧轻便，能够固定在镜头上，从而使你能够与相机一起自由移动。只要不把亮度设置得过强，你就能获得一种接近自然的增亮效果和立体感。

机位置重新放置增亮器。

如果环形闪光灯的增亮效果过强，那么与延长光线的增亮效果相比，照片会明显缺乏立体感。对此，请参照第 3 章和范例 7.14，并与使用环形闪光灯作为主光源的照片进行对比。通常在使用环形闪光灯的情况下，很难对增亮的立体感进行调整。环形闪光灯是固定在镜头上的，它无法像延长光线的增亮方法那样，从主光源开始围绕模特进行布光，而只能通过调整环形闪光灯的亮度对增亮强度进行调整。而且环形闪光灯的价格非常昂贵，因此你可以选择 LED 环形灯。在我读大学的时候，甚至用过厨房餐桌照明的环形氖光灯，把它固定在镜头上，拍摄效果也非常好。

范例 4.23：在接近相机上方的位置放一个标准反光板进行增亮。

采用小角度光源，在光轴附近增亮

与环形闪光灯相比，为了获得几乎一致的增亮效果，并实现更低廉的成本，你也可以使用一个小角度的光源，并将光源定位在光轴的附近以增亮主光源。例如，在日光下的外景拍摄中使用相机的闪光灯增亮时，或者在摄影棚里使用标准反光板增亮主光源的光线。

在范例 4.23 中，闪光灯头上配置了直径约 20 厘米的标准反光板，并安装在接近镜头上方偏左的位置（从面向相机的方向来看）。这只灯光按照光线延长法增亮，位于伦勃朗式用光和“牛线”的主光源之间，且尽可能地接近“牛线”。增亮的灯光此时的位置要尽可能地接近镜头，但不要影响拍摄。

在这个位置上，灯光几乎能够照亮正前方的整个面部。但与使用环形闪光灯相比美中不足之处是，下颚左下方的位置有更深的阴影，因为增亮光线无法到达这个位置，从而为模特打造最大化的立体感。如果把增亮的程度调整地更强烈一些，下颚仍然无法获得光线，但依旧有最大化的立体感。

采用小角度光源进行增亮时，应该将光源放在尽可能接近“牛线”的位置上，以免出现阴影。为了获得最自然的立体感，用于增亮的灯光应该放在主光源和“牛线”之间，并位于镜头旁边的位置。

增亮器处于镜头附近，位于最接近主光源一侧的位置，以便获得最大立体感的增亮效果。在相机的正上方布置高光的情况下，小角度的增亮器在进行增亮时，应该直接放在接近镜头上方的位置。

在范例 4.24 中靠近镜头的位置再次使用了增亮器，这一次它不在面向主光源，而是面向主光源的反面，即背对主光源。伦勃朗式用光出现在右上方，增亮光线则从下方偏左的位置照射出来，代替了镜头旁边的位置。这时主光源无法照射到左边的半张脸，增亮器从自己的位置照射阴影区域，就连下巴的下方也被照亮了。通常采用这样的布光，也可以模拟延长主光源光线直至越过“牛线”的手法。但其增亮效果达到后，立体感消失，所有阴影区域获得了光线。

对于这种通过主光源的光线而增亮的阴影区域，拍摄时可以通过灯光功率对其亮度进行调节。

通过定位镜头旁边的小角度光源，与环形闪光灯的使用相比，将有更大的空间来调控增亮处阴影的立体感，而且这种方法成本较低。但对于新闻类摄影，环形闪光灯更能成功地拍摄照片，因为主光源无论从何方向而来，它均能自然地实现阴影区域的增亮，而不需考虑重新定位的问题。

如果使用内置闪光灯作为增亮器，可以将相机设置为人像场景模式，并保证闪光灯与镜头的相对位置不会偏左或偏右。如果增亮的主光源位于左侧，内置闪光灯的情况也相同，由此可以使模特获得最大程度的立体感，同时模特的轮廓边缘颜色又很深。如果增亮的主光源位于右侧，那么相机的场景模式需转换成风景模式。在这一模式下，把闪光灯放在相机下面，好比拍摄金发人像照。通常在增亮极强烈的正午阳光下的阴影时，会使用这样的手法，以保证模特的下巴下方不会出现阴影。这样的拍照方式看上去有些奇怪，但会得到没有阴影的

范例 4.24：使用相机下方偏左位置的标准反光板进行增亮。

学习目的

增亮的目的是为了能够最大范围地显示拍摄内容，且获得较少的立体感，但阴影区域的颜色不应过深。要想达到这样的目的可以采用小角度光源增亮，并尽可能地靠近“牛线”位置以实现增亮效果。其中要求增亮器处于主光源的对面，但不影响拍摄。

照片。此外，你也可以让助理帮你手持小角度光源，当拍摄位置改变时，助理可以在你与相机机位之间进行协调。如果你是使用一只卤素灯作为增亮器，那么这种方法会更实用。而且助理在持小角度光源的同时，还可以整理好电线，不至于使你被绊倒。

尽管在使用小角度光源进行增亮处理的时候，器材搭建很快捷，且有自由移动的空间，但与延长光线的手法相比，在调整立体感方面仍然非常受限制。只要把主光源从“牛线”旁移开，便会出现另一个阴影叠加在主光源原有的阴影上，并出现近似钳形照明的效果。因此，增亮器要尽可能地接近“牛线”的位置。按照这种增亮方法所获得的立体感，通常要比按照延长光线方法所获得的立体感要少。虽然延长光线的方法在手动操纵时非常不便，但仍然需要按照情况、时间和所需的艺术构造来决定优先选择的方法。

4.5 折中增亮法

当使用大角度光源代替小角度光源时，需要使用灯罩反光板或者柔光箱，并将大角度光源放置在“牛线”旁边，与主光源处于同一侧。这时就会出现一种增亮效果，它与使用光线延长法的效果类似。

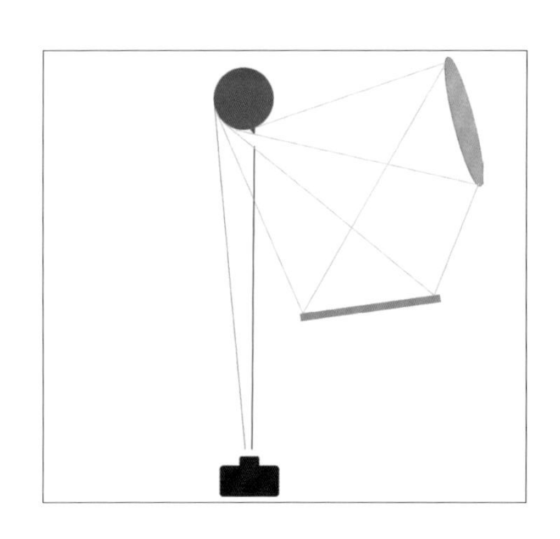

范例 4.25：如果增亮器与主光源之间的间隙不大，可以在靠近“牛线”的位置摆放一个大角度增亮器，以实现真正的光线延长。

现在主光源与增亮器之间存在一个间隙，这个间隙视主光源具体的位置而定。如果间隙过大，经过完整地延长光线的增亮效果后，无法辨识在没有间隙情况下的效果差别。

采用这种增亮方式，可以节省原本用于填补空隙的第三个光源。以我的经验来看，这种增亮方法获得的效果会更好，但主光源与增亮器之间的间隙不超过约 30° 。

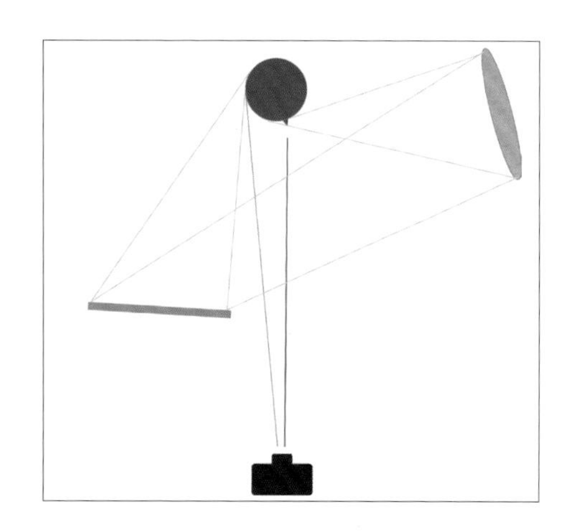

范例 4.26：如果将一个大角度光源放置在"牛线"的另一侧，这个光源应当尽可能地接近"牛线"。但这种增亮方法也可以产生破坏画面的钳形照明光线。

如果在"牛线"附近的位置且面对主光源，采用大角度的增亮器，就会使钳形光线出现的几率大大增加。在关于延长光线来增亮的章节中已经有过阐述，只要间隙不出现在照片中，细小的间隙是可以被接受的。如过间隙角度大于 30° （从模特的视角出发），依照以往的经验，在形成的阴影过渡中就会出现干扰效果的钳形光线。

无论如何，折中增亮的方法与范例 4.1 所介绍的方法相比，钳形光线出现的可能性要低，但经验不足的摄影师很容易将增亮器放置在模特的一侧，却没有注意所获得的钳形增亮的实际效果。

关于选择何种增亮方法？开发何种新的增亮方法？是希望得到自然的增亮效果还是戏剧化的超现实效果？哪些东西从你的视角看是正确的，是对拍照有利的？通过这些来训练摄影师的眼光，打破规则，重新发现光线艺术的无限可能。

操作范例：明亮的阴影

增亮处理能够去除各种照明光线所产生的阴影中的灰暗感，使阴影能够显得明亮些。因此在广告照中或者给模特摄影时，阴影也是经过高强度增亮处理的，如同这张梅尔勒·海特斯海姆的自拍照。她在本书的许多范例照片中担当模特，你认出她了吗？在这张照片中，主光源采用了正位高光，处于右侧偏低的位置，从而在鼻侧产生了一小块阴影。此外，从下巴到胸口的阴影显示出柔和的过渡，在右侧则采用了大角度光源，使表现得体的高光恰好落在眼睑、肩膀和嘴唇上，颈部的肌肉线条和手指也被塑造出极好地立体感，同时还弱化了皮肤的纹理。画面中，泡茶袋、黄瓜片和树叶上的高光虽然亮度较大，但画面效果很得体，从头部到手掌的亮度过渡都说明，光源处在模特的右侧近旁。眼影和胸口的阴影几乎没有立体感，由此可知，

范例 4.27：梅尔勒·海特斯海姆

增亮处理是采用了大幅度越过“牛线”的光线延长法。也就是说，主光源的光线经过灯罩反光板沿“牛线”方向向下方和远处进行反射，最终抵达模特的胸部，增亮器并没有直接摆放在模特的右侧。此外，在手指间也打造出了阴影效果。如果你仔细观察就会发现，在上嘴唇的下方出现了增亮器的影子。

范例 4.28：拉法埃莱 · 霍斯特曼

拉法埃莱·霍斯特曼在这张自拍照中使用了大角度灯罩的正位高光，且摆放在自己右侧偏低的位置，以显示出鼻侧极小的阴影和下巴处极短的阴影。此时面部的阴影是非常柔和地过渡到颈部的，同时阴影被极大地增亮了。这是因为灯罩放置的位置非常低,几乎触碰到“牛线”，同时在镜头下方摆放了第二个灯罩，以延长光线。此外，得体的高逆光使得头发也亮了起来，纯白的面妆和粉嫩的蔷薇色嘴唇支撑起的整个面部都显得时时尚而奇妙，精心设计的几乎纯白色的背景也很细腻唯美。照片的重点是流着血泪的眼睛，它强烈的视觉感驳斥了画面中其他观感。人像适度留存的青胡茬也与阴柔的光线和妆容形成了鲜明对比，正是神圣与邪恶、阳刚和阴柔的对比，才展示出照片的力量感。

范例 4.29：皮特·施沃贝尔

皮特·施沃贝尔的这幅作品使用了大角度光源来增亮，以形成伦勃朗式用光，这在阴影侧眼睛下方的“三角光”中就能识别出来。从肩膀上的明暗反差可以推测出增亮器放置在离主光源非常近的位置，而面部阴影侧的亮度也来源于强烈的增亮光线。但要注意口红或眼影的妆容不要影响光影效果，否则出现的不是由主光源形成的真正的面部阴影。而且阴影侧几乎没有立体感，这是由于增亮光线过多地围绕着模特。但从模特眼中可以看出，这个布光场景是如何配置的。妆容显出丝柔般的光亮与主光源大角度增亮的效果相协调，并略微强调了它所反射的高光，没有这种妆容，照片会显得缺乏生气。

范例 4.30：乌塔・考诺卡

乌塔・考诺卡的作品是为一个动物保护组织而创作的，并按照我们的期望，为模特做了增亮处理。这里同时使用了两顶并行放置的灯罩，每顶灯罩直径约 2 米，同时采用了大角度高光。灯罩悬挂在距离模特约 2 米的上方，以防止头与脚之间出现明显的亮度差。如果在镜头的下方放置另一顶增亮灯罩来延长光线，能够远距离向前方相机的位置反射光线，因为地板材质是白色的，这会使阴影被强烈地增亮。虽然白色的背景被交叉的光线照亮了，但不会过于明亮。它从下方位置营造出一张人像照的美感、纯度和无瑕感。妆容也符合照片所传达的美感。此外，身体上的标识还可能使人联想到准备进行的美容手术。耳朵上的标签让孩子像一只待宰的羔羊，先要被喂得饱饱的。这幅作品不是由 PETA 拍摄的，而是乌塔・考诺卡为一个摄影棚策划专题时拍摄的。

麦基克·旭克斯的这张人像照使用了标准反光板，距离模特约2米，小角度光源将高光投到其身上，从而使鼻侧阴影、下巴和颈项处的阴影都被呈现出来。眼睛藏于深色的阴影中，好似带了一副面具。在使用第二顶灯罩时，角度极小的光源被放置在接近“牛线”下方的位置，从而形成角度极小的光锥，此时只有眼球被光线增亮，鼻翼处的阴影没有收到干扰。通常这种靠近光轴的小角度照明光源和小角度增亮器的使用是借鉴了《黑街二人组》(Noir)这部影片。即便大礼帽显得模糊，也会让人想起昔日的摄影时代，回想起那些大规格的胶片。照片的背景同样使用了标准反光板来增亮，在后期处理时，加深了模特周围的阴影。如此鲜明的明暗对比、锐利的阴影轮廓和模特直视前方的眼睛，都使照片极具张力。在这种庄重的对比中，模糊的梦幻感也被勾勒出来。

范例4.31：麦基克·旭克斯

范例 4.32：考丽娜·格拉尼希

考丽娜·格拉尼希的这张人像照同样使用的是传统的布光技术，并给这幅作品最先赋予了丝绒般轻柔的画质感。鼻侧阴影延伸至嘴唇，由此可以识别出高光的位置非常高，鼻翼和颈部都被锐利地勾勒出来。此外，主光源角度同样非常窄小，所有阴影都被均匀且力度适中的照明增亮了。而且增亮器角度也很小，处在接近光轴的位置上，但在照片最底部手臂下面的位置和左边面部最边缘的位置，增亮效果均不明显。从眼睛的反射影像中可以看出，小角度增亮器放置在接近光轴上方偏右的位置。观察时，不要因为左肩上的一片光亮而被混淆，这片光是由模特手中的镜子反射出的光线所引起的。人像整体的肤质效果不仅要依靠高强度的增亮光线，还要依靠后期适当的照片处理。

尤里卡·哈德根在这个不合逻辑的场景中使用了高光，地下室的氖光灯管高高悬挂在左侧的墙上。光源下方和对面的墙面都可以视为增亮器，从而使模特处于大量的钳形光中，鼻侧阴影也已经触及到模特的嘴唇。在这幅作品中，你通过被照亮的墙壁，就可以发现钳形光线的存在。因此当你自己身处地下室的时候，就知道它会显示出你对光线是怎样认知的。在这里，钳形光线并没有显得不自然，它与场景很协调。

范例 4.33：尤里卡·哈德根

范例 4.34：乌塔·考诺卡

从乌塔·考诺卡关于社会边缘群体的一篇新闻报道中，我们发现了这样一张令人深刻的人像照，画面中同样使用了钳形光线。正位高光从女摄影师身后的窗户照射进来，面部右侧的增亮器所发出的强光来自于房间右侧的另一扇窗户。面部左半边脸稍带绿色的增亮说明逆光来自于墙上的氖光灯管，而且背景中绿色的桌子也影响了光线。男子脸上的痛苦通过钳形光线和不同颜色的描画令人感同身受，逼近的视觉镜头使这个男子仿佛一个赎罪的祈祷者。这种打破所有“美好”的规则、有意识地构图安排，都引发了观者情感的触动。有时打破标准规则，会为照片注入生气，这也是摄影的意义所在。

5.

逆光

在主光和增量器的处理后，有时还需要进一步使用逆光。逆光是一种特殊类型的光线，有着完全不同的表达方式，会产生一种非常独特的线条布局和视觉效果，它要求摄影师具备优秀的创造力。在使用逆光拍摄照片的过程中，微小的错误都会被暴露得更加明显。而且逆光在摄影效果和实用性上都有太多需要阐述的东西，因此我用一章的篇幅来介绍它是值得的。

5.1 真正的逆光

真正的逆光指的并不是模特鼻子的方向，而是相机的固定点。在这个位置上，有 3 种可以清晰辨别的主光类型。

5.1.1 一步到位的逆光

通过一步就可以获得真正的逆光，即逆光光源位于与相机相反的位置，也就是被摄主体的后方。

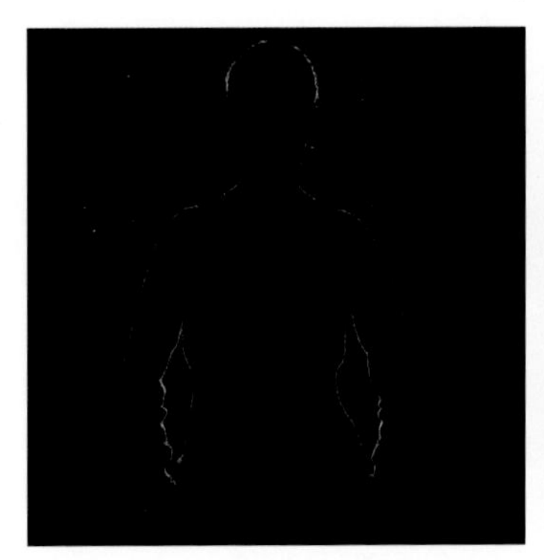
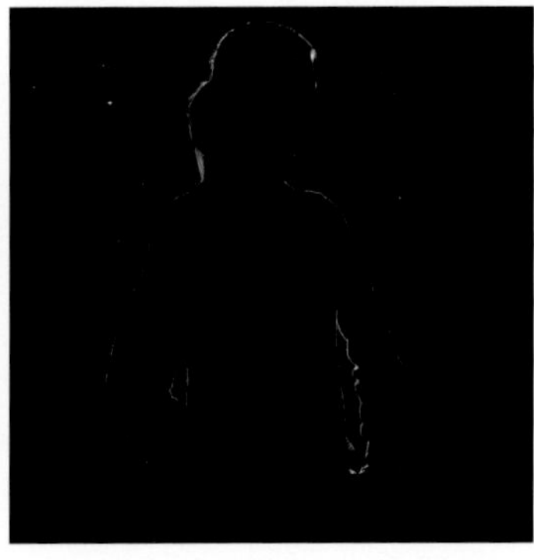

范例 5.1：真正的逆光可以产生连续的剪影。

真正的逆光只能在拍摄背景上产生一个剪影，模特的其余部分都陷入浓重的黑色中。即使改变相机的位置，也必须使模特周围形成这样的逆光光源，并保证模特剪影的轮廓光是尽可能连续的。一次性设定的逆光同样要求你将相机也固定到一个特定的位置上，并因此将其分为 3 种经典的主光类型。这些一次性设定的主光类型并不通过这种具有负面作用的方式，来确定相机的固定位置。

为了在形成的剪影中辨别出黑色之外的内容，需要单独用逆光拍摄照片，但大多数情况下，这些照片主题都会被渲染的太过昏暗。因此拍摄者会将逆光与 3 种主光类型中的一种结合使用。尽管如此，拍摄时首先强调的还是设计特征，在单一应用中，逆光对这些设计特征的要求非常严格。

5.1.2 逆光的设计特征

与 3 种主光类型最大的区别在于，当被摄主体内部呈现出完全的黑色时，逆光无一例外地都在强调模特的剪影。因此，剪影的线条应该更具有吸引力，同时它所展示的也应该是一种更紧凑的形状。逆光强调的就是一种单一、平缓或者强烈的剪影，有时也可以是一种玩闹的、吸引人的或有趣的剪影。通常在决定使用逆光之前，首先应该熟悉剪影的作用。

主题的剪影结构应该仅通过其形状就能够辨别，因此剪影的“末端形状”不能被遮住或被剪掉，这是非常重要的一点。例如，在桌上放一支钢笔和一支圆珠笔，并分别遮住它们的顶端和末端，即所谓的“末端形状”。此时仅根据中间部分很难确定哪支是钢笔，哪支是圆珠笔，因为中间部分只能辨别出平行的线条，它可能是吸管或者细小的蜡烛，其走向也是平行的，因此仅根据中间部分的形状很难区分。但在末端点，由于剪影的多条线条聚集于此，目标的形状就显得特别突出，区别也非常明显。在这种情况下，至少有一个侧面是可以辨别出两条线之间的交点的，这时即使将另一个侧面上的线条遮住也不会影响判断，这就足够了。例如，在一个有玻璃杯的静物中，如果前面放置一个烟灰缸，就可以将玻璃杯很轻松地辨别出来。

怎样才能尽可能好地塑造出剪影的可辨别性和末端形状呢？一个简单的窍门就是，在“开始阶段”先将目标画在纸上。例如，你可以先描绘出垂直放置的蜡烛的样子，而不是它所呈现出的圆周截面，即在俯视图中可能呈现出的样子。当开始确定剪影时，必须找出重要的线条交点，即末端形状，并借助它们将目标辨别出来。通常情况下，这些交点确实位于形状的末端，在那里它们有自己的名称。例如，如果你用手将上述钢笔或圆珠笔的中间部分遮住，但各个末端是可见的，那么根据其末端形状，你可以立刻辨别出这些目标。圆珠笔的边缘线条在末端通过一种独特方式共同聚集在滚珠上，而在钢笔中，它们则通过完全不同的方式被引导至笔尖上，并在那里相交。

然而剪影的重要性并不只是体现在目标的可辨别性上，目标的特征也要求变得清晰可辨。如果剪影是有趣的、晃动的、粗大的、笨重的、锐利的、参差不齐的、动态的、柔和的、吸引人的或蔓延开的 ...... 剪影对画面效果会产生巨大影响。为了能够熟悉剪影和剪影可能出现的变型，首先就要通过所有的细节来塑造剪影，这可以是柔和的、晃动的剪影，也可以是线性的、有弯折角度的剪影。在人像摄影中，如果你能够将手臂保持在相应的位置，并能将服装和头发弄出造型感就可以了。

这种相同或类似形状的不断重复将会使整个剪影的特征被更明确地突显出来。

初学者可以根据范例 5.2 中给出的不同特征对它们进行正确归类，最终使区别 Kiki 和 Bobo 成为一件容易的事情！现在，请运用逆光对这种特别的剪影进行拍摄，并突出其特征。但你要知道，在大多

范例 5.2：轮廓形状形成了被摄主体的特征，从而帮助你判断谁是 Kiki，谁是 Bobo。

数情况下，混合形状是不会产生单一特征的。因此从画面角度来看，它不会让你直奔主题，只是起到了凌乱、混淆和不和谐的作用，而这样的混合剪影应该也不是你期望通过逆光所表达的内容。可以说，在大多数情况下，这种借助逆光强调来光线氛围的尝试，突出的往往都是不利的剪影。事实上，你可以从那些完美运用这种剪影风格的大师那里获取灵感。我建议你去向理查德·阿维顿、依文·贝恩和厄文·奥拉夫这几位大师学习。他们都是我的偶像，我非常崇拜他们处理形状和剪影的技巧。当然，还有很多能够完美掌握这种剪影风格的其他摄影师，他们也值得你去学习。

通常剪影与照片的边缘会形成新的形状。在理查德·阿维顿的系列作品《在美国西部》中就使用了白色背景，以强调模特的剪影与黑色背景的边缘之间所形成的其他形状。

链　接

理查德·阿维顿的系列作品《在美国西部》和其他很多作品中所介绍的对剪影和形状的完美处理都令人称绝。你可以通过 www.RichardAvedon.com 查看《在美国西部》这部作品的内容摘录，也可以扫描正文旁边的二维码来查看。

依文·贝恩也是剪影和形状处理方面的大师。你可以直接在 Google 照片搜索栏中输入“依文·贝恩”进行查看。

厄文·奥拉夫是形状运用方面的狂人，他经常要求模特摆出一些在解剖学上几乎不可能完成的姿势，但对摄影而言，却具备极高的技巧性。你可以直接浏览他的个人主页 www.ErwinOlaf.com。

在画面中，这种形状还形成于两腿之间或身体与手臂之间。而且除了一位胸部窄小的劳动者外，背景中还出现了一个非常巨大的、几乎是沉重又具有压倒性的其他形状，最终使劳动者看起来更加弱小。

在背景中，他借助了很多微小却晃动的形状来围绕一位舞者，而且这些形状本身就如同在跳舞一样快速旋转着。此外，对这些形状有意识地应用可以形成几乎不引人注意的亮度，但能强调想要突出的形状。在阿维顿的作品中，当他克服所有重力，将夹克的袖子拉直，将毛衣中的褶皱如幽灵的手那样流露出相同的形状时，这种效果看起来就像是自然形成的意外。而且这些形状的重复总会带来些许变型，并且永远不会出现单调的一致性，最终使它们在视觉上如此生动自然。

逆光强调的是剪影和画面中其他形状的效果，因此为了获得有趣的形状，在考虑是否使用逆光之前，首先要考虑那些引人入胜且有说服力的剪影和恰当的形状截面。

除了剪影本身的形状外，截面对其也同样具有决定性的影响。 美国摄影师路易丝·格林菲尔德，就通过令人印象深刻的方式展现了剪影的技巧。她经常拍摄舞者跳跃的镜头，也就是离开地面那一瞬间的姿势。在腾空动作中，她会捕捉到剪影处于最完美的状态。在她的作品中，所有必要的末端形状都清晰可辨，且各个形状都会集合为极具特点的统一体。但是，与厄文·奥拉夫或者依文·贝恩相比，路易丝·格林菲尔德可以更明显地捕捉到截面的倾斜度，致使形状的效果发挥得更大、更具分量。我认为，这应该归功于她的工作方式。她经常让舞者无数次地重复跳跃的姿势，直至找到完美的剪影。虽然较宽的截面可能会受到实际情况的影响，但在较为狭窄的形状截面中可能根本无法精确地捕捉到舞者。但这样的练习可以让你从中受到启发，并得出自己的结论。由于这是一本关于光影设计的书，因此我只会详细阐述对各章而言非常必要的光影设计内容。事实上，画面中的其他形状在很大范围内都会受到剪影的影响，并通过逆光来强化它们的效果。

5.1.3 逆光形成的氛围

关于逆光最常见的说法是，能够营造出照片的氛围感，这也正是我想要强调的。但它会形成怎样的氛围呢？在研讨会上，我最常得到的答案就是明亮且光芒四射的，昏暗且神秘的。但到底哪种说法才是真的呢？

链　接

你可以直接在Google搜索栏中输入“恐怖电影”，或者扫描正文旁边的二维码，从而找到一些使用逆光的照片。难道说逆光会营造一种昏暗、神秘和恐怖的氛围？

现在通过Google搜索“Film Noir”这个概念，或通过正文旁边的二维码搜索，此时你可能得到了一些非常阴暗且具有威胁性的照片，和一些利用逆光拍摄出的极具魅力的电影明星照。

然而在《梦幻的逆光》中，则会获得很多色彩饱满、光芒四射且令人愉悦的照片。那么我们可以说逆光同时具备阴暗和阳光、忧郁和快乐吗？

如果你在Google搜索中输入“Stimmungsvoll Gegenlicht”（富有氛围的逆光），将会得到所有可能出现的氛围，如令人愉悦的、充满忧郁的、具有攻击性的、安静的、张扬的或精简的，而且所有这些照片都是运用逆光拍摄而成的。

在电影《闪灵》的结尾，当杰克·尼克尔森手持斧头游走于被白雪覆盖的迷宫时，为了有象征意义地衬托杰克·托兰斯精神上那种阴暗、寒冷且没有人性的迷失感，电影中应用了逆光。

在电影《茜茜公主》中，逆光表现的则是茜茜公主愉悦的情绪和宫廷典礼的光芒四射。

事实上，逆光可以被用于所有可能的氛围中，因为需要营造哪种氛围并不取决于逆光本身，而是取决于其他因素。

在逆光产生的效果中，并没有对逆光本身对画面氛围所产生的影响进行明确地描述。

5.1.4 加强逆光中的氛围

逆光会让主题在其形成的剪影中变得更富有特征性，但同时它所形成的封闭状态是完全处于黑色中的。为了使主题能够在剪影中得到渲染，在使用逆光时往往还要求使用另一种主光类型，即你可以将逆光与正面高光、伦勃朗式用光和侧光相结合，甚至还可以与底光或视轴上的光相结合，如环形闪光灯。但在这种情况下，主光真正产生了哪些效果呢？这些效果又会得到什么样的照明、背景亮度，以及总体布局中所形成的线条、用色和摄影风格呢？事实上，逆光的使用可以

范例 5.3：同一种逆光分别与 3 种不同的主光类型想结合。

在大多数情况下，逆光会对主光所形成的氛围起强化作用。

使主光所形成的这种氛围得到继续加强。

在范例 5.3 的这 3 张照片中，将同一种逆光分别与不同主光类型、主体亮度、背景亮度和控制方式进行了结合。

在最左侧的照片中，逆光与没有反射的小角度光源、几乎全黑的背景和有点儿蹙额的模特进行了结合，从而强化了画面的阴暗感和威胁性。在这张照片中，所呈现的阴暗感要多于阳光、愉悦的感觉。如果你用到的逆光比“钳形光”略多，那么你可以继续增加这种阴暗感。

至于中间这张照片，伴随着中灰色的背景和简单的曲线，我选用了伦勃朗式用光、大角度光源和立体感最强的亮度。因此同样的逆光使画面在这种新的组合中明显少了戏剧性，虽有一种阳光感，但还不是那么得光彩照人。

在最右侧的照片中，将逆光与正面高光、略显立体感的亮度和几乎全白的背景进行了结合，从而使画面中的模特看起来光芒四射。而且在白色背景的衬托下，逆光也不是特别突出，只在肩膀上的光线传递了逆光的感觉。

如此就可以解释，为什么逆光被视为充满氛围的光线。但人们也无需对各种氛围进行严格界定，因为这种效果更多地取决于主光类型和由主光产生的基本氛围。你所需要注意的是，主光类型、主体亮度、背景亮度和构图设计的组合是否会造成氛围混乱，因为通过逆光有可能会将这些氛围混乱而不和谐的一面被突显出来。

在拍摄时，你最好能将逆光调的稍弱一点。因为非常明亮的逆光有时候产生的效果会与画面中的氛围不协调，使整个画面看起来非常奇怪。但有意识地使用逆光，则会在画面中展现出一些特别的效果。

操作提示

首先，在Google照片搜索项中再次查看上述搜索结果，并依据相似的氛围，将这些照片重新分类。

然后，请有意识地查看不同照片组使用的主光类型、亮度和背景设计。

最后，可以确定的是，相似的光影设计可以形成相似的氛围，而且这相对独立于所使用的主题。

5.1.5 逆光和背景设计

逆光强调的是剪影。如范例 5.4 所示，就使用了一个几乎全黑的背景，而且为模特打的也是弱光，这就使得模特最浓重的阴影也几乎表现为黑色，最终使模特淹没在背景中，无法分离出来。可以说，这张照片是被相互交织的各个方面“杀死”的，失去了原有的“生命力”。

范例 5.4：在昏暗的背景前，模糊不清的模特几乎无法得到强调，逆光可以解决这个问题。

尽管如此，如果你想要获得富有忧郁感的氛围，逆光还是很受人欢迎的方式。如范例 5.3 所示，你可以通过精致的逆光剪影将模特与背景分离开。

然而在白色背景中，逆光的附加使用往往非常重要，模特会在白色背景中得到一条锐利的轮廓线。如果逆光被设置得非常强，模特看起来就有种被侵蚀的感觉。

在逆光的使用中，首先要注意逆光的强度。

5.1.6 逆光中的挑战

逆光使用中最大的问题是它所带来的高反差，有时会使模特剪影失去的所有画面感。因此建议你在摄影棚内使用逆光时，始终要开启主光源，然后才能调整亮度。只有在逆光的亮度适中，且主光类型与曝光时间、光圈值相一致时，才可以拍摄出与画面背景相协调的逆光剪影，此时画面的亮度看起来也与主光强度相适应。增亮器在使用时，亮度会一直增加，直到阴影区域也可以获得足够的光线，最终才可能得到想要的画面。这时你也可以加上逆光了，并在调整强度时，让逆光与主光类型及其相应的增亮器相适应。最好从最小的参数开始慢慢增加逆光的强度。

在大多数情况下，逆光如果太过强烈会导致被摄主体的剪影过于明亮，画面看起来就像是被侵蚀或咬掉的感觉。在大自然或者现有的光线条件下使用逆光拍摄时，建议采用系列曝光，以使被摄主体可以产生较强的对比度。

在一些类似的拍摄中，这种高对比度很难确定具体的曝光值。针对业余摄影爱好者，可以使用这样的“定理”：如果太阳在身后，那么你应该按动快门。但在这种光线条件下，画面的对比度会非常低。虽然“什么时候曝光的问题”变得简单了，可是从光影设计方面来看，这个“定理”简直是一种灾难！它影响了被摄主体的立体感、形状的强调和无阴影照明。因此这个定理应该改为：如果太阳在身后，那么你最好不要按下快门。因为正是借助逆光，才能够对形状及其特征进行强调，如果要在背景中对被摄主体进行强调，应该增加画面的纵深感，使氛围看起来就好像是主光提供的一样。在这种处理下，通过一系列曝光，你会得到一幅主体没有被侵蚀的作品。然后你再通过对色阶曲线的控制，来尝试掌控逆光条件下的高对比度。但可惜的是，逆光会产生一个非常狭窄的边缘光，它仅构成了画面中非常小的一部分。因此你应该在相机上激活对过度曝光示警。如果你的相机液晶显示屏过小，你可能首先看到的就是边缘光，因此不要让显示屏上的逆光看起来过于夸张。

此外需要注意的是，逆光可能会通过聚光镜之间的反射将画面的对比度明显降低，也可能使所拍照片的清晰度降低。如果被摄主体是透光性很好的事物，如树叶、花朵、纸张或轻薄的面料、五光十色的玻璃等，逆光会产生一种特别的色彩饱和度与亮度。如果你是在自然光条件下使用逆光，为了防止光线直接落入镜头中，通常会使用遮光罩，从而表现出光芒四射的色彩感。

无论如何，即使你想使亮度强烈的逆光产生一些特别的氛围，也不是所有光线都需要出现在画面中。如果为了将对比度降低，则需要有意识地让逆光落入镜头中。曾经在为汉内斯·瓦拉芬当助手的时候，我被要求用逆光拍摄一张做礼拜时诵读的照片。当时我在艺术学院的大学讲师已经帮我在画面和曝光控制上对色调值进行了调整，但我还是很难看到边缘。当我把拍好的照片拿给汉内斯看时，他让我看到了神奇的一幕，他将已校准的闪光灯上的功率调节器又向上调整了位置，并将遮光罩也调整到同样的位置，然后简明扼要地说道："使用这种有魔力的光线，可以让你的下一幅作品充满生命力，调整时可以做这样的尝试……"后来的实践证明，他说的完全正确。

5.2逆光变型

真正的逆光位于被摄主体的后方。在上一节半身人像的范例中，三脚架上带有逆光的灯被放在了模特后方，这样画面中就不会看见光源或者三脚架，但前提条件是这个光源非常小，以至于模特的头部可以将它挡住。如果你只有大架构光源可以使用，那么这个问题就会比较棘手。

范例 5.5：逆光应该直接打在与相机相反的位置上，否则很难产生连续的剪影。

如果拍摄的不止一位模特，如有两名并排站在一起的模特时，为了在两位模特身上形成边缘光，逆光光源可能需要放在两位模特之间，也就是画面的中间位置。如果将提供逆光的灯隐藏在其中一位模特的身后，那么另一位模特身上就很难产生任何连续的边缘光，如在范例 5.5 中所看到的那样。为了便于说明，这里并没有使用主光。

如果拍摄一位模特的全身照时，这会变得愈加困难。逆光光源的三脚架脚管会从模特的腿后伸出来。为了解决这个问题，需要运用各种具有不同优缺点的逆光变型。

5.2.1 低处的逆光

范例 5.6：当逆光光源的位置过低时，会使观者的视线转移到画面外。

如果无法将光源隐藏在模特身后，那么很多摄影师都会尝试将逆光光源放置在足够低的位置，从而使三脚架可以消失在画面外。这是一种最安全、简单又便捷的变型方式，但在创造性方面，这种逆光变型也是最没有优势的！

位于低处的逆光会将画面上部区域内的剪影断开，而且无法通过向上的光源让它再次显露出来，因为需要对这种效果负责的是下方固定点的位置而不是逆光光源的位置。此时，观者的视线会被吸引到画面的下边缘，甚至会移到画面之外，因此你需要通过画面中的其他方式将观者的视线锁定。

在全身照中，三脚架可能会一直出现在照片中。可以说，这种简单的逆光变型方式是不值得推荐的。

低处逆光会将剪影的重点从面部转移到画面的下边缘，从而使观者的视线被转移到画面之外。

5.2.2 高逆光或头发光

范例 5.7：这种位于高处的逆光变型强调的是模特的头部，它能吸引观者的视线。

如果你将相应的光源尽可能往上提，直至它高于照片的上边缘并从画面中消失，那么就可以得到从相机侧面发射出的逆光。通常在浅色背景下，三脚架可能会出现于模特头部后方，而且这种逆光变型方式的成本比较高。因为这需要一种悬臂三脚架，此时将逆光光源放置在被摄主体上方的位置，三脚架就不会出现在画面中。更优雅的方式，是在这种逆光变型中有顶部的轨道系统，可以将逆光光源以悬挂的方式固定在顶部。这种变型方式只有在自然光下，会变得比较容易。如果你想面朝太阳所在的位置进行拍摄，只需要一个好的遮光罩，即可得到色彩壮丽的逆光，而不需要使用三脚架或顶部轨道系统。

通常位于高处的逆光首先强调的是被摄主体上部的剪影，在画面下边缘处往往会消失。在一张人像作品中，观者的视线总是会被面部所吸引，而不会在画面的下边缘停留。由于头发会反光的原因，逆光的这种变型方式还被称为头发光，它在戴帽子的人身上，以及静物和其他被摄主体上，也同样适用。

可以说，这种逆光变型是最佳的变型设计，但这种变型方式在大多数情况下是很难实现的。它通常耗时较长，并在建造三脚架和顶部的轨道系统方面，都需要一技术和费用。

高逆光，也称头发光，会将观者的视线转移到剪影最重要的末端形状上，以使模特从背景中被分离出来，并且对主光所形成的基本氛围起到强化作用。因此这种逆光变型从构图角度来看是最好的，但从技术层面来看又是最难操作的一种逆光变型。

链　接

背对你且由正面高光照射的模特，同样能得到位于高处的逆光照明。在这个位置，提供正面高光的光源位置与逆光光源是一致的。从模特的角度来看，光线会延伸到鼻子的位置且明显提高，即高逆光。

如果拍摄的只是模特的轮廓，且由侧光从模特短侧进行布光，那么你可以同时得到逆光光线。从模特角度来看，这是侧光；从相机角度来看，光源位于模特的身后，也就是位于真正逆光的位置上。因此它是否应该称为侧光或者逆光，还取决于你的视觉角度。

5.2.3 侧逆光

如果你无法将逆光光源隐藏在被摄主体或者模特的后方，而且从构图角度来看，画面的下边缘也无法将光源遮住时，你还可以利用画面左右两侧的边缘，将画面外的光源当作模特的逆光。

如果将范例 5.10 中的逆光相应地安排在位置 A 或者 B 处，并使逆光尽可能地远离相机、靠近背景，从而接近画面的侧边缘，同时保证逆光不会任意离开画面区域（图中红线所示）。而且你也不能让光线直接投射到镜头中，这时模特旁边的遮光物、黑色卡纸或材料都可以防止光线直接落入镜头。

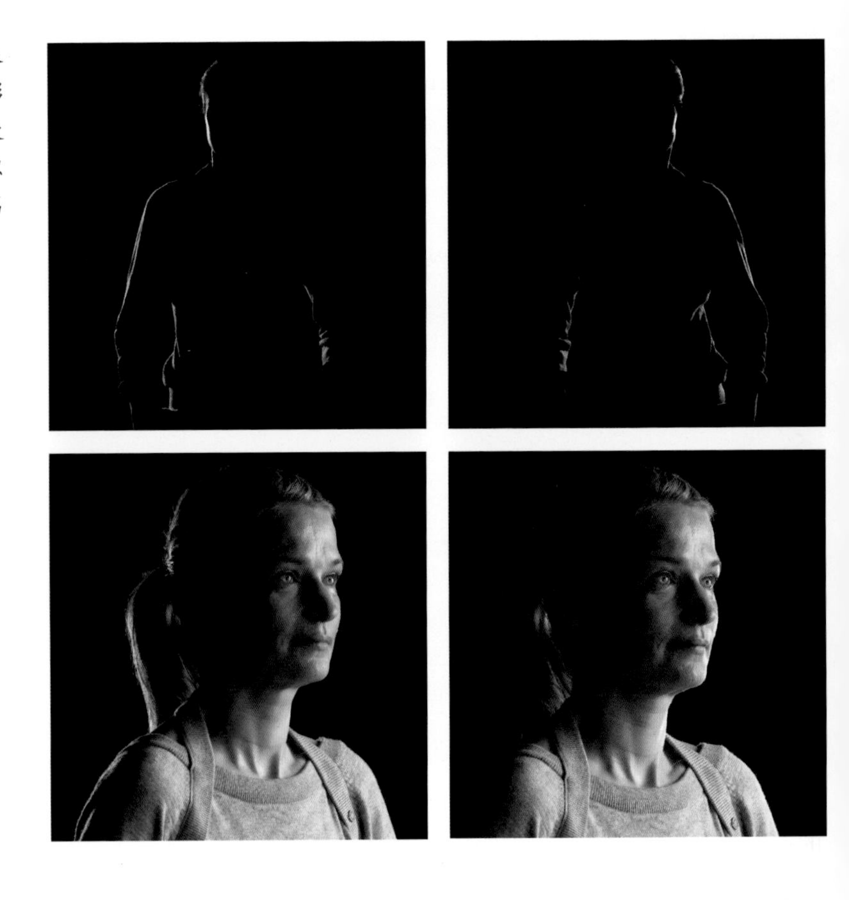

范例 5.8：从侧面打过来的逆光强调的只是剪影的一半，因此应该将其使用在模特的阴影侧，以便将模特从背景中分离出来。

被置于侧面的逆光所照射的不仅仅是模特的一半，它可以根据所使用的主光类型，将侧面逆光应用在模特的阴影侧。至此，你就可以将模特从背景中分离出来，其清晰可辨的轮廓也被包含在阴影区域内。但画面中转向逆光的一侧则不再包含任何模特的剪影，这种自身剪影在大多数情况下也不是必须的，因为主光源已经为背景提供了足够的明暗对比度。

而从侧面照射的逆光则只能显示很弱的效果，即让面部最外侧呈现出略多的光芒，而阴影侧将会完全陷入黑暗中。

你可以将移至侧面的逆光始终安排在与主光位置相反的一侧，这样与背景相比，模特的阴影侧可以优先得到衬托。

如果在模特短侧使用主光，则应该在长侧使用侧逆光；如果在模特的长侧使用主光，那么短侧就应该使用上逆光。

5.2.4 两侧逆光

当有两个逆光光源时，你就可以获得被光线完全环绕的模特剪影，而且不用担心画面受到干扰。范例 5.10 中所展示的位置 A 和 B 即为逆光光源，模特旁边的黑色遮光物（e 和 f）则会对来自相机方向的直接光线形成阻挡，从而避免光线直接落入镜头中。

范例 5.9：两侧逆光。

从构图角度来看，这个变型与真正的逆光效果类似，且不会出现模特视线突然离开逆光光源的情况。这即使是在拍摄全身照时，画面中也不会出现三脚架。但除了主光源之外，你还需要两个相同的逆光光源，使拍摄成本增加。如果你仔细观察头发可能会发现，它与真正的逆光是不同的，在这里的剪影中你看不到任何空隙，这时你可以将两盏灯的位置稍微调高，利用所形成的侧逆光与头发光相配合。

5.2.5侧逆光变型中的挑战

真正的侧光只会让模特边缘闪烁着狭长的光，而位于侧面的逆光则会在模特身上产生一些较宽的光。因此应该让侧光尽可能地接近背景、远离相机，同时模特与背景间的距离也应该尽可能得大。如果现在将侧逆光安排在画面边缘，那么边缘光可能会再次被限制在剪影轮廓上。这对应着范例 5.10 中 A 和 B 的位置。

范例 5.10：逆光的效果很大程度上取决于逆光光源与模特间的距离。

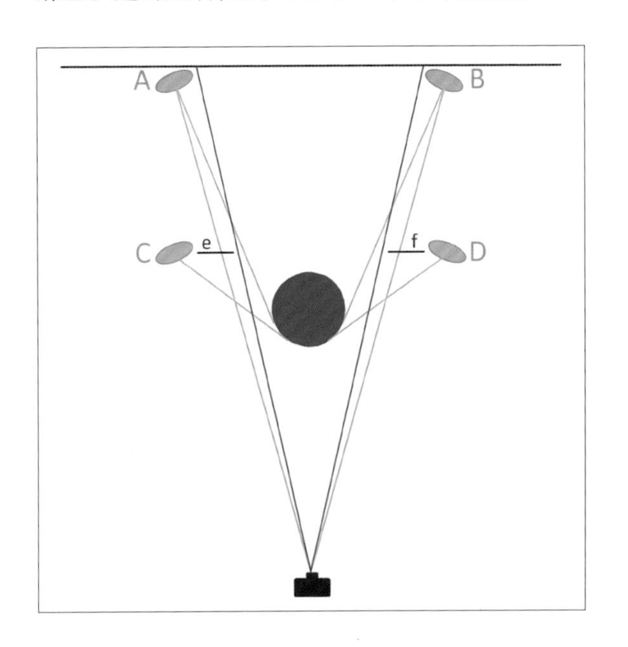

为了获得没有钳形光效果且位于侧面的最佳逆光，模特与背景之间就要有足够的距离，从而使位于侧面的逆光不会成为侧面强光。

如果模特距离背景过近，且逆光光源的位置在画面的左侧或右侧，则这个逆光将位于模特的侧面，而不是模特身后。如果将逆光光源向侧面移动的距离超出了容许范围，则无法获得逆光。假设逆光光源对应的位置是 C 或 D，此时就无法获得任何逆光，而是形成钳形光，并且拍摄效果与范例 4.1 中的有点类似。

操作提示

如果想要试验不同的逆光变型，可以直接模特的身后或侧面进行，如改变模特到背景之间的距离。这时请注意观察，边缘光转变为钳形光的过程中，其光线强度有何不同？如将逆光光源的亮度从轻微发光转变为明显发光，可能会出现被侵蚀的边缘光。现在将逆光与不同主光类型和不同亮度进行结合，以观察被摄主体的拍摄效果。

根据阴影的变化，尝试推测其他摄影师拍照时的主光类型和逆光光源的位置；通过画面亮度的变化，推测逆光光源与模特间的距离；研究所形成阴影的变化宽度、立体感，以推测光源角度的大小；观察阴影侧的亮度和立体感，以推测逆光变型的类型。此外，你还要注意研究可能存在的逆光，如果逆光光源被调整到位于中间或侧面的位置上，你可以观察模特的眼睛，在那里通常会发现反射图像，从而给你提供判断依据。

借助经过这种训练的眼睛和对光线的设想，即使在自然光和有时间压力的情况下，你也可以将学到的东西应用到实践中。

操作范例：动力燃烧室

范例 5.11：霍斯特·木佩尔

逆光可以起到加强主光效果的作用，就如同一个动力燃烧室。在三四十年代，这种方法经常被使用。首先，它比今天用到的逆光更加明亮且引人注意，因为当时的人们非常喜欢将逆光用在宣传照中。在运动员类别的人像摄影中，霍斯特·木佩尔结合莱尼·里芬斯塔尔的影像美学进行了研究，同时选择了非常具有对比性的固定点和拍摄姿势。霍斯特本人对光线的研究非常细致入微，而且对其进行了全新的阐释。在大多数情况下，里芬斯塔尔拍摄的是电影短片或者直射的太阳，在她的那个时代非常具有代表性。然而，霍斯特·木佩尔选取的则是大角度的主光源，这符合现代摄影的观察习惯，其拍出的作品也令人着迷。但在里芬斯塔尔的作品中，这种画面语言可以与富有表现力的形体相融合。作为主光源，霍斯特使用了一顶直径约 2 米的反光罩作为正面高光，其与模特间的距离约 2.5 米。随后又借助第二个同样大小的发光罩以获得需要的光线，使真正强烈的侧逆光被用在了各个被摄主体的阴影侧。

范例 5.12：安德里亚·略珀尔

与霍斯特·木佩尔的运动员系列相比，我非常乐意介绍安德里亚·略珀尔拍摄的这张人像摄影。画面中的人物是当时的电影明星，在拍摄时，安德里亚运用了当时受人欢迎的形体语言。然而，在照明方面，他则保留了很多与霍斯特·木佩尔非常接近的布光模式。例如，通过放置在远离模特位置的反光镜，渲染出了有戏剧感的边缘光。而且这个反光镜的放置几乎与地面垂直，且容易偏移到模特面部的短侧。为了弱化耳朵，则将主光源设置为正前方照明，以突出轮廓鲜明并延伸到唇部的鼻子阴影。而且一个明显较弱的小光点也被用在了照明中，它放置在镜头底下，以使下巴下方的阴影获得来自这个光点的光线。同时逆光向左侧发生了偏移，被用作侧面的头发光，并将阴影侧的模特从背景中分离出来。在那个时代，3 个光源与小光点的结合是人像摄影中最典型的布光方法。

在其作品《兄弟姐妹》中，玛雅·克劳森使用了大遮光罩，且位置十分低的正面高光。此外，她还在画面的左右两侧使用了双倍逆光，同时逆光光源与模特之间的距离很远，从而形成了真正狭窄的边缘光。她选择的主光塑造出了皮肤下面的每一块肌肉，它的位置也高过大的环形闪光灯。同时主光在肩膀，主要靠近上臂的位置形成了暗色的边框。将两张照片进行对比，你会发现女模特身上的主光位置略低于男模特。这是因为女模特鼻子的阴影略短，下巴底下的阴影略小，这样布光可以显得更亮。与此相反，男模特的鼻子阴影看起来更为明显。玛雅·克劳森拍摄的这幅作品可以追溯到贝尔德和里拉·贝希尔身上，她将画面语言与富有表现力的布光进行了结合，从而使这些照片成为她艺术的一个组成部分。

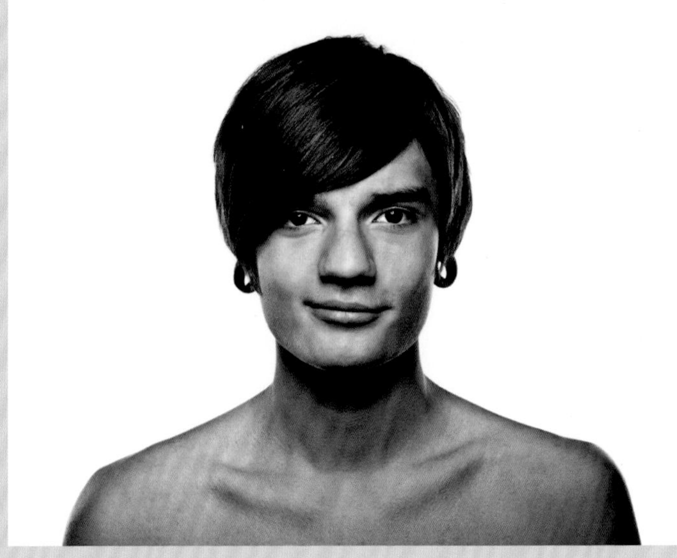

范例 5.13：玛雅·克劳森

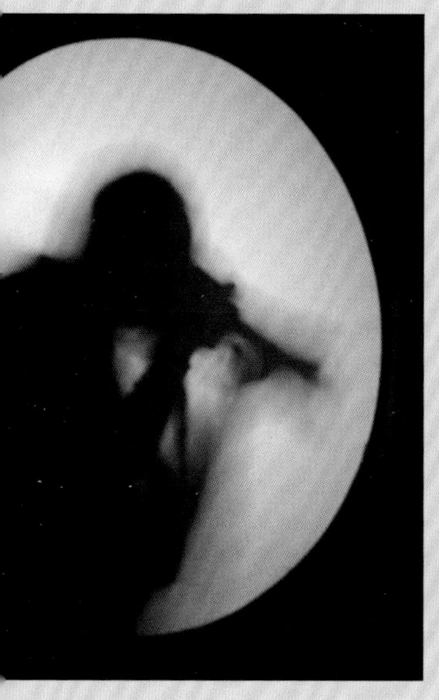

范例 5.14：考丽娜·格拉尼希　　范例 15.5：霍斯特·木佩尔

考丽娜·格拉尼希和霍斯特·木佩尔的作品是从二三十年代的试验性照片，以及安德烈·柯特兹或者拉斯·洛莫合利·那基的画面语言中获得灵感的。两人在逆光上的使用，很大程度地模拟了当时的舞台灯光。

在考丽娜·格拉尼希的作品中，通过逆光可以清晰地塑造出小提琴家的剪影，同时她借助动感模糊将剪影的一部分再次从背景中分离出来。霍斯特·木佩尔的照片则拍摄的是一对跳林迪舞的年轻情侣，这是 30 年代末深受纽约人喜爱且非常具有表现力的舞蹈。他将当时的侧面舞台灯光作为双倍侧面逆光来使用，从而强调了表现力十足且极具野性的林迪舞剪影。就像在真正的舞台上，将逆光安排在画面之外非常远的位置，此时塑造出的逆光非常接近钳形照明。这种钳形光非常符合舞台表演的习惯，而且通过类似舞台背景的布景，也使舞台表演的感觉得到加强，最终使这对情侣“浮现”在画面中。如果没有这种舞台灯光，只有地面、光秃秃的墙壁和斜面天花板本身，就不会有这幅作品所传递的视觉效果。

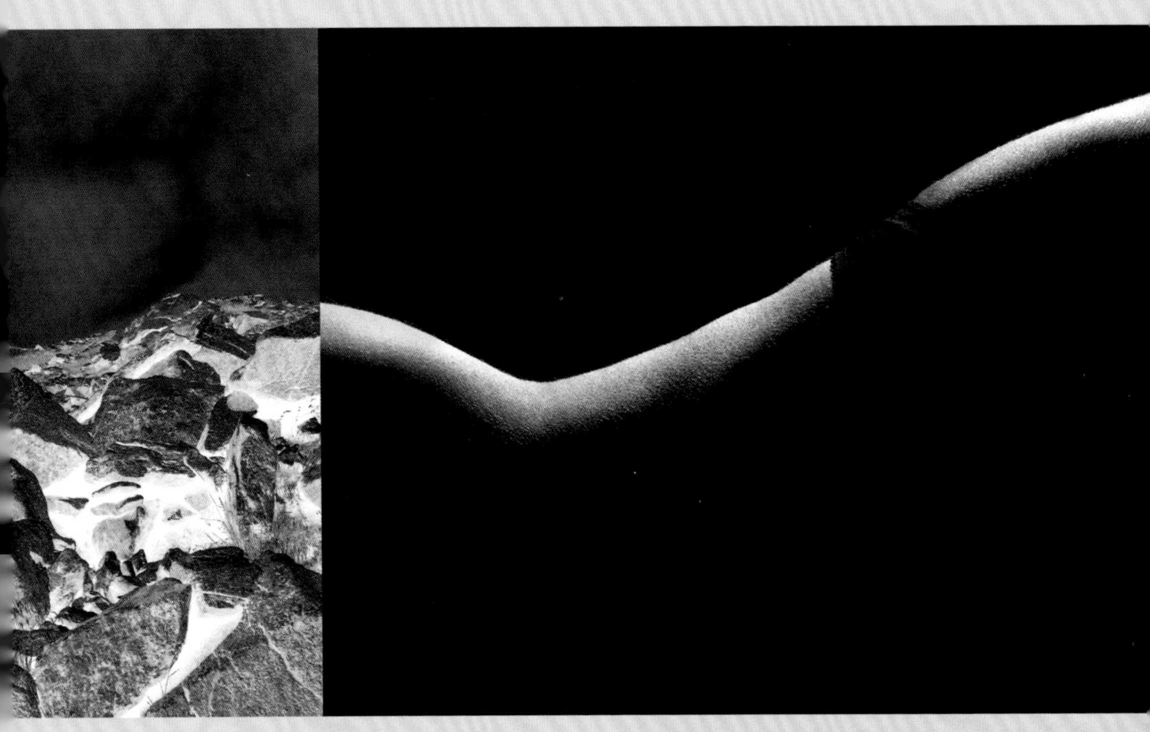

范例 5.16：弗劳科 · 施泰克

在重影画面中，弗劳科 · 施泰克使用了逆光，塑造出裸体人像的剪影。这种画面效果得益于主光源的缺乏，从而将模特身体的其他部分陷入了深深的黑色中。与之相似的是，麦基克 · 旭克斯使用逆光来减少剪影。对于这种没有形成任何大面积黑色的前景，逆光的单独应用，使位于磨砂玻璃后面的模特，像是被禁锢在光线构成的薄雾中，此时的光线是由逆光所提供的。

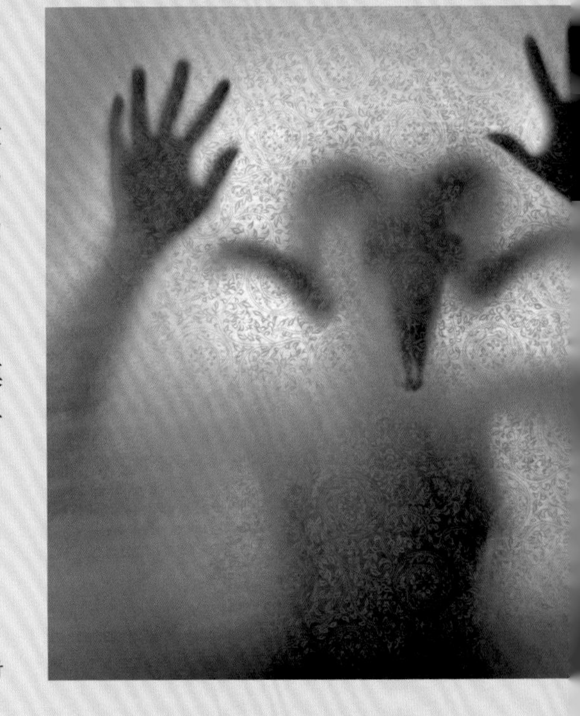

范例 5.17：麦基克 · 旭克斯

在托斯顿·施耐德的照片中，教堂对逆光及其象征性意义的应用，使其将逆光用作“通往上帝之路”的救赎承诺或比喻。同时这种布光方法不会被限制在画面的表达上。在很多教堂里，人们可以再次发现逆光的存在。在这里，逆光还对这种向上延伸的哥特式建筑设计的基本效果起到了加强作用。

阿斯特丽德·多劳所拍摄的紧急救援电话，则将逆光显得更加神秘而难以揣测。隐于柱子后面的光源，使树叶获得了底光，与其他重要元素相比，树根和接线盒所获得的光线是侧光。因此在这幅画面中，借助逆光、神秘的底光和具有威胁性的昏暗侧光，都将画面的效果加强了。此外，从观者角度来看，柱子投射出了一个影子，仿佛“黑暗之路”。这个影子所传达的信心恰恰与教堂里的“发光之路”是相反的。也就是说，逆光的应用使画面中的各种思想都得到了强化，但这种效果所表现出的思想可以是积极的，也可以是消极的。

范例 5.18：托斯顿·施耐德

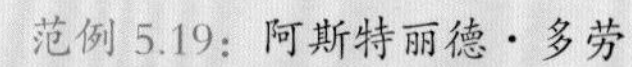

范例 5.19：阿斯特丽德·多劳

6.

亮色调还是暗色调

亮色调和暗色调是常用的概念，有照明光时，人们总是会一再提及这两个概念，也常被用在不同的情况下。但只有那些刚涉足摄影行业的人才容易被这类概念所抓住，并且以为这些概念后面藏着很大的设计秘密。事实上，每位摄影师对它们都会有不同的理解，并且会用不同的方式来使用这些概念。

对我而言，暗色调意味着一幅作品的绝大部分被暗色的色调值控制着，而亮色调则是由明亮的色调值所决定。

如果想对这些概念有进一步的了解，那么需要引入对比度的概念。在一张亮色调的照片中，很多摄影师会同时使用低对比度。这说明他们对这个概念明显有着更加深刻的理解，还包含对明暗对比度的理解，因为亮色调照片的明暗对比度较低会使这些照片看起来轻快而柔和。另一方面，摄影师也喜欢用强逆光为商品宣传用的亮色调照片加上反差鲜明的底色，从而给这些照片增加发光的效果。现在，你能分辨出谁的定义才是最恰当的吗?

在低亮度照片中，很多摄影师会考虑将照片与高光和阴影间的对比度相结合。在这样的照片中，可能会使亮度所强调的区域被弱化。也就是说，亮度所强调的区域过于明亮，以至于黑色几乎无法显示，细节也无法被描述，甚至根本无法显示任何画面。这个结果就是因为缺少亮度或者过度使用逆光而造成的。当然，我认为安妮·莱柏维兹的作品《杰西·诺尔曼的黑白人像照》就是完美的低亮度照片。这幅作品主要是由暗色调构成的，根据上文提及的定义，它有一个相对较低的对比度，所有暗色区域都保持着分级精细且柔和的炭黑值。同时这些区域会产生一种变化强度，整体来看照片的对比度就显得非常低。

这两个概念随时会被强制定义，因为每个人对它们的理解都存在异议。观察时，请注意主光源角度的大小，因为大角度光源对应着亮色调效果，而小角度光源对应着暗色调效果；明亮的背景对应着亮

链　接

请在谷歌搜索栏中查找“亮色调”和“暗色调”两个概念，将这些照片的总体亮度、主光类型、对比度、立体感、高光渲染和结构渲染进行对比。通过观察，确定搜索到的照片有多少共同点。

色调，昏暗的背景对应着暗色调，但我很难说明它们之间的界限在哪里。如果在一个全黑的背景中只使用暗色调？或者在背景变成中性或亮色调之前，背景可以有多亮？从你的角度看来，在选定的拍摄题材与光源之间，它表现得如何？或者光源应该有哪些发光特征？哪种光线类型可以显示为亮色调，哪种可以显示为暗色调？我想说的是，正面高光的光线更适合用于亮色调中，侧光则更适合用于暗色调中。尽管如此，安妮·莱柏维兹的作品《杰西·诺尔曼的黑白人像照》却是借助正面高光拍摄出来的低亮度照片。

因此我个人认为，这类“定义”没有什么实际用途，对于一种复杂的光线，在大多数情况下，“一个词的描述”往往是不够精准的。

你对光影设计可能已经有了一定的认识，所有的特征和手法也都无法再被安排到一个相对应的词组中。现在，请解放你的思想和创造力，从这些概念中获取灵感，而不是被它们束缚。你可以训练自己的感觉，尝试将主光类型和亮度进行不同的组合，以了解不同的情境和效果，并将这些组合应用到你的作品中。

操作提示

一个有着小反射角度和清晰聚光区的小角度光源会直接对准模特。在几乎为黑色的昏暗背景前，它的亮度完全不引人注意，所形成的效果也是一种非常昏暗、难以捉摸、神秘且具有威胁性的。

在白色背景前，如果使用能够照射整个场景的巨大角度光源和可以防止出现阴影的 180° 照明，来作为正面高光并向较远的距离外扩散，则不会出现上述照明所存在的缺点。但是它会出现淡而无味且毫无立体感的照片，并且照片的结构无法辨认，不会有统一且明亮的灰度值。

相反，如果使用作为伦勃朗式用光的大遮光罩，就会出现强烈并具有立体感的亮度，同时还可以照亮模特的阴影侧。此外，如果在纯白色或过亮的背景前使用强烈的逆光，那么它可能就会得到闪闪发光甚至阳光明媚的氛围，从而使照片带有新鲜感和透明感。

在上一个范例中，如果将对比度降低同时加强照明，就会使背景呈现出略微的灰色。如果此时取消逆光，并将其调整得略微模糊，就可以形成一种更加虚无飘渺和朦胧的氛围。

如果现在拍出的照片有曝光不足，那么得到的将是一种如同置身于浓雾中的氛围，也仍然以柔和影调为主，但效果更加灰暗。这是一张带有威胁性情境的照片，在这种情境中，开膛手杰克可能会胡作非为。

如果你已经可以对这些照片和它们的光线效果进行描述，那么祝贺你！你已经对光线和它们的各种可能性有了详细的了解。

7.

多位模特条件下的光影理论

你可以将光影理论应用于不同的摄影任务中。例如，同时照亮多位模特，让画面中实现一种相应的氛围。这其中还存在着难度等级，为此我将会逐步向你介绍。

7.1 正面组

拍摄位于相机正前方的一组模特，在这种情况下，每位模特的鼻子所指的方向都是相同的。以家人围绕一对新婚夫妇的照片为范例。

这是件令人愉快的事情，因此要选择正面高光，如果选用侧光，则会使画面显得过于暴力，而伦勃朗式用光则过于戏剧化且个性太强。现在将不同光源应用于正面高光中。按照上一章的逻辑，我可以在三脚架上安装一个光源，其位置直接位于新娘的正前方，并从这个位置延伸至可以辨认出新娘鼻子下方的阴影。当然，我还可以选择将悬挂在天花板上树枝状的吊灯作为主光源，并保证新娘的位置可以被这个树枝状吊灯照射到。或者我也可以借助内置闪光灯，让相机的闪光位置与天花板的位置相反，这样从这个位置反射出的光线就可以照射到新娘的正前方。如果你们是在户外，你也可以让新娘位于鼻子朝着高处太阳的方向，以使她的脸上充满正面高光。关于将太阳或者内置闪光灯作为主光源的布光方式，后面的章节中还会讲到更多内容，这一章最重要的是考虑多位模特。

对此，你只要将这个范例中的新娘看作主角，并用正面高光照亮她，那么首先使用哪个光源都是无所谓的。新郎位于新娘旁边，同样得到了正面高光的照射。现在，站在周围的人们是否也应该得到正面高光的照射，或者得到类似亮度的光照呢？这首先取决于光源到新娘和到整组人的距离，而且这组人的规模对明暗对比度的分布和不同的照明角度也具有决定性意义。

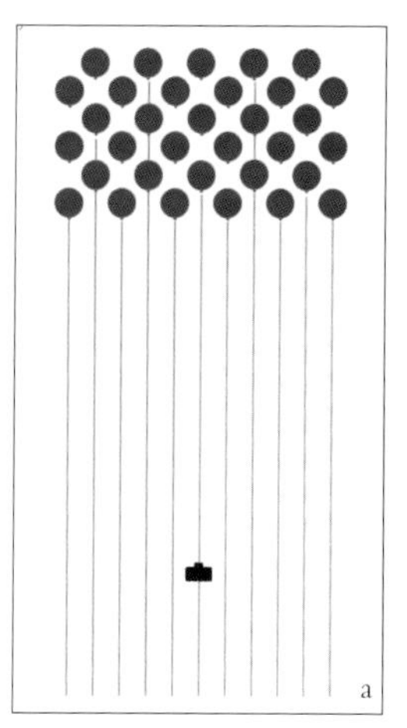

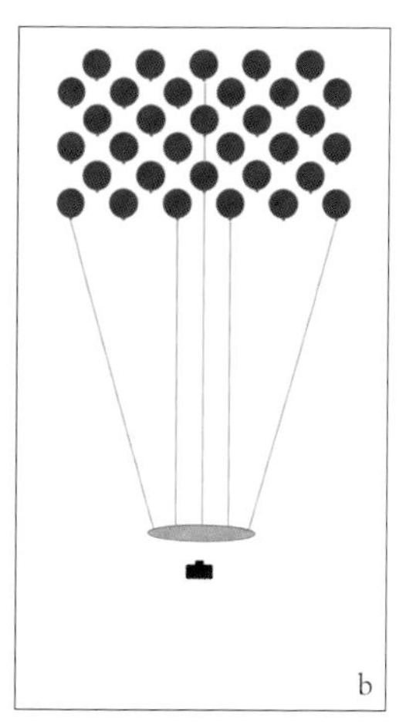

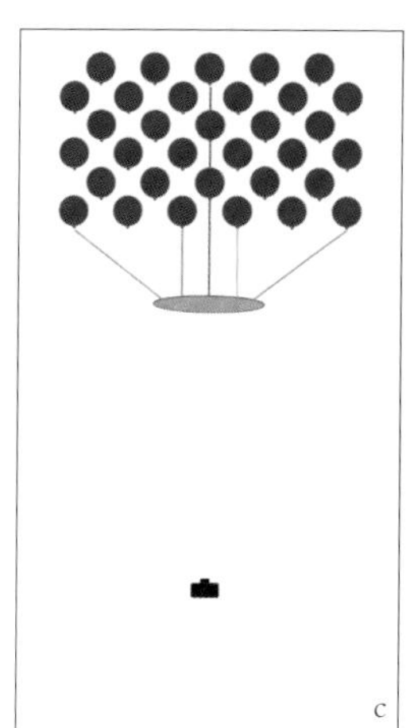

范例 7.1a、b、c：不同间距组的照明。

在范例 7.1a 中，作为正面高光的太阳可以照射到每个人身上。由于太阳距离这组人非常远，因此它的光线可以平行照射到全部参加婚礼的人身上，并且是从相同角度、以相同亮度照射到所有人。

在范例 7.1b 中，悬挂于天花板的树枝形吊灯也可以提供正面高光，关键是这个光源的位置比太阳距离这组人的位置要近得多。此时，新婚夫妇可以一如既往地获得正面高光，但是这组人中位于左侧或右侧边缘的人们首先是他们的面部长侧获得光线，也就是相机所偏向的一侧，这使他们看起来少了一些立体感。此外，后面一排的人与光源之间的距离较远，因此他们被渲染的比新娘暗。在这里，你要牢记一个规则，光源在什么情况下才能尽量接近模特，光源与模特间的距离应该为多少？在这个范例中，从光线的方向来看，这组人从前面到后面的距离约为 2 米，因此只要光源与这组人的距离不小于 4 米，那么亮度降低就不会让人有不适感，也不会出现阴影中画面细节丢失的情况。

在范例 7.1c 中，光源与新婚夫妇之间的距离非常近，新娘始终能获得正面高光。但是长侧面上左右两侧的人已经处在了伦勃朗式用光的照射中，他们看起来明显比新婚夫妇要暗得多，与后排的人相同。

范例 7.2：大角度光源可以减少明暗对比度的变化，并用正面高光照亮小组里的每个人。

这会使画面形成一种非常紧张的氛围，因此这一操作的亮度只是勉强够用在新婚夫妇身上。

在这组人中，距离这对新婚夫妇越近的人就越容易被“内部光芒”所包围，那些零散站在远处的亲友们则处于暗处。这显然不是人们想要看到的效果，因为所有人都应该被同等条件地记录在照片中。如果这种效果是因为过小的空间使得光源被放置在距离小组人员过近的位置，要想补救，则需要大角度光源。

在范例 7.2 中，将两个或更多光源放在一起，构成一个“灯带”，那么光源之间的小空隙就显得不那么糟糕，而小组里的所有人员也都得到了正面高光的照射。此外，在使用大角度光源时，后排光线的减少与点状光源使用相比，少了很多戏剧性，这使得在画面中后排的人看起来就不会过暗。尽管光源到这组人员之间的距离非常小，但是都得到了非常均匀的照明。

这种情况同样适用于其他光线类型，或者模特视线在其他方向上的情况中。

7.2 松散组

如果要为一群位置松散的人拍照，他们的视线在不同的方向上，位置又在没有合适光线的地方，这样会让拍摄变得比较困难。拍摄原则通常是简单的，但这里所提供的变型方式可以让你有多种尝试。

操作提示

首先，从小组中找出一名主角，然后分别用 3 种类型的主光为主角提供布光。其次，变换主光光源与主角之间的距离，同时仔细观察这样做对其他人员的影响，直至小组中的大部分人员都同样能够获得其中一种类型的主光。

首先找出小组中的主角。在大多数变型情况中，主角的鼻子是直接指向相机方向的，此时不存在长侧或短侧，两个侧面的长度是相同且平等的。你既可以从左侧也可以从右侧使用侧光，这是两种可能的布光变型。此外，针对伦勃朗式用光有两种变型，针对正面高光则只有一种可能的布光变型，因为你只能从模特鼻子方向的正中间位置使用正面高光。这样一算，一共可以有五种不同的主光变型。

如果你的主角没有直接看向相机方向，那么面部就会出现长侧和短侧。此时要将主光光源照射在短侧，从而得到 3 种变型，即从短侧体现出来的正面高光、伦勃朗式用光和侧光。

如果可能，你也可以使用底光达到一种恶魔般的效果，最终得到另一种变型。但在这里，我们将变型范围局限在了通用主光类型的使用中。而钳形布光、底光或者环形闪光灯布光也同样是按照这里阐述的逻辑来进行的。

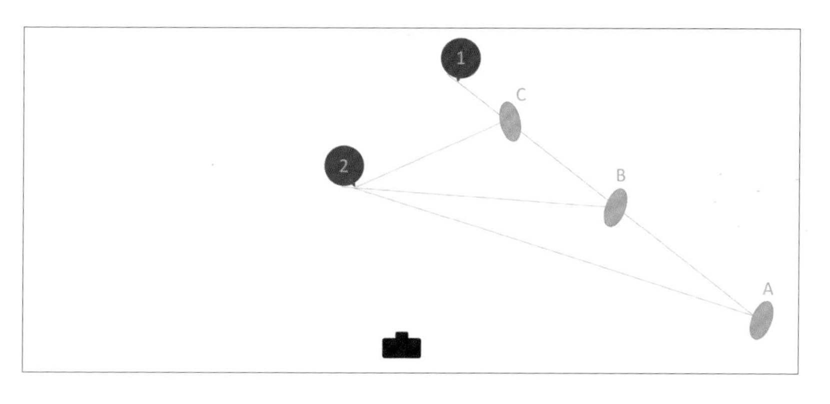

范例 7.3：松散组中的侧光变型。

在下面的范例中，选择了一个两人小组，这里将通过范例来说明布光过程。首先将背景中的模特 1 选为主角，并要求模特的视线看向相机前方。此时针对这位模特可能会出现五种主光方向。

从右侧用侧光照射不同距离外的模特 1，来观察这一测光对模特 2 将产生怎样的影响。接着思考在侧光的规则中，应该从哪个方向使用主光，而不是在多远的距离外使用，因为这个距离可以自由选择。根据间距，模特 2 身上会产生不同的光线方向和布光效果。

范例 7.4 展示的是光源位于位置 A 时形成的布光，此时模特 1 在侧光中发光，模特 2 的眼睛下方得到了有鼻子阴影的侧光。

范例 7.4：位置在 A 处的侧光。

范例 7.5：位置在 B 处的侧光。

范例 7.6：位置在 C 处的侧光。

范例 7.5 展示的是光源位于位置 B 时形成的布光，此时两位模特都进入了侧光中。对于想要阴郁和戏剧感效果的照片而言，这是一个很好的布光方式。

范例 7.6 展示的是光源在位置 C 时形成的布光，此时模特 1 仍然位于真正的侧光中，模特 2 的眼睛已经隐藏在阴影中。与之前的照片相比，这张照片的拍摄效果更加昏暗，甚至比之前的照片还多了一些威胁感。当然，这张照片主要强调的还是模特 1。

当光源的位置在 C 处时，模特 1 的附近放置了一个反射遮光罩，它距离模特 2 的位置相对要远很多。因此，你需要通过降低画面亮度来均衡光线，同时对模特 2 身上的遮光罩位置也要进行调整，这样模特 1 就只能被笼罩在很暗的边缘光线中，背景光线也明显少很多。对此你可以调整主光源，以设计出更多的布光变型。

在拍摄的这 3 幅作品中，布光都是通过反射遮光罩来提供的。作为主光源的延伸，它可以从各个位置将光线延伸至“牛线”上，从

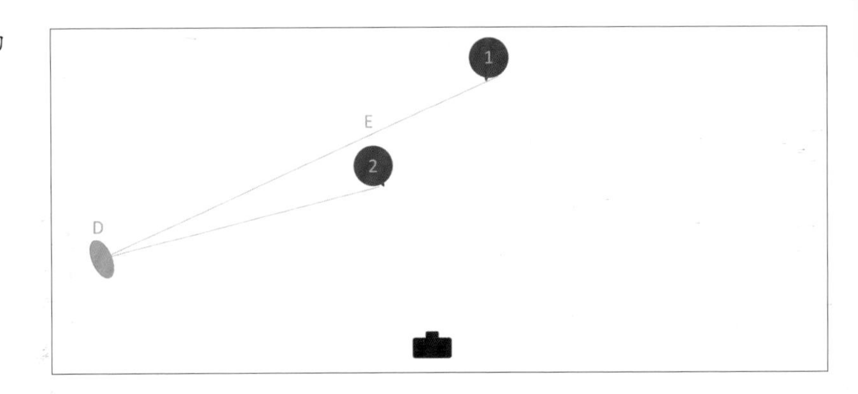

范例 7.7：松散小组的其他侧光变型。

范例 7.8：位置在D处的侧光。

而使遮光罩与主光源一起迁移到位置 A、B 和 C 上，并位于模特和相机之间。

请在模特的左侧使用侧光，以得到其他的布光变型。

通过位置 D 上的光源，可以让模特 1 的另半张脸得到侧光，使新阴影侧的眼睛也被照亮了。模特 2 所得到的光在面部长侧，因为他现在的位置比模特 1 更接近光源，但这会让情况变得很糟糕，如偏向相机的一侧会变得格外明亮和平淡，另一侧的眼睛则完全处于黑暗中，但耳朵上有光照。

有趣的还有位置 E，这个位置直接位于模特 2 的头部后方。从这个位置发射出来的光线使模特 1 看起来仍然处于侧光中，而模特 2 则像是在逆光中。可惜的是，位于模特 2 身后的这个位置太小，不足以让主光源和反射遮光罩一起隐藏在模特身后。

通常在模特 1 和模特 2 所示的位置上，仅针对侧光的变型可能就有两种方法。当然，你也可以以伦勃朗式用光和正面高光来练习这些变型，并找出更多有效的解决方式。此外，如果将模特的视线包含进来就能找到光源的位置，在这个位置上，两位模特可以分别得到其中一种期望的光线类型。因此在练习时，借助好的经验，在脑海中将相应的光源位置演练一遍，可以使你在那些复杂组的拍摄中，也能找到与期望情境相适合的布光方式。

操作提示

始终将一位模特作为主角，尝试不同距离处的光源在这位模特身上可能会用到的光线类型。

首先，你需要对面部短侧的主光进行调整，改变主光源与模特之间的距离，并观察小组中其他模特所获得的光线情况。通常要求在大多数模特都能得到主光光线或者逆光光线的位置时在进行拍摄。

一般情况下，面部长侧还有光线的模特不会被其他元素干扰。如果可能，你还可以将相关人员的位置进行调整，直到所有人身上的光线都符合你的设想。

链　接

在梵高的作品《吃马铃薯的人》中，仅通过桌子上放的一盏灯，就使这些人物都进入到了逆光、正面高光以及伦勃朗式用光和侧光中。你可以直接通过 Google 搜索，也可以扫描正文旁边的二维码进行查看。

7.3 潜在照明

为了给被摄主体提供布光，巴洛克风格或者说伦勃朗风格的画家们使用了蜡烛，而且这些蜡烛经常被展示在场景和画面之中。有时候人物被巧妙地安排在了蜡烛前面，使他们看起来就像处于逆光中，同时他们还能将蜡烛挡住。有时候，蜡烛会直接出现在画面中，使其发出的光看起来就像从某个地方照射过来的神奇光线，但在画面中并不存在实际光源。蜡烛出现的位置往往是在说圣人、玛利亚或者耶稣本身，此刻它是被作为场景中“光的源头”而存在的。

链　接

你可以直接在 Google 中搜索“伦勃朗”，或者扫描正文旁边的二维码，以此找到关于“潜在布光”的其他范例。

即使是今天，人们还会在摄影中用到这种布光技术。

范例 7.9：在位置 E 上的潜在光源是通过位置 D 和位置 F 上的两盏灯模拟出来的，它们形成了模特 1 的侧光和模特 2 的逆光。

范例 7.9 是对这种巴洛克风格布光技术的现代化应用。模特 1 处在了侧光中，模特 2 则得到了逆光。而且主光光源看起来很像直接位于模特 2 的身后，在位置 E 上（范例 7.10 表现的就是这种类型）。在那里，模特的脑后就像是遮挡蜡烛的位置，但对于一个大的摄影棚灯头而言，这个位置显然是不够的。也正是因为这些原因，你可以使用两个光源提供布光来解决这个问题。

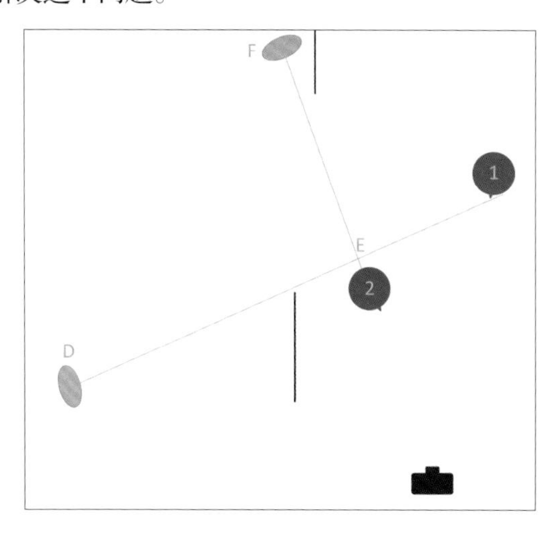

范例 7.10

对模特 1 而言，不仅在位置 E 出现了侧光，只要光源位置 D 位于模特所属的直线上，无论它与模特之间的距离有多大，这个位置上都会出现侧光。

对于模特 2 而言，如果从相机中能够直接看到位于模特身后的位置 E，无论它与模特之间的距离有多大，无论这个位置是否在位置 E 上，出现的始终是逆光。在位置 F 上，模特 2 得到的同样是逆光，只是头部完全挡住了距离相机远得多的闪光灯灯头。

使用位置 D 和 F 上的两个光源可以代替位置 E 上的光源。光源 D 和 F 的光线在位置 E 上发生了相交，这个共同的交点就如同一个潜在光源。

请将一个昏暗的物体挡住为模特 2 提供逆光光线的光源 F，并挡住为模特 1 提供侧光光线的光源 D，然后仔细观察这些灯是否还处于正确的位置上。通过潜在的光源固定点，你应该可以“看透”小组中每位单独的模特，并且可以直接看到“后方”的替代光源，因此也可以说所有的光源位置都是正确的。

但此时替代光源D没有在模特1身上产生期望的侧光，而在模特2左侧产生了侧光，因此模拟光源E也不会产生侧光。这样在模特2和光源D之间，应该放置一个作为遮光物的黑色纸板，并将其卡在三脚架上。

在没有自身遮光物的情况下，光源F的光线将会照射到模特1的左侧。而且此时针对拍摄的模特，使用了一顶有黑色四叶板的反光罩，这个四叶板可以将锥形光线只照射到模特2身上。

链　接

伦勃朗式用光是通过非常明显的比喻手法完成的，这是为了将复杂的故事压缩到一幅作品中。它的出现为几代画家、摄影师和电影创作人，提供了开创性的布光技术。

请将这一段中的范例与伦勃朗·梵·莱茵的油画《指控基督的彼得》进行对比。这幅油画是上述范例的灵感来源。

经过研究你会发现，对画面中针对大胡子（模特1）的侧光而言，固定住的蜡烛位置过低，而为了形成如图所示的逆光（针对模特2），它距离“相机”方向太远。这个光源的潜在固定点是通过伸直的手指标注出来的。也就是说，应该在这个位置上，如果继续向后则是照亮两位模特的真正光源所在的位置。在这个场景中，彼得通过语言对耶稣提出了指控，潜在光线恰好照射在这个位置上，使我们可以猜想这些语言。此外，它们还填补了两个人物之间的空白，被照亮的人物的耳朵刚好指向了这个位置。伦勃朗让这些在空间中回荡的语言显得清晰可见。

想象一下自己置身于昏暗的摄影棚或画室内，照亮你的只有一支蜡烛。它的光通常只能照亮附近人们的细节。在前景中，拿着蜡烛的手指也陷入了深深的阴影中。伦勃朗经常使用这种借助小角度光源的布光技术，因此他在画架旁边和下方放置了另外两个光源，以便照亮前景中昏暗的人物。此时，你可以从脚手架中辨认出这个影子，而士兵的手指仿佛在“触摸着”这个反射的影子，就像是模特2的手指在触摸着潜在的光。根据光源的位置和反射影子的大小，人们可以猜想这是壁炉炉火发出的光。这种布光方式非常适合用在冬日的摄影中。

最后的晚餐

为了对达芬奇的作品《最后的晚餐》给予新的诠释，我和自己的学生们模拟了一张班级小组的人像照，这幅作品描述的是摄影学习的目标、困难、工作过程和必要的想象力。在布光中使用了潜在布光方法，这是为了对特定内容加以强调。因此，我将用这幅作品作为范例，进一步讲解潜在布光方法。

范例 7.11：用潜在布光方法拍摄的《最后的晚餐》。

潜在光源位于中间门上方的弓形底下。尽管在照片中并没有看到这个光源，但它可以从这里为整个场景布光。在范例 7.12 和 7.13 中，就用照片的形式说明了这一布光结构。

范例 7.12：布光区域中单个光源的光程。

在深度空间中，从相机处看潜在光源（A）就像悬浮在桌子边缘的正前方。下垂的桌布前缘刚好被光包围住。在这一章中，你可以对其他人像题材中关于这种光影理论的普遍化应用进行理解，同样桌角也可以用到正面高光。

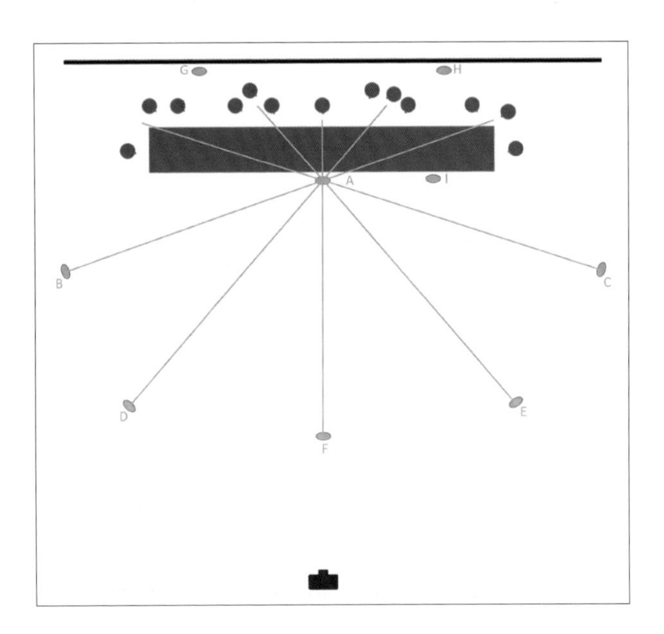

范例 7.13：《最后的晚餐》布光结构俯视图。

虚拟的光源位置（A）为人物 1 提供的是正面高光，在这种光线下他就好像是与耶稣地位平等的人，而他身上的白夹克也强调了这个被照亮的人物的光芒。这是摄影艺术的比喻手法，仿佛坐在桌子旁的所有人都在追随着他。拍摄这幅作品是有不同灰度值的测试图标，这些灰度值并不是这幅作品在向观者展示任何技术，而只是一条可供观众阅读和挖掘这幅作品中故事的路径，因为在拍摄时他使用了符合灰度值的光线，同时它还向我们解释了他们的故事。

这幅作品将他的耳朵放进了光线中，以起到虽然小却非常明显的强调作用。被拟人化的作品的耳朵直接落入了公众的瞳孔中，从画面外来看，公众的眼睛看向了摄影师的摄影棚内，仿佛是从虚拟光源中照射出的正面高光，这就如同虹膜上清晰可辨的高光。事实上，在人物小组后方悬挂着一个手绘的纸质背景，而这只眼睛也是一只用蓝色粉笔画出的，以作为巨大眼睛的替代品。在拍摄这只眼睛时，需要使用正面高光。

所拍摄的人物 2 正凝视着没有发光的灯泡，像在期待着一个灵光一闪的想法，他的眼镜得到的同样是正面高光。

而拍摄的人物 3 则将脸转向了手持不会再亮的白炽灯泡，从而使光线落在面部长侧。虽然这种布光会使面部看起来有点过于平面化，但这正是这幅作品想要得到的效果。看向不亮的白炽灯泡的视线象征着人物对摄影灵感的等待，也说明灵感的出现还需要等待，而使用的光线让他的脸看起来非常直观。

同样，人物 3 象征着摄影师的创作过程，就如摄影师搭建起的整个空中阁楼，有时甚至会突然倒塌。当他将头转向正面高光时，光线在他的脸上产生了戏剧化的阴影，这类似于玛琳·黛德丽常使用的那种几乎垂直射下的正面高光。有些摄影师会在主角出场时，采用典型的主角布光；当想要展示他们的思想时，又可以通过这种银光闪闪的英雄感继续加以强调。此外，当他出场时，人们会想起魔术师那种变幻莫测的神秘感，至少有些摄影师是持这种观点的，他们不喜欢让其他人分享隐藏在心中的摄影艺术。

照片中拍摄的人物 8 是一名女大学生，犹大将定影液倒进她的嘴里。她的形象代表着那个时期向正面和负面发展的整个化学领域。画面中的她因为头部姿势，使得正面高光落在了比较低的位置。

人物 9，犹大本人的戏剧性角色相应地获得了伦勃朗式用光。与正面高光相比，它的作用明显带有邪恶感。但将光线对准他面部的长侧仍是必要的，否则他就无法转向人物 8。此外，特意让模特蓄留了胡子，以使面部看起来更有特色，从而避免过于平面化的面部明亮侧看起来像被昏暗的阴影笼罩住了。

人物 10 则沮丧地盯着桌子，桌子上摆满了暗室中所使用的各种化学物品。画面中的人物手托着沉重的脑袋，这不仅孕含着思想上的内容，也表现出了非常实用的布光技术。模特的头困难地保持着转动姿势，这是为了让头部能获得最好的光线。此外，他的手遮住了耳朵，以避免强烈的光线照射到面部长侧。

而人物 5、6、7 则被定在了“寻找想法”的一侧，他们展示的是摄影师和他们的工作方式。人物 7 是一名性格奔放的艺术家，她身着晚礼服但却光着脚，更令人惊讶的是，她正在解剖一只老鼠。这只老鼠正在接受测试，因为这个测试可以控制灰度值，从而使主题回归到安塞尔·亚当斯引入的区域系统。而这个测试中老鼠的灰色就起了重要的作用，人物 1 将它作为测试图表拿在手里进行了介绍。无论如何，很多艺术家在摄影领域都有他们自己对摄影技术的理解。人物 7 也就是班级里的艺术家，她的解释是这样的，尽管老鼠测试的目的是好的，但这一测试的立足点是完全错误的。

人物 5 试图说明老鼠测试的执行方式应该是完全不同的，正如人物 1 没有真正进行老鼠解剖。这里想表达的也是非自愿性的尸体解剖，是否应该使用有威胁性的、昏暗的侧光。尽管如此，视线的方向正对着模特的长侧，被照亮的耳朵则被隐藏在华丽的卷发后面。

拍摄这幅作品时，人物 6 刚好在忙着为头部找一个合适的位置，这样她身上的光线和面部表情都有一些恍惚。尽管如此，我们还是选择了这幅作品，因为她的这种恍惚不在计划之内，却对画面故事的真实性而言很有意义。这幅作品就通过这种有趣的方式强调了这个艺术家小组的怪异性。

在“技术完美性”的左侧，作为“艺术家”竞争对手的3名“广告摄影师”位于画面中的长桌旁。而拿着笔记本正在收集和记录的人物13将鼻子稍微抬高了一些，以使正面高光能够捕捉到他，但也强调出他目中无人的感觉。

人物12也展现出了一种目中无人的感觉，她让人想起了《日落大道中》的葛洛丽亚·斯旺森。而且将这两者进行比较，也是有一定目的性的。

人物11象征着年轻摄影师，在他还是一名助手的时候，想努力在摄影领域有所发展，因此他不愿意让自己看起来比较小。这束光线可能有些昏暗，但这种效果可通过位置很低且略微转向相机的鼻子来实现。

运用与范例7.9中的照片相同的布光方式，可实现这种光线控制。首先，对主角人物1而言，在他身上已经尝试使用了3种主光类型。在桌边，摄影师为他提供了一束正面高光。在与模特1之间距离的变化中，如果光源位于距离相机非常远的位置，模特13和模特7都可以使面部长侧获得光线。同样，白色桌布也会得到很多光线。因此，这个光源位置可能很快就会出现，但是无法实现。因为在那个位置上，它会对整个画面形成干扰。最后，使用了潜在布光来取代光源，在位置A上使用了5种单独光源，以使它们的光线相交在A点。

光源B至光源E都被立在了三脚架上，它们与桌子之间的距离非常远，但正好避免了对画面形成干扰。在摄影棚内，天花板的高度约5米，将光源F悬挂在现有的顶部轨道系统上。如果没有顶部轨道系统，还可以使用悬臂三脚架。为了形成非常狭长的照射角度，每个光源都设计了网眼非常细密的网格，而且只为单个的三人小组提供布光。

光源F只为人物1提供布光。例如，为了让光源C仅产生人物11至13所需要的正面高光，且不需要将光线投射到桌子右侧的其他人物身上，从而让这些人物看起来既没有阴影也保持扁平，那么狭长的照射角度就非常必要。

此外，背景布光也是必须的，它由两条灯带所提供。由于位于桌子后方，所以被长桌布遮挡住了。前景中的狗是一条黑色长卷毛狗，按照歌德的说法，这就是个小魔鬼，它正在吃食盆中的金钱——在成为一名摄影师的培训中可能需要花费金钱。但这个食盆并没有将小的内置闪光灯遮住，它在食盆上投射的是底光。然而桌子上这些数不胜数的小静物，则与背景中的道具再次刻画了这幅作品上真正的学生和他们的作品特征。

操作提示

如果已经找到了光源的位置，你至少可以使用这些主光类型中的一种，来照亮小组中的大多数成员。你也可以尝试重新安排这些缺少亮光的小组成员，让他们都可以得到相应的布光。

如果最佳光源的位置在画面的正中间，光源本身反而会对画面形成干扰，那么你可以尝试用很多光源搭建一个场景。在这个场景中，所用光源的所有光线都会在这个点发生相交，从而模拟了一种潜在光源，同时真正的光源会被置于画面外部。

操作范例：将光线打到每个人身上

范例 7.14：奥利弗·劳施

这张双人照是为来自科隆的小艺术家豪尔格·艾德迈尔的戏剧所拍摄的宣传照。拍摄这幅作品的要求有两个，一是要塑造出白色背景中白色的“演出服”，因为这是一个发生在“疯人院”的故事。二是画面中不应该出现任何阴影，其所表现出的效果要尽可能地柔和。这幅作品只是多个人物布光中最简单的范例，而且两位模特的视角几乎一致。只不过，这位女士将她的头部稍微向下转动了点。也因此两个人得到的都是伦勃朗式用光，光线则是从右侧非常大的软布(约15平方米)上形成的，而软布与模特之间的距离约 4 米，从而使两位模特尽可能地获得同样明亮的光照效果。这束光线是环形闪光灯照射出的，因为它可以为白色服装的外边缘提供些许昏暗的轮廓感，最终将它们从白色背景中分离出来，同时也使两位模特之间被分离开了。布光效果虽然非常强烈，但通过恰当的阴影还是可以辨认出主光的。侧面逆光则为模特添加了一些魅力。为了防止发光侧的服装与白色背景相融合，只在模特的阴影侧使用了逆光。而在交叉重叠的位置上，背景用两盏灯进行均匀的布光。

在皮特·施沃贝尔拍摄的范例中，两位模特转向了距离对方非常远的位置，他们身上的布光都是通过正面高光来实现的。导演让男模特转动身体并保持在一个独特的姿势上，以便他的鼻子能够对准光源的方向。在20年代至50年代的电影中，你能够找到这种偏转姿势，因为电影中多个人物必须同时得到光线，而这些人物的视线方向多数情况下是不同的。也因此那个年代的电影巨星们，都是这样来感受电影聚光区的布光的，如果他们需要在这样的布光中活动，他们会将面部调整到最佳位置。但有时，这只能通过一些杂技技术类实现，并且因此出现了一些迷人且优雅的经典姿势。

WIR helfen nicht nur Karneval!

范例 7.15：皮特·施沃贝尔

范例 7.16：杰妮芙－克里斯汀·沃尔夫——大地父亲和母亲。

很明显，最容易的拍摄方式是多位模特保持躺着的姿势。如果像杰妮芙－克里斯汀·沃尔夫那样，使用小角度的光源，模特们则少了一些活动空间。因为与大角度光源相比，小角度光源的阴影边缘比较锐利。在这幅出色的作品中，女模特得到的是正面高光，以使她的耳朵正好湮没在阴影中，而男模特得到的是侧光。通过这种布光方式，既强调出了母亲的喜悦，也强调出了父亲的紧张，这种紧张来自新生命的诞生。实际上，在拍摄这幅作品几秒钟后，女模特的胎膜囊就破裂了，一个健康的婴儿来到了这个世界。

范例 7.17：皮特 · 施沃贝尔

皮特·施沃贝尔使用的同样是小角度光源，但它位于女模特的头部附近。在一定范围内，这个光源看起来是角度很大的，借助一些立体感，女模特鼻子的阴影边缘被描绘出来了。这种柔和的立体感强调的是面部，并且它可以让面部从画面中延伸出来。然而男模特看起来明显暗得多，这是因为他距离光源的位置要比女模特远。因此从他的角度来看，光源的角度明显减小，而他鼻子部分的阴影也明显减弱了。这样男模特看起来就少了一些立体感，仿佛是画面背景中的一个幽暗的精灵。从对两个人只有一个光源的不同布光情况来看，这幅作品是一个很好的范例。不同的角度大小、变化着的明暗对比度和面部对光源的方向共同形成了一个非常情绪化的布光，这种布光强调的是两位模特之间非比寻常的关系。

范例 7.18：安德里亚·略珀

静物展现的是小组人像照的一种特殊类型，每个物体都有它自己的“面部”，因此这个小组人像照的布光任务，就成了为静物布光。拍摄时，请先用真人进行试拍，这对之后理解第 10 章的内容有极大的帮助。

在安德里亚？略珀尔的静物作品中，可以将容器朝上的开口和厨房中的孔洞看作是圆而扁的面部，而且它们都在垂直向上看，从而得到相应的正面高光，就如新娘和新郎的上侧面。但是请将这些物品看作是笔直立着的视线并对准相机的面部，这样它们全部都可以得到逆光。

在梅尔勒？海特斯海姆的静物作品中，与安德里亚的作品类似，均可以唤起人们对曾经繁荣的文艺复兴时期的静物作品的回忆，这些瓶子就像是站在相机前方的战士，它们得到的是侧光。此外，平的桌板和朝向天花板的脸，得到的都是侧光。如果你重新将“瓶颈”看成是人物仰着的颈项，那么热水瓶得到的就是伦勃朗式用光。

范例 7.19：梅尔勒·海特斯海姆

8.
主光类型与自然光的结合

本章讲述的是 3 种主光类型和自然光下的逆光，这种光同样适用于摄影棚拍摄。然而对阴影变化起决定性作用的是方向，即为模特提供照明的光线所射出的方向。只有在无法自由移动光源时，你才必须根据太阳的光线条件来安排模特的位置。

光源的大小取决于天气情况。在直接光照条件下，你可以使用小角度光源进行处理，若在万里无云的晴空下，形成的阴影可能很难被照亮。云朵或者浓雾可以看作增亮器，它们“从太阳中出来”被拉到了模特周围。如果太阳藏在大片的雷雨云后面，这片云就会变成真正的光源。在大多数情况下，它的照射角度明显比较大，而且在模特身上，这个光源产生的环绕阴影远比直接照射的太阳少了一些锐利。无需选择不同反光罩的尺寸，你可以直接等待天气适当或者根据现有的光线，对画面进行调整。

在直射光照条件下，你可以使用反光罩或者扩散器来帮助模特增加更多的立体感，也可以通过亮度调整明暗对比度。对你而言，这是一种新颖的拍摄方式和思考方式，你应该从根本上重新理解这些方式。在这一章中我会提供一些提示来帮助你从摄影棚跳出来，进入到自由的自然场景中。

8.1 直射阳光下的主光类型

如果模特站在清晨或者傍晚，那时太阳位置较低，通过模特位置的调整来使用侧光。上午和下午，借助较高的太阳位置可以使用伦勃朗式用光，中午可以使用正面高光。同时，这还取决于不同的季节和地理位置。在南部国家，夏季的太阳位置非常高，在拍摄时作为正面高光几乎与地面垂直，其在模特面部所形成的鼻子阴影也会跑到唇部上方。然而在北部地区，太阳的位置在大多数情况下不算高。这也是为了能够在正前方照亮模特，意大利画家喜欢使用正面高光，而荷兰画家更倾向于伦勃朗式用光的原因。

在傍晚时分，将模特安排在位置较低的阳光下，就会使阳光落到模特的其中一只耳朵上。随后将模特的头略微转向太阳的方向，直到阴影侧的眼睛刚好获得光线。如果模特可以将头稍微倾斜，还能将光斑直接引至阴影侧的眼睛上。

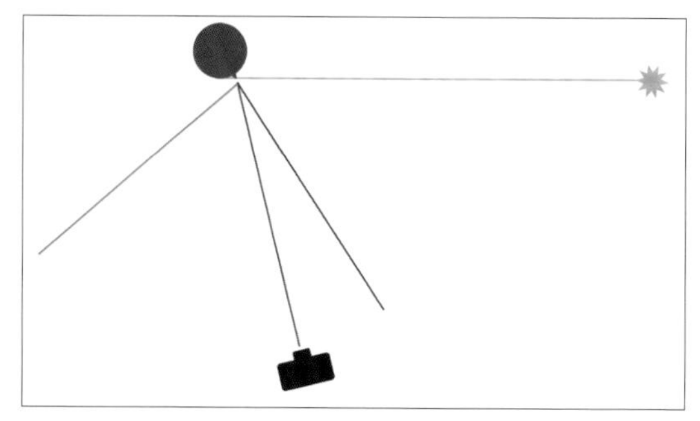

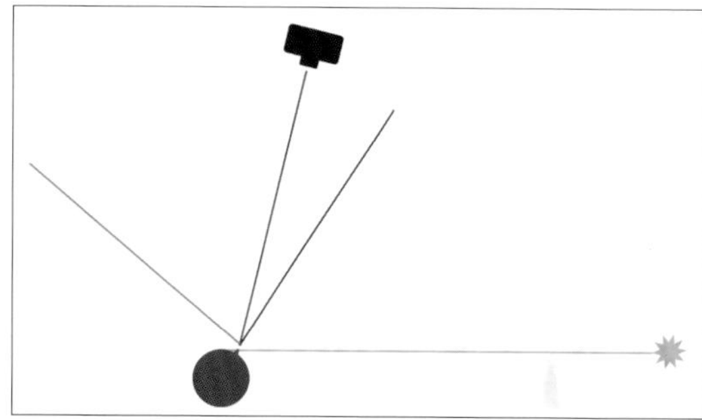

范例 8.1：在位置较低的阳光下，调整侧光中的模特。

紧接着你可以拿着相机在模特周围自由走动，以寻找一个合适的背景。注意，选定的相机位置必须能够保证模特的短侧获得太阳照射，并使长侧成为面部的阴影侧。当相机移动到模特鼻线上方的位置时（在范例 8.1 中用蓝色表示），则会更换模特的长短侧，太阳也因此会位于模特身后，当然你可以就此拍摄一张轮廓照（在范例 8.1 中用绿色固定点标注）。现在，你就能够得到相机固定点的活动范围，这个范围大约有 90°。

尽管太阳照射模特的光线方向是既定的，但还是可以通过模特的技巧性定位选择约为 220°的拍摄角度，并能随心所遇地设计背景。

如果在这些视线方向上没有找到任何合适的背景，你也可以让模特转动约 180°，从而使阳光看起来仿佛落在了另一半脸上。至此，相机固定点再次获得了约 90° 的活动空间。相应地，这也适用于其他两种主光类型。尽管太阳的位置是固定的，但是相机始终拥有在固定点围绕模特活动约 180° 的空间。

此外，你还可以将阳光用作逆光。无论是太阳直接位于模特的后方还是换到了侧面，都可以在上午或者下午的时候使用逆光。如果太阳的位置比较高，你还可以使用头发光，以获得光照方向上的自由度。如果仅存在身后的阳光，那么最好先不要按动快门。

对吸引人眼球的人像照而言，直射的太阳一般都太小，所拍出的照片立体感也很弱，并且对皮肤纹理的渲染程度过大。

通常不要在人像照中使用直射阳光，因为其多数情况下会形成边缘锐利的阴影和高对比度，从而使画面中的模特看起来很糟糕。因此在直接光照条件下，建议你使用扩散器，最终将太阳作为光源的角度得到人为扩大。

8.2 直射阳光下使用扩散器

为了增加直射太阳的角度，可以在太阳和模特之间直接放置一个较大的扩散器，它可以看作是模特的大角度光源。这样可以增加立体感，而相应减小对结构的渲染。现在，布光与反光罩或者柔光箱相对应。根据太阳的位置，你至少可以实现其中一种主光类型。

扩散器可以是一张棉布法兰绒或者是任何一种其他白色材料，仿羊皮纸或者不透明的塑料薄膜同样可以使用。就我个人而言，倾向于使用大的变型方式。通常在距离模特较远的位置使用扩散器，可以得到小角度光源；在距模特较近的位置使用，则可以得到大角度光源。在旅行中，大反光罩虽然不便于携带，但是撑开之后，它像个篷子，光线可以在里面自由移动。小反光罩比较轻便，但是它无法作为真正的大角度光源来布光。扩散器可以提供真正的光源，但太阳无法从后方为反光板布光。因此为了拍出一张好照片，需要自己衡量，是为了方便带小的反光罩，还是为了拍出好照片携带大的反光罩。

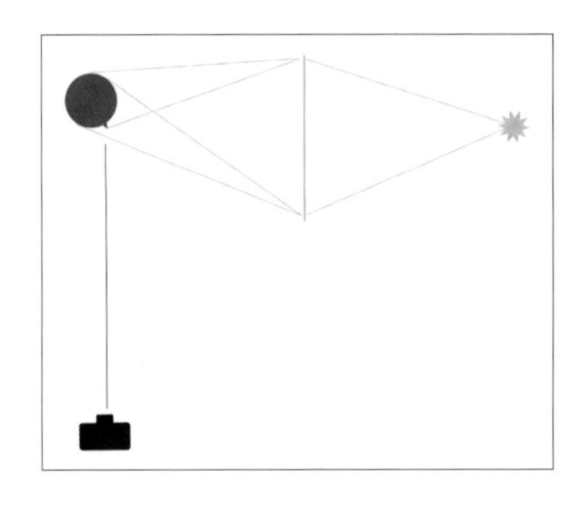

范例 8.2：可以根据个人喜好，通过扩散器、棉布法兰绒毛巾或者仿羊皮纸增大太阳的照射角度。

由于扩散器可以吸收一部分阳光，因此拍摄时需提高曝光度，以使模特重新位于正确的布光中。借助曝光效果，撒满阳光的背景明显比不使用扩散器的背景明亮，而且这会让背景看起来像是在闪烁着光芒。

如果你将扩散器看作是摄影棚内的一个光源，那么上文章节中所阐述的内容也同样适用于阳光。你可以通过亮度调整继续降低面部的明暗对比度，也可以通过由扩散器中延伸出来的光线。这些光线是通过白色毛巾、聚苯乙烯泡沫板、五合一反光罩，或者通过加长其他折叠式反光罩而获得的。当然，你还可以通过布光轴旁边的小闪光灯实现所需的亮度。

需要注意的是，周围被太阳照耀到的房屋或者其他同样会反射出光线的大物体，它们所起的作用很可能会是光源，从而为模特提供或多或少的具有立体感的布光。有时候，你也可以用黑色的折叠式反光罩、黑色纸板或者棉布法兰绒毛巾来阻挡那些干扰模特的光线。

范例 8.3：五合一反光罩。

在使用扩散器时，太阳的位置会对可能的主光类型有所要求，因为尽管扩散器会增大太阳的角度，但是不会改变光线的方向。

8.3 直射阳光下使用反光罩

如果你没有将高处的太阳作为直接位于模特身后或者模特侧面或者上部区域的逆光，那么在画面中就不会看到太阳。通过这种方式，模特只能得到太阳为其布光的边缘光。为了将阳光反射到模特身上，还可以额外使用一个反光罩。此时这个反光罩的应用就像是摄影棚中真正的主光源，可以作为正面高光、伦勃朗式用光或者侧光来使用。

在范例 8.4 中，太阳被用作逆光，大的反光罩漫射阳光后作为正面高光反射到模特身上。拍摄时，你要通过助手或者三脚架将反光罩固定住，或者将其悬挂在树枝上。

反光罩可以将其接收到的光线 100% 反射出去，因此与直接的太阳逆光相比，反光罩为模特带来的光照强度较低。在反射光正确的

在使用反光罩时，可以将阳光作为逆光。然后再根据实际位置，将反光罩用作具有立体感的正面高光、伦勃朗式用光或者侧光。

立体感和画面结构的渲染需要根据使用的反光罩角度进行调整。

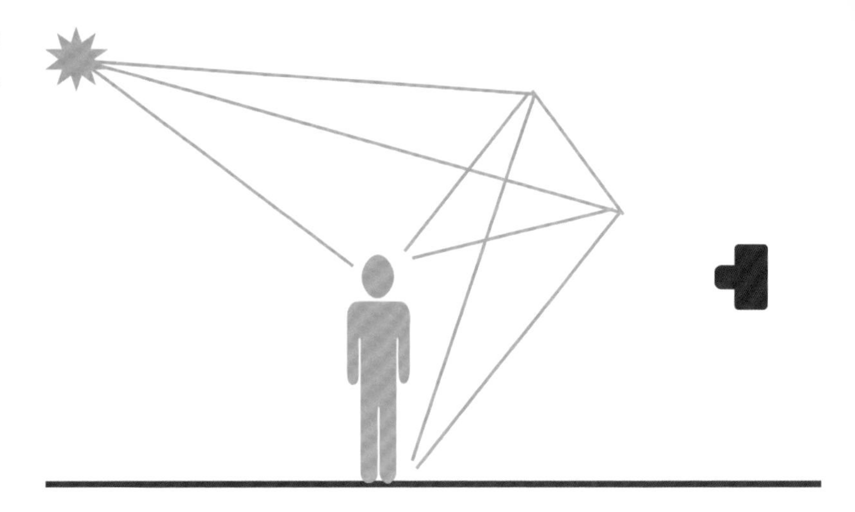

范例 8.4：作为逆光的阳光与来自反光罩中主光结合在一起。

曝光条件下成为照射模特的主光源，直接由太阳照射产生的边缘光线则非常强烈。出于相同的原因，由阳光直接照射的模特明显比由反光罩照射的模特要明亮。

你也可以直接改变五合一反光罩的反射特性，如白色材料会形成较弱的反射，银色材料会使模特获得与太阳直接照射时的背景相同的亮度。如果使用的是聚苯乙烯泡沫板，并且用有褶皱的铝薄膜将其包裹住，那么你会发现明显提高了光的利用率，但获得的是漫反射光。此外，使用金色薄膜时可以改变色温，然后根据相机的白平衡调整，使模特获得比较暖调的画面效果，或者可以使其背景获得比较冷调的画面效果。

在这种布光技术的应用中，需要注意周围环境中比较大的亮色物体，它们可能会是画面中的其他光源，而且可能会产生不应有的亮度，从而影响布光。有时候，为了照亮阴影或者将模特置于“光钳”中，一片被太阳照射的大云朵就足够了。

8.4 直射阳光下使用遮光物

查看周围场景，最好使用将眼睛略微眯起的方式观察，这样你就可以将四周看得比较模糊。此时你可以找一个亮度比较大的平面，如一座较高的建筑、一堵宣传墙、一把太阳伞、一辆货车或者类似的其他事物，来进行观察。

然后将这些明亮的平面看作摄影棚内的光源，从其自身来看，货车的亮度可能比较低，但是足够大。如果它刚好被太阳照射，那么作为大角度光源，它会被当作具有立体感的侧光。如果根据这个“光源”将其进行相应的调整，那么被照射到的高房屋可以为模特带来正面高光。

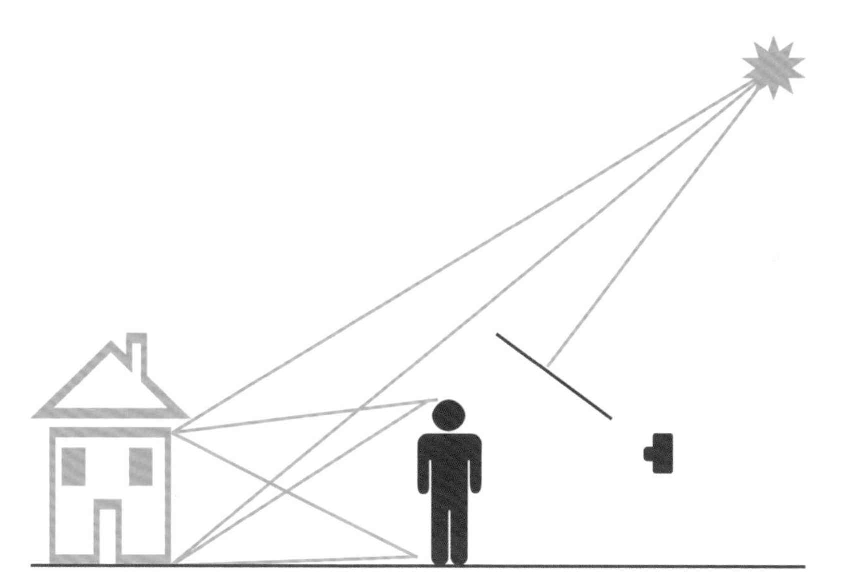

范例 8.5：将被阳光照射的物品作为间接的大角度光源，并用黑色纸板挡住直射的阳光。此时，它与直射的阳光相比，会得到非常有立体感的布光。

如果让阳光直接照射在模特身上，那么可以用一张黑色厚纸板或者黑色能遮挡的折叠反光罩将模特盖住，以使光线只能从明亮的物体上反射到模特身上。如果手中没有任何遮光物，你还可以让模特位于太阳伞或者树木的阴影中，这家撒满阳光的小冰激凌店和它白色的外墙也可以用于“布光”。

请用周围较大的明亮物体为模特提供立体感较强的光线，并用黑色纸板或其他材料挡住光线，或者让模特位于遮阳伞、树木或其他能够提供阴影的物体底下。

8.5利用天空

如果天空中的云层很厚，出现乌云遮天或者浓雾笼罩的天气，那么在自然场景中可以使用角度很大的光源进行处理。在位于模特鼻子两侧的光源中，几乎很难得到有立体感的效果。因为面部两侧的亮度相同，不会再出现任何明暗变化的效果。

现在，摄影师需要减少光源，也就是减小天空作为光源的角度大小。最简单的解决方法是，从变暗的内部空间着手，将现在仍然能够露出天空的窗户作为光源，并仔细观察作为光源的窗户。在布满乌云的天空中，即使与可以看见的天空距离远得多，它产生的光线与相同规格的柔光箱，在与模特之间距离相同时产生的光线也是相同的。从摄影角度来看，窗户边框是真正的光源。按照这个逻辑，你还可以将大门入口或者改建的天井作为天然的“柔光箱”。

范例 8.6

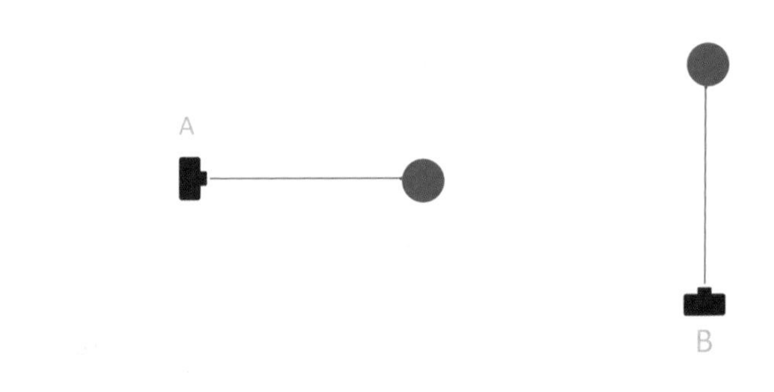

在范例 8.6 中，两名摄影师分别位于狭窄但是很高的街道“峡谷”中，如纽约（昏暗的阳台是房屋的立面）。在这条街上没有渗入任何直射阳光，但是人们依然可以看到天空。摄影师 A 和 B 的视线方向

各不相同，而他们的模特也将其视线分别看向了各自的相机。从光线角度来看，谁能拍摄到更动人的照片呢？

正确答案是摄影师 A。因为天空就像是一排排房屋之间被拉长的柔光箱。对摄影师 A 而言，在地平线上可以看到一条狭长的天空带，这在模特身上表现出来就是逆光。天空从那里穿过街道“峡谷”一直延伸到了直接位于场景上方的位置。此外，天空还产生了一道非常有立体感的正面高光，而相机后方的那片天空，其作用就像是被拉长的照明光线。

对摄影师 B 而言，街道“峡谷”只是开口向左和向右，最终在模特身上形成了钳形光。

在被乌云遮住的天空下，你可以通过窗户、大门入口，甚至整个房屋来挡住一部分天空，从而减小作为光源的角度。

操作范例：整个世界就是一个摄影棚

为了让模特得到具有立体感的正面高光，并且同时将逆光加入画面，迈拉尼·约恩斯很好地利用了她的地理位置特征。在昏暗的森林，模特站在一个林间空地的边缘。这位模特周围最亮的光源就是太阳。模特凝视着树木之间，浸入了适当的逆光中。另一个可作为光源的是林中空地上方的天空，它就像是漂浮在场景上方巨大的柔光箱。同时，模特距离林中空地边缘的位置非常近，以至于光线几乎垂直地照了下来，这是因为从模特开始数的第一排树木看起来相当高，只有天空中落下的近乎垂直的光线才能到达模特身上。如果模特被安排在后面几米远的林间空地上，落下来的光线就会变得比较平淡，这是因为距离模特较远的树木看起来比较矮，视觉上就像是与天空分离了。从这个例子看出，你是可以通过模特位置的改变来获得不同方向的光线。

范例 8.7：迈拉尼·约恩斯

范例 8.8：伍尔夫·弗劳纳伯格

范例 8.9：伍尔夫·弗劳纳伯格

伍尔夫·弗劳纳伯格的人像系列作品展示的是用设想的光影理论——“鼻子理论”在自然光下的不同处理方式。在范例 8.8 和范例 8.9 中，他将模特安排在直射的阳光下，同时没有对光线进行直接的干预。如果让模特站在合适的方向，并选择将相机放在特定的固定点上，这也许就足够了。一般来说，模特会看向你。如果你已经有了预见性的计划，那么会得到预期的光线方向，就像这个场景中的正面高光或者侧光，它们都取决于太阳的高度。直射阳光强调的是画面渲染的壮丽感，但是它不会突出立体感。因此在范例 8.8 中，阴影侧不会被照亮。在相机的右侧有一些树木，街道右侧房屋立面上的阴影发生了变型，所以从那里很难有光折射出来。在范例 8.9 中，通过直接由太阳撒落在房屋立面上的光线，在右侧面很难再照亮模特身上的阴影。通过这种方式，你不再需要助手帮忙固定第一个场景中的遮光物和第二个场景中的增亮器。

在范例8.10中，伍尔夫·弗劳纳伯格在街道“峡谷”中将天空同时用作了正面高光和逆光，这可以从模特面部的鼻子阴影和其他阴影特征，以及肩膀上轻微的边缘光线看出。这个场景刚好与范例8.6相符。而在范例8.11中，伍尔夫·弗劳纳伯格将一棵树当作直射阳光的遮光物，这样通过街道上的反射光就可以照亮模特，最终使模特看起来就像是在底光中。

范例 8.10：伍尔夫·弗劳纳伯格

范例 8.11：伍尔夫·弗劳纳伯格

范例 8.12：伍尔夫·弗劳纳伯格

范例 8.13：伍尔夫·弗劳纳伯格

同样地，窗户也可以被作为自然光的光源来使用。由于正常窗户的高度，大多数情况下得到的是侧光，如范例 8.12 所示。通过窗户射入的光线来自于街道另一侧撒满阳光的房屋立面。从窗户出来延伸至摄影师身后的墙壁，展示了符合延长光线原理的完美布光。相同的原理，在范例 8.13 中，这名年轻人获得的光线也是由窗户提供的。而且通过窗户，摄入的光线不是直射阳光，而是从房屋立面反射而来的光线。在这两种情况下，窗户在距离模特约 1 米的位置，可以通过背景亮度的明显减弱加以分辨。

在这两张关于老太太的照片中，安德烈·克雷尔使用的是近乎垂直的正面高光。通过圆形天花板的开口，天空中的光线照射在了模特身上。这样的窗户减小了天空的视野，使她们看起来就像直接坐在户外。在范例8.14中可以辨别出鼻子下方相对锐利的阴影变化。除了窗户之外，桌子上还反射出了为周围环境提供布光的卤素射灯所发出的光线。同时，接近蓝色的自然光会使模特的脸看起来有些苍白。在范例8.15中的窗户明显很大，背景中它将光线反射在黑色的墙壁上，从而让主角看起来就像是“在光中飞翔”。从某种意义上讲，

范例8.14：安德烈·克雷尔

范例8.15：安德烈·克雷尔

安德烈·克雷尔考虑到了画面构图，它让我们读出了照片中的寓意。如果这位女士不是在快餐店，那么另一位女士是在博物馆，还是万神庙呢？

9. 光影理论中的闪光系统

原则上讲，所有的光线类型和照明技术都可以通过任何一种光源实现，也可以通过闪光系统实现。与持续光源相比，闪光系统伴随着一些特别的问题，这些问题会在这一章中得到解决。

安装在相机上的闪光灯通常照亮的只是模特的前方，模特后方则会出现阴影，但从镜头中无法看到这个阴影。无论你是为了让闪光灯的光线从其他角度照射到模特身上，还是通过触发相机上的闪光灯，或者用强光照亮墙壁和天花板，再使光线通过“边界”起作用，均可以形成合适的阴影。

“触发闪光”意味着，没有将闪光系统直接用在相机上，而是在空间中将其进行了自由触发。根据不同的制造商，可以通过相机中安装的闪光工具进行相应地操作，从而使它向触发闪光工具发送“闪光信号”或者带有小的可以被推到相机闪光灯热靴上的红外线控制元件，但这个前提是闪光灯热靴和相机不是一体化的。这种闪光工具或者控制元件的功能就如同你的远程控制工具。闪光的所有功能就如同闪光工具一样，永远不会被直接连接到相机上。从创造性角度来看，现在你手中拥有了一个光源，通过这个光源，你可以按照习惯使用想要的光线类型进行布光。

然而遗憾的是，闪光系统本身就是一个非常小的光源，它在模特的明亮侧和阴影侧之间会产生急促的过渡。这种光线不太适合用于产生立体感，但你可以就此得到非常好的结构再现和非常强烈的高光，只是在这种高光下可能会使画面明亮面的细节丢失。

如果有足够尺寸且距离闪光前方有一定距离的棉布法兰绒或者其他扩散材料，那么可以得到大面积的光照，从而使你能够根据喜好改变光源角度的大小。如果你为了照亮周围的物体、墙壁或者天花板，那么将闪光光线对准它们，也可以获得一些立体感。当然，你还可以使用从那里（往往是漫反射光）折射出的光线，从而使模特获得有立体感觉的照明。至此，闪光工具所发出的光线被用作了“间接光线”。

但是，因为在拍摄的瞬间，闪光灯首先会发出闪光，因此在拍照之前限制触发或限制间接闪光灯的作用，往往比较困难，尤其此刻是处于“盲飞”状态中。这时你需要借助一点空间想象力，来解决这个问题。

9.1 一步步熟悉闪光灯

为了学会使用带有闪光系统工具的主光类型所涉及的所有细节，建议你在实践中理解本章所阐述的每个练习。这些练习是从使用触发式闪光开始的，它们会一步步地引导你，直至学习到闪光技术。在这些闪光技术中，相机上的闪光灯会被间接地应用到墙壁或者天花板中。

如果你不会使用触发式闪光灯，那么为了进行必要的联系，你可以用手电筒或台灯进行替换。就练习的效果而言，在没有触发式闪光灯的情况下，用手电筒其效果是一样的，它可以让你学习到所有你需要的东西，之后就可以在你的相机上间接使用闪光灯。

9.1.1 练习1——直接闪光系统

前三部分的练习可以让你理解闪光系统的光线是怎样照射到模特身上的。尽管闪光系统在拍摄时才会发光，而且它只在很短的时刻才能产生眼睛看不到的阴影，但是通过这种闪光方式却可以得到那些阴影。在这里，你可以学习到“盲飞中的闪光”，并将之作为间接闪光的前提条件。

被用作侧光的直接闪光系统

让模特位于相机前方，为了方便，请将相机架在三脚架上，让模特看向正前方的相机。你应该位于模特的侧面，并且设想一下你的其中一只眼睛是手电筒并且会发光，然后闭上另一只眼睛（或者用手挡住另一只眼睛）。所有你现在可以看到的东西都将会被你的“眼睛手电筒”和“背光”包围住。那些你已经避开或者被物体挡住的平面是你无法看到的，它们也会处于阴影中。

现在请尝试借助你的“眼睛手电筒”使用正确的侧光为模特“照明”。为了获得侧光正确的“眼睛位置”，请你在特定的变化形式中，按照已知的侧光步骤进行。

1. 请从侧面观察模特，这样你可以看到模特其中的一只耳朵（在模特的短侧），继续“向外看”或许能看到另一只耳朵。（从这个位置通常看不到模特的第二只耳朵的，这只耳朵处于你的“眼睛手电筒”照射形成的阴影中）

2. 请你稍微前移（即模特鼻子指示的方向），直至你从鼻子上方看到露出的眼睑。如果你的眼睛是“手电筒”，那么就这样照亮它吧。

3. 请你将相机稍向上移动（即模特头顶的方向），直至你可以看到眼睛和下眼睑正好从模特的鼻子后方露出来。

范例 9.1：从光源的固定点应该能看到模特，这个固定点是为准确的侧光布置而设定的。在鼻子后方可以看到避开的眼睛、上眼睑和下眼睑。这张照片要注意的是固定点，而不是照片的布光。

现在，你应该已经到达了如范例 9.1 所示的固定点。请调整你的眼睛方向，让你的眼睛在模特的鼻子上恰好能看到上下眼睑。然后请将触发式闪光灯固定于你的面前，并将其对准模特，最后请助手按下相机快门。如果你不会用触发的方式使用闪光灯，那么将真正的手电筒或台灯放在你的面前。现在，先将它打开，然后从固定点上照亮模特，以审视你的“作品”。这个照明效果可能与范例 2.3 中的效果有一些相似。如果完成了这些步骤，请相机前的模特稍作移动，以便你用侧光练习不同的姿势和视线方向。

因为反光罩很小，所以使用触发式闪光灯不会出现任何具有立体感的光线，而画面效果也绝对不会令模特满意。至此，你已经能够用侧光为模特布光，并且同时不用为了确定准确的位置而打开你手中的手电筒，你的侧光已经可以“盲飞”了，这对使用闪光系统的照片而言是一个重要的开始。

被用作正面高光的直接闪光系统

与侧光相比，正面高光的“盲飞”更难实现。在这个练习中，如果你已经掌握了侧光的使用，那么你还应该尽可能地尝试正面高光的“盲飞”。针对这个练习，模特坐在位于三脚架上相机正前方的椅子上。如果你们两个都站着，这个练习就无法完成。此时请你再次闭上其中一只眼睛，然后设想，你睁开的那只眼睛就像手电筒，可以照亮一切，你看到的所有事物都会被照亮，而你视线所避开的或者被遮挡住的所有事物都位于最终画面的阴影中。

针对正前方“光线”，你的位置应该做如下安排。

1. 你需要站在位于模特正前方与眼睛齐平的位置，此时你可以看到两只耳朵相同的部分。

2. 尝试让自己看起来非常高大或者尽量靠近模特，从而形成由上方倾斜“俯视”模特的角度。同时，你要尽可能让自己看起来足够高大，以便看到模特的鼻尖阴影刚好触到其上嘴唇和鼻端之间的中间点。你可以借助眼线笔，将这个点明确地划出来。同样你要注意，从你抬高的眼睛位置是否始终能够很好地看到两只耳朵，并保持自己总是位于模特前方正中间的位置。

范例 9.2：从光源角度看，为了得到正面高光而进行位置改变的模特同时展示出了两只耳朵，并且鼻尖遮住了上嘴唇与鼻尖之间约一半的位置。这张照片需要注意的也是固定点，而不是画面的布光。

现在，你的模特应该像范例 9.2 中所示的那样位于你的面前。

请将触发式闪光灯（或者手电筒）固定在你眼睛的前方，并将它对准模特，然后开始拍照。阴影的变化应该与范例 2.22 所示的变化相一致。

如果最后一项练习中产生的了合适的正面高光，那么为了得到另一张非正前方的人像照，请移动相机前的模特，使其与另一只耳朵相比，模特的这只耳朵更多地避开了相机。

3. 针对相机前模特的这种不对称姿势，你必须从最后拍摄的“照明固定点”稍微向侧面移动动，直至你再也看不到模特那只避开相机的耳朵。

范例 9.3：从为向侧面移动的正面高光而设立的光源所看到的模特。注意这张照片的固定点，而不是照片的布光。

现在，你应该可以看到你面前模特的视图，如范例 9.3 所示。

请在“盲飞”中找到的这个固定点，然后再次用小角度光源对准模特开始拍照。避开相机的耳朵处于阴影中，因此不会对画面形成任何干扰。由此所拍摄照片的一些阴影变化，在模特身上的显示情况应该如范例 2.23 所示。

如果你已经找到了“盲飞”中正面高光（在两种变型中）作为光源的位置，那么你已经踏出了通往用闪光系统进行人像摄影之路非常重要的又一步。

被用作伦勃朗式用光的直接闪光系统

在“盲飞”中，伦勃朗式用光是最困难的一种光线类型，但借助一些练习也是可以学会的。首先让模特重新坐到椅子上，并让模特看向正前方架设在三脚架上的相机。再次闭上其中一只眼睛，尝试一步步地找到下面描述的位置，从而成功找到伦勃朗式用光。

1. 从一侧看向模特，且要求模特的鼻尖刚好与其面部轮廓分离。同时，你站立的位置应该比模特坐着的位置稍高，以使模特鼻子的阴影下移，此时注意观察模特短侧嘴唇的角度。如果你站立的位置是正确的，那么嘴唇就不会被鼻尖遮挡住或者接触到，在鼻尖和嘴唇之间会有一些自由可见的空间。

2. 你向模特的“身后”略走一点，也就是模特脑后的方向，直至模特的鼻尖刚好从你避开那侧的面部轮廓上突显出来。

范例 9.4：从为伦勃朗式用光调整的光源角度所看到的模特。注意这张照片的固定点，而不是画面的布光。

如范例 9.4 所示，此时你应该可以从这一角度看到前方的模特，当然这与固定点也有关系。现在可以开始拍照了，你已经选定了正面高光，注意调整鼻尖从面颊上突出来的距离，其标准是可以看到避开眼睛的上眼睑，和嘴唇与鼻尖之间要保留一点空间。

再次将触发式闪光灯（如手电筒、发光体）固定在你眼前，并将其对准模特，现在开始拍照。这个最终的画面效果应该与范例 2.13 所示的照片相一致。

在使用伦勃朗式用光时，重要的是找到一个固定点。在这个固定点上，模特的鼻尖会从面颊上稍微突出，但你要尽量让它们可以被遮挡住。也就是说，不要让鼻子从面部轮廓的上方突出来。而且在你“眼睛固定点”的位置上，光源也正好没有将模特眼睛下方的“三角光”全部渲染出来。至此，在这个位置上，鼻尖被从面颊上稍微突出来了，而模特眼睛下方的“三角光”看起来也全部位于画面中。

操作提示

如果没有成功完成其中一种光线类型“盲飞”的状态，那么你可以拿一个开启的手电筒（它们有刚好与闪光工具同样大小的光线出口），并让助手将其固定住，固定位置要让你能够看到模特脸上想要的光线类型。接着，让你的眼睛直接位于手电筒后方，并将手电筒放在一侧。现在，你应该可以看到是什么从模特身上得到了真正的让人“看得见”的“灯”。注意，从这个固定点看，面部的哪些部分是被遮住的，哪些部分是可以被看到的。

如果从这三项练习中你已经成功毕业了，说明你克服了使用闪光系统时会遇到的第一个问题。也就是说，现在的你可以精确确定空间中触发式闪光的位置，从而在照片中获得想要的光线类型，你可以在“盲飞”中为模特提供照明。

9.1.2 练习2——在多张人像照中使用有扩散器的触发式闪光系统

在画面中，无遮挡的闪光系统还可以产生立体感。此时模特身上的阴影有着非常锐利的边缘，这会是令人满意的效果。在下一步的学习中，你将了解怎样摆放“盲飞”中用于增加光源角度大小的扩散器的位置。

触发式闪光系统的立体化侧光

请重复段落 9.1.1 中的侧光练习，同时请将扩散器、绒布毛巾或者折叠式扩散器固定在距离闪光系统约 0.5 米的位置。现在你将得到如范例 3.13 所示的效果。

这个侧光明显比没有扩散器时产生的侧光更具立体感。但是，与所有期望相违背的是，闪光系统的位置虽然是正确的，但还是明显靠前，这比只用阴影侧的眼睛得到的光线要多得多。出现这种效果是由于较大的扩散器造成的。

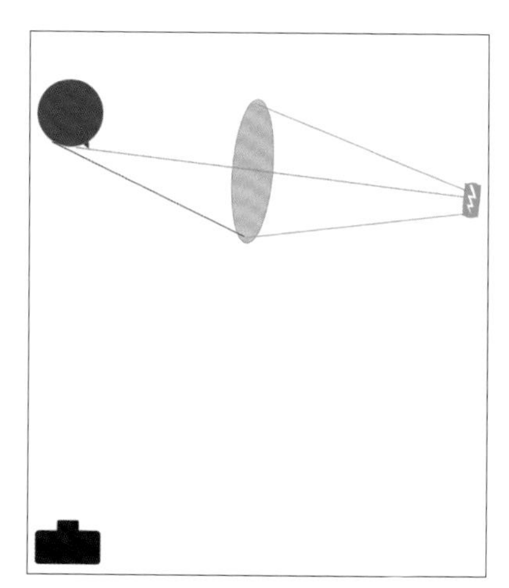

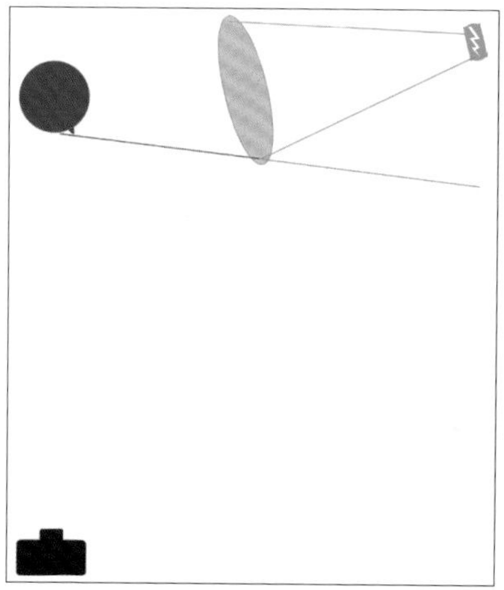

范例 9.5：在使用扩散器时，必须对闪光系统的位置进行轻微调整。

当闪光灯（范例 9.5 的左侧，图中由绿色表示）有了正确的侧光位置，且扩散器放置在了前方一段距离之外（图中由黄色表示）时，整个扩散器都在发光。此外，扩散器被闪光灯照射到的中间区域也以侧光的形式照亮了模特，这与没有扩散器的闪光系统照射的效果相同，在范例中用绿色光线表示。但是，扩散器接近相机的部分（图中左侧由红色表示）也会照亮模特。这道光线可以越过模特的鼻子位置到达模特面部的阴影侧。

将相机中看到的扩散器放置在再远一点的后方位置，如范例 9.5 中右侧所示。放置扩散器时，还应该避开相机的边缘且平放，从而使这条边缘能够位于开始被绿色标出的侧光目标线上。现在，模特才会在立体化的侧光中被照亮，如你从范例 3.6 中看到的效果。也只有这样，你才能在无需提前看到光线影响的前提下建立侧光。

触发式闪光系统的立体化正面高光

原则上讲，侧光规则同样适用于正面高光。现在请重复 9.1.1 中相应的练习，以确定正面高光的闪光系统固定点，并将没有矫正的扩散器直接放置在闪光系统和模特之间，从而使模特可以得到来自较低位置的光线照明。最接近相机的扩散器边缘，可以照亮模特的鼻子底部，在那里形成阴影。避开相机的扩散器边缘则固定在你的“正面高光目标线”上和闪光系统的后方，以使它可以完全照亮扩散器边缘，也使你可以重新获得真正的正面高光。

触发式闪光系统的立体化伦勃朗式用光

按照同样的原理，适用于扩散器和闪光系统的位置调整也适用于伦勃朗式用光。因此你应该提前在侧光和正面高光中尝试使用扩散器。在“盲飞”中，伦勃朗式用光的控制总是比较复杂。在持续使用大角度光源的布光中，这比精确定位更加困难，因为在相互交叉的柔和阴影中人们很难准确地说出模特脸上的“三角光”何时可以被看作是封闭性的，何时可以被看作是开放性的。但要明白，起决定性作用的始终是第一次按下快门时的所有操作。在以往经验中，为了在“盲飞”中设定伦勃朗式用光及其在这个点上用扩散器进行的精确设置，第二次或第三次拍照同样非常重要。而且更重要的是，如果结果与你的期望不符，你要知道是什么导致了这样的结果。

如果在触发式闪光中使用的是大扩散器，那么就进入“盲飞”状态，扩散器的中间位置就不重要了，重要的反而是距离相机最近的扩散器的边缘。

9.1.3 间接闪光系统

在闪光系统的闪光照明中，你已经掌握了两个重要的问题。现在你可以非常精确地确定主光类型，而无需依赖持续光源，你还可以根据喜好通过扩散器改变光源角度的大小。在间接闪光系统的学习上，首先就是使用相机的内置闪光灯来产生有立体感的闪光效果而不需要用扩散器。也就是说，你可以将闪光灯插到相机上，而你的手可以用来自由拍照，不需要固定扩散器。在客观的外在环境中，因为有可以反射光线的墙壁或者天花板，你也就可以将从那里反射出来的光线用于你的拍摄中。在室外摄影时，你也可以使用间接闪光系统。下面，我就尝试为这种闪光系统和布光方式作进一步讲解。

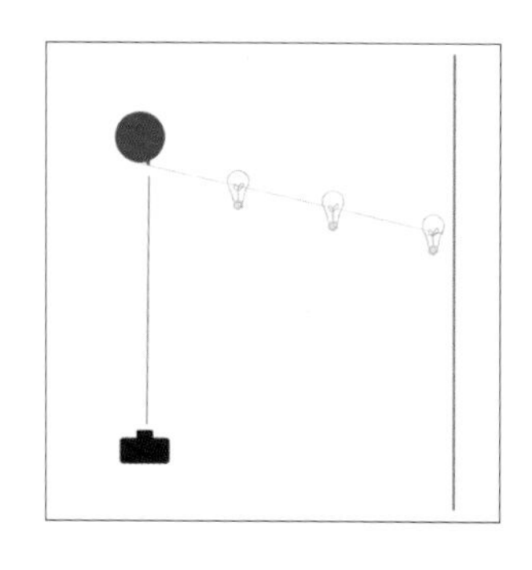

范例 9.6：请沿光源方向，使模特身上产生预期的主光类型，并将其延长至墙壁的位置，因此找出间接闪光的“目标点”。

如你所知，模特面部的阴影变化与期望得到的主光类型是相对应的，这种阴影变化只取决于光线落在模特身上的方向，而不取决于距离。在范例 9.6 中，三个灯的位置提供的都是侧光。你可以从之前的练习中获悉，这与在“盲飞”中找到的这些位置中的任何一个位置相同。如果你打算将光源位置方向上的模特线条伸长至房间的墙壁或天花板上，那么你就找到了使用外接闪光灯的照射位置，从而使模特身上可以得到侧光。而且这个位置上的墙壁或天花板也符合闪光灯的位置，因此从那里反射出来的光线都被漫射到了模特身上，如范例 9.6 中黄色部分所示，即墙壁成为模特的光源。现在，请直接将闪光灯头转动至墙壁（或天花板）上找到正确的位置。

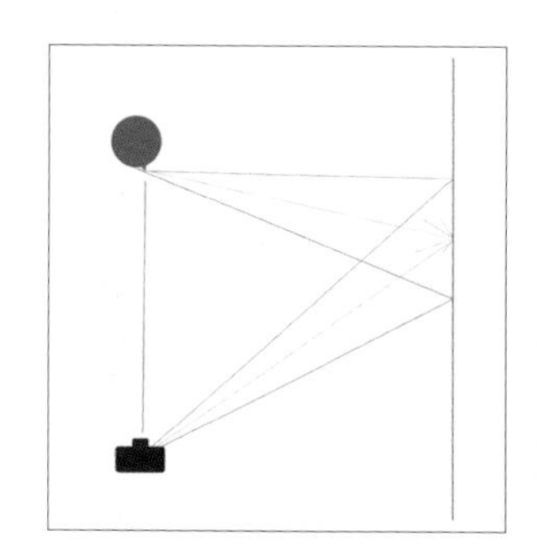

范例 9.7：在间接闪光系统中，“侧光点”的直接瞄准不会形成真正的侧光。

闪光灯传递的不仅是墙壁方向上反射的光线，同时还可以照亮一个明显的宽大角度（范例 9.7 中由蓝色所示）。与完美的侧光相比，中间这条黄色的光线会精确地照射在模特身上，继续入射的前方光线将会越过模特的鼻子到达脸颊，但脸颊本身是处于阴影中的，如这张人像照中所展示的那样。这个问题与带有前置扩散器的触发式闪光灯所遇到的问题是一样的，与你找到的用于优化照明的点相比，墙壁照亮的面积会更大。

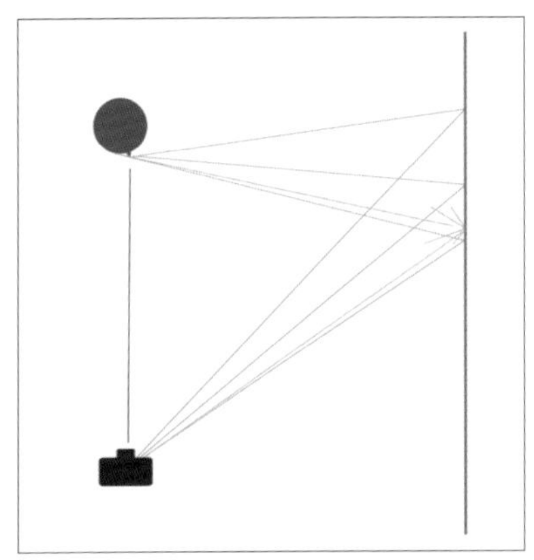

范例 9.8：只有当你照射的侧光点在后面较远的位置时，模特身上才会得到真正的侧光。

在使用间接闪光系统时，请将找到的最佳主光点稍微向后移动，但要保证这时你已经通过“眼睛手电筒技术”找到了这道主光。

因此必须相应地瞄准墙壁（或天花板）上的一个位置，从相机方向来看，这个位置是在模特身后稍远的地方，这比使用扩散器时更困难。因为扩散器是一件式的工具，它的前边缘可用于瞄准。但在间接闪光系统中，如果将墙壁作为扩散器，通过闪光用于照明中，那么发光区域的大小取决于闪光系统，而且只用眼睛无法看到。在双倍“盲飞”中，你首先要在墙壁或天花板上找到能在期望的主光类型中进行瞄准的位置，以方便对应闪光灯未知的照射角度。然后为位置稍微后移的模特提供闪光。在范例 9.8 中，目标点是由黄色光线所表示的，闪光灯的优选光线是由绿色表示的。

同样你需要借助空间想象力和经验，在第一个开始阶段拍摄的所有照片中，只有大约 1/3 对准了闪光灯头，且期望的光线类型也几乎完美地照射到了模特身上。根据所描述的方法，你用闪光系统工具准确地拍摄出了范例 9.8 中的人像照。

你是否已经将光线照射到了墙壁位于后方、前方、上方或下方的位置。在大多数情况下，你可以直接通过相机液晶显示屏上已经拍好的照片来确定。当然，前提条件是你已经学会了第3章中介绍的在摄影棚内使用持续大角度光源的光线类型，并且根据阴影可以辨认出“壁灯”（墙壁上由闪光灯所产生的光斑）指向哪个方向，才能实现目标。

缩放式闪光工具

如果闪光需要向前调整的话，那么大多数现代化的闪光工具都会根据当前使用的镜头焦距变化其反射角。首先将镜头对准画面中一个很小的区域，然后对闪光工具进行缩放，将光线束缚在一个明显的小角度内，让其与新光源的角度一致。

如我们在范例中讲述的那样，将闪光灯头向上转动到墙壁或天花板的方向，在大多数相机与闪光灯的组合中，闪光灯不会根据焦距自动缩放。但可以在闪光工具上对照明角度进行手动调整，将其设置到长焦距上，以产生一个真正的致密光束，并使来自墙壁的反射光只照射到一个比较小的平面上。至此墙壁将变成小的平面灯，它们只可能形成少许的立体感，并在模特身上形成较高的结构再现。现在请将闪光灯调整到最短的焦距上，以产生非常远的光线，从而让墙壁变成用于照明的大平面。这个“大角度光源”会在模特身上产生非常明显的立体感和较少的结构再现。

在广角的调整中更难评定是否真正达到了目标。或者比较积极的表述是，在广角调整中不需要这么规矩的练习，因为小的“错误设置”很难避免。

操作提示

请从闪光灯的长焦设置开始，以练习准确无误地光线延伸。从而在画面中可以更加清晰地看到形成的阴影。

借助对闪光工具的缩放设置，可以控制间接闪光系统中的立体感和结构再现。

反光遮光罩

在间接闪光系统中，最常见的错误是将闪光灯头的角度调整得小于90°，因为这样会使直接光线照射到模特身上。

在范例9.8中，已经借助白色墙壁对侧光进行了设置，闪光灯头向右的调整角度约35°，对着墙向上调整的角度约为10°。从模特方面来看，闪光灯反光罩是清晰可见的。在范例 9.9 中，光线就渲染出了模特看向相机的视线。

范例 9.9：在使用间接闪光系统时，要求模特不能看到闪光灯的反光遮光罩，其实一块黑色纸板就能避免墙壁的间接光线发出过多的光，也能避免其从前面照亮模特。

在使用间接闪光系统时，应该遮住闪光灯反光遮光罩，以使光线仅通过墙壁或天花板这条间接途径来实现照明。

请你使用一块黑色纸板，并将其放置在闪光灯头的周围，并用橡皮圈将它固定。

因此，只有墙壁反射出的间接光线才会对范例 9.8 中所拍摄的画面起作用，此时我已经用绑头发的橡皮筋将黑色纸板固定在了闪光灯的灯头上。这样从模特的角度很难看到闪光灯的反光遮光罩，而闪光灯的直接光线也无法再到达模特身上。但如果没有这个遮光罩，所得到的效果会有点恐怖，如范例 9.9 所示。

间接闪光系统中的限制

间接光线也会因为位于相机上的闪光灯而存在限制。首先，如果被拍模特将鼻子转向了离相机非常远的位置，那对于轮廓人像照和用侧光照明的人像照，主光源应该位于模特后方。如果你将闪光灯放置在模特的身后，那么使用触发式闪光灯就不存在这个问题。但是，这样就无法实现照片的间接闪光。如果为了将模特身后的墙壁用作间接照明而给其打闪光，那么同时也会照亮模特的前方，此时闪光灯上的反光遮光罩也不再起作用。如果模特被遮住，那么模特身后的墙壁也会处于阴影中，这样就不会再有任何直接照射到模特身上的光线。因此，用间接闪光提供逆光，基本上是不可能实现的。

可转动和可旋转的闪光灯头

为了让所有安装在相机上的闪光工具实现所有的主光类型，闪光灯头必须是可转动和可旋转的，甚至使用时会经常要求闪光工具能够提供向后的闪光。

范例 9.10：只能在一个方向上转动的闪光灯头无法实现伦勃朗式用光。（范例中的闪光灯头来自佳能）

如果你拥有一个只能向上调整的闪光灯，如范例 9.10 所示，那么用间接闪光就无法实现侧光和伦勃朗式用光，而且正面高光的调整也会有比较大的问题。

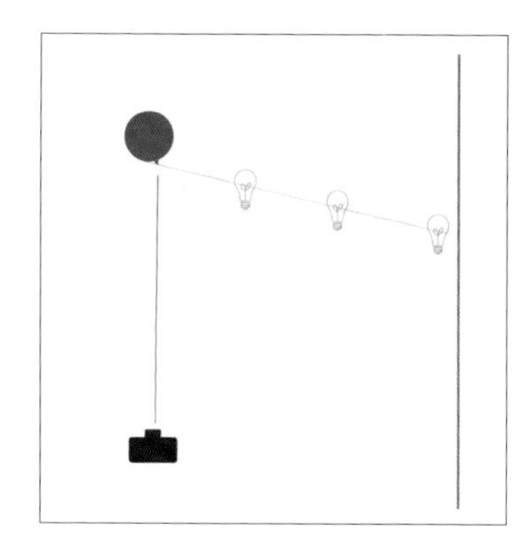

范例 9.11：只有借助头部可以向后转动的闪光工具才可能得到适当的正面高光。

在有正常天花板高度的房间内或者在非正常高度的房间内向上打闪光，多数情况下，从天花板上反射回来的光线会过于垂直。此时，模特的鼻子阴影落在了嘴唇和鼻子的上方，位于昏暗的眼窝中（范例

9.11 中由红色光线表示)。对于正面高光，你则需要保持稍微倾斜朝后的姿势向天花板打闪光，以确保天花板上反射的光线不会过于垂直地落在模特身上(范例 9.11 中由黄色光线表示)。

对于所有带有创新性的直接和间接闪光系统而言，必须要有真正带有可转动和可旋转的灯头，并能缩放照射角度。或者你也可以使用触发式闪光工具。

闪光灯的功率

在间接闪光系统中，闪光灯的光线实际上只有一小部分到达模特身上，大多数光线都被漫射地分布到了房间周围。因此，闪光灯的功率应该足够高，通常用于间接闪光系统中的闪光工具，其电导率至少为 45 西门子 / 米，最好高于 50 西门子 / 米(在 ISO100 时)。

插入式扩散器

如果通过主光类型控制间接闪光，那么我不推荐工业领域中喜欢使用的“酸奶杯”，即插入式扩散器。

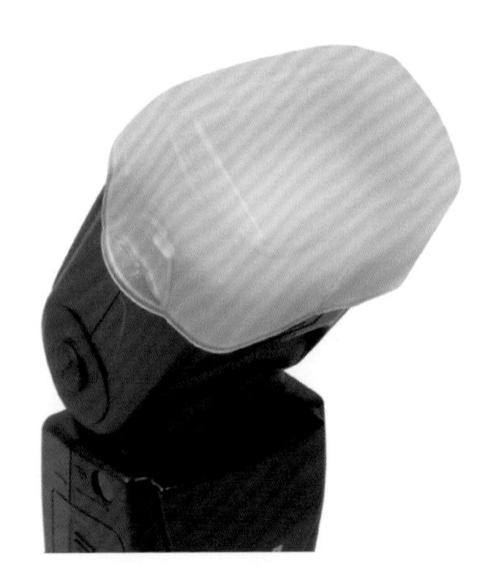

范例 9.12：插入式扩散器。(范例来自 Delamax)

与开放的闪光工具——反光式遮光罩相比，这种暗淡的塑料套筒会将光线漫反射到一个明显比较大的角度内。也就是说，在这种目的下它可以改变闪光工具的照射特性。但这种闪光工具的光线出口并不会被明显增大，这样照射到模特身上的光线也就没有什么立体感。闪光系统的光线经常会被认为是“更柔和”的光线，但这始终无法得到明确的证实。插入式扩散器不会产生立体感、结构再现和高光的效果，因为它几乎不会对光源角度的大小产生影响。在这里，我想通过一些

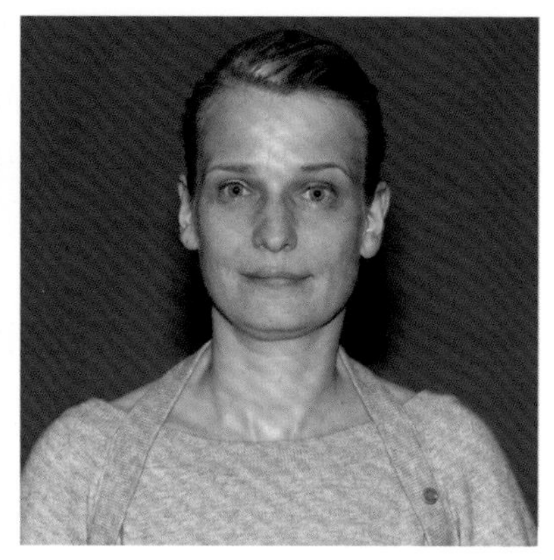

范例 9.13：当正前方的闪光系统在房间中使用了昏暗的墙壁时，有没有插入式扩散器得到的照片效果是一样的。

范例照片来演示插入式扩散器那不可靠的应用。

闪光系统中产生的前方闪光光线几乎不会形成阴影，因此在画面中就不会出现任何立体感，但额头上会出现非常强烈的高光，使用插入式扩散器也没有任何改变，如第二张使用了插入式扩散器的照片所示。插入式扩散器并没有将光源增大，两幅作品几乎都没有阴影，得到的下巴底下和背景中的小阴影也是相同的。只有大角度光源可以形成明暗之间强烈的阴影过度，从而产生立体感。

但是插入式扩散器改变了闪光灯的聚光区，也就是它的照明角度。光线不只被送到了模特所在的方向上，也被分散到了整个房间内，最终损失了闪光功效。当然，这种扩散器更多地适用于室外摄影，因为光线不会再从墙壁反射回来并照射到模特身上，这种插入式扩散器耗费的是光效率。在没有套筒扩散器的情况下，闪光工具为同一幅作品提供的光线明显少得多，这缩短了充电时间，并且可以保护拍摄其他照片所需用到的蓄电池。

你可能幸运地身处一间有明亮墙壁的小房间里，这时墙壁就可以将插入式扩散器漫反射的光线重新折射到模特的方向上。在那里，本来就很小的阴影可以在所有方向上被照亮，从而降低画面的明暗对比度，如范例 9.14 所示。但因为亮度没有发生变化，所以阴影边缘和阴影变化始终还是保持着锐利的轮廓，并且阴影边缘的位置与没有插入式扩散器情况下的位置相同。通过墙壁的漫反射光线，你可以单纯让模特周围的明暗对比度，小于没有使用插入式扩散器，而使用指向

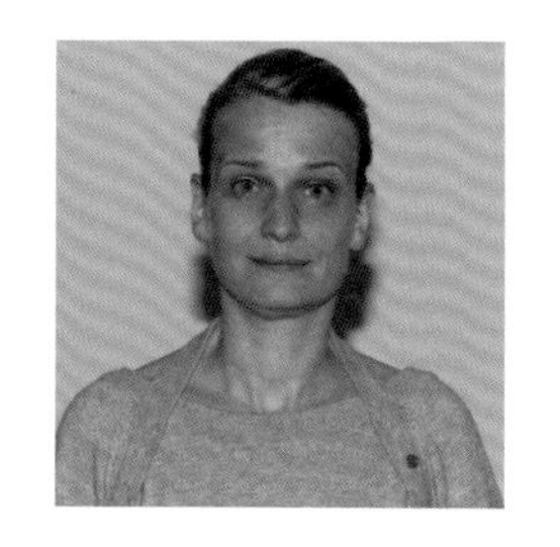

范例 9.14：在有明亮墙壁的小房间里，插入式扩散器的使用产生了非常适中的明暗对比度。

前方的闪光灯的情况。

然而更有效率的方法是没有插入式扩散器的闪光灯会直接指向墙壁或天花板，你可以按照期望为模特和这个大表面的换名照明。但使用插入式扩散器是无法实现指向墙壁的闪光的。因此我不推崇使用插入式扩散器。

套筒扩散器会阻碍到达天花板或墙壁的光线，并阻碍借助内置闪光灯所形成的间接光线的导入。

此时，你必须重新考虑每幅作品，选择可以或者想要使用的墙壁或者天花板。从相机固定点来看，插入式扩散器一次性照亮的是整个房间，这包括所有的墙壁和周围的天花板。此外，它可以帮助闪光灯头进行轻微的转动或倾斜，因为扩散器可以独立于这种调整，在所有方向上发出光线。

一些摄影师坚持认为，使用插入式扩散器可以达到更好的结果。但是，在为这种“塑料头”花费大量金钱之前，请你先直接用一个真正的“酸奶杯”进行试验，来确定得到的光线是否真正符合你的设想。

操作范例：黑暗中的光

范例 9.15：维尔丹

在她的作品中，维尔丹将触发式闪光系统结合自然光来当作主光源。同时，在闪光灯前使用了橙色转换过滤器，以达到明显不同的色温。这个小的光线是通过黑色纸板中的黑色"小漏斗"实现的它环绕在闪光灯头的位置上。此外，你还可以借助小的手电筒达到同样的效果，也可以不再需要手电筒前的任何过滤薄膜，因为手电筒中产生的光是橙色的。在使用手电筒时，你可以不用黑色的漏斗，因为手电筒都有一个小的照射角度。与此相反，伦勃朗式用光及其阴影的轮廓锐度只取决于手电筒或闪光灯光线输出口的角度大小，因此在同样的直径下，发射出的光线是相同的。

我经常听说，闪光灯更亮、对比度更大或者说反差更大。但是你可以通过调整闪光灯或者光圈的功率来控制画面的亮度。如果反光遮光罩及其尺寸相同，在闪光光线和持续光线的条件下，对比度是一样的。因为在闪光的那一刻，眼睛看到的似乎只有闪光光线，因为它能在短暂的瞬间达到一个亮度，而这个亮度超出了我们视网膜的动态范围。因此，我们看到的闪光是"更加刺激的"、对比度更大些的。但是从这些角度看已经拍摄完成的照片，闪光光线和连续光线之间的差别是很难看到的。

在维尔丹的摄影中，这种无法解释的暖光将模特完全从冷酷的世界中解脱出来，而且这幅作品会带给观者非常有戏剧性的观感。

同样地，在范例9.16中使用的是带有相同“配件”的触发式内置闪光灯。这幅作品中还加入了火柴的光，看起来模特就像是被火柴的光线照亮的。但事实上，闪光灯是从区域外几乎与模特完全相同的方向上作为正面高光照射过来的。

范例 9.16：维尔丹

范例 9.17：乌韦 · 穆勒

范例 9.18：乌韦 · 穆勒

乌韦·穆勒在他的人像作品中使用了与范例 9.17 相同的技术。旅馆中的这个人坐在一小束光中，人物的长侧使用了伦勃朗式用光。通过裁剪得非常锐利的阴影，这束极小的闪光显示在了背景上。由于曝光时间缩短了，这个强度的暖色调环境光被变暗了。闪光光线的色温因为闪光灯头前方的转换过滤器而出现了一些下降，从而被和谐地嵌入了。

针对范例 9.18 中的作品，乌韦·穆勒在相机上直接使用了闪光系统。这幅作品是从《青年新闻报道》中摘录的，他们正在偷盗一棵小白桦树。这种警方使用的照片强调的是禁止行为，此外还要让人觉得这个女孩的行为非常不理智。我发现这两张被放在一起的照片，其范例说明非常好，就像用同样的闪光工具，通过深思熟虑的小变动就可以形成完全不同的画面观感。

范例 9.19：考丽娜·格拉尼希

在这 3 张人像照中，考丽娜·格拉尼希使用的是相同的闪光系统，但都是间接对着墙壁使用的，只有其中一幅作品是例外，在这里考丽娜使用了来自窗户的光。你能找到是哪幅作品么？答案是第一幅，在这幅作品中天窗提供了侧面主光。在其他两幅作品中，作为侧面主光的闪光光线分别对准了白色的墙壁。在这 3 幅作品中，天花板下方的一盏节能灯照亮了部分阴影区域。

我发现，又小又轻微且不引人注意的闪光往往具有令人难以置信的变化力和多面性。在这 3 幅作品中，根据考丽娜的期望，间距、光源大小和照射角度都被有意识地用到了创造性的摄影中。但是，在相机正前方的处理中，它形成了一种很平面的照明，却伴随着强烈的阴影。

范例 9.20：拉法埃莱·霍斯特曼

与当代很多流行摄影师一样，拉法埃莱·霍斯特曼使用的正是这种“相当漂亮的”新闻报道光。它可以得到非常直接的画面印象，就像派对照片或者警用照片。这种流行摄影有时候会朝着远离现实生活的方向发展。

因此，在这里他们相信每种光都具备它自身的效果，你只须为了保持美感而选择合适的效果，但这必须由你自己寻找。通常只有那些可以将其释放并且传递给观者的东西，才是作为摄影师的意义所在。请享受这种自由！

10.

其他作为人像题材所使用的光线类型

所有到现在为止介绍过的光影理论应用到人像摄影的效果，与其他题材是一样棒的。在人像摄影中，使用的主光类型和照明技术与在建筑照、风景照和产品照中使用的完全相同。为此，你只需设想一下，每个物体都有一张脸。如果你已经“找到了”这张脸，那么你就可以根据前面所讲述的方式进行处理。

但有时也存在目前介绍过的布光技术无法处理的情况。这些例外情况主要存在于透明物体中，如玻璃、镜面和抛光的金属材质。这时你需要从根本上改变工作思路和思考方法，不过它们不在本书讨论的范围内。对于那些能将部分光线进行漫反射的材质，你可以将目前学到的东西进行简单调整。

10.1 题材的脸

范例 10.1：为了在其他题材使用主光类型，你需要学习发现这些拍摄题材的“脸”。

如果你想要为一个平面提供照明，如一片草地、一个房屋的立面或一张书页，你只需要将这个笑脸粘贴在平面上，位于正前方的就是鼻子非常短的脸。

现在，你可以使用一个平面，也就是这张书页。然后跟处理正常人像照一样，并且你还可以使用第 2 章中能将你引导到主光类型的句子。同时，它还存在着一定的特殊性，与真正的人像相比，它们会显得多于平坦。在这一章中，我们将会对此类问题进行处理。

三维题材大多有一张清晰的主脸，和一些少了主导作用但仍然存在的侧脸，就如同一个立方体有六个相同的面。在大多数情况下，主要的展示面是上表面。请想象一下，将一个笑脸粘贴在上面，然后转动到它可以看到你的位置，并使唇部与你最近。这时正方体的其他可见侧面就形成了“侧脸”，你可以理想化地将它们垂直进行“粘贴”。

如果是一辆汽车，那么大多数情况下，正前方就是主脸，你可以用品牌标志代替笑脸贴在背景上。侧脸则是第二张脸，它在驾驶室的门上，这时你就贴上了第二个笑脸。在这种情况下，你面前的就是“小组人像”。每个部分都会得到它自己的脸，也就是你自己粘贴上的笑脸。如果你不确定拍摄题材的主脸在哪儿，你可以请一个孩子画出这个物体。孩子们作画时总是画出物体可辨别的最重要的一个元素，而这个元素展示的就是主脸。

在有多张脸的三维物体照明中，这个过程对应的就是“小组人像”的照明。针对这些特殊性，我将在这一章中继续阐述。

10.2 平面题材中的主光类型

一张书页平得就像是聚苯乙烯泡沫板或者写字台的木制桌板。从光影设计角度来看，对它的处理方式与平面建筑物的立面是完全相同的。

在书的第2页上，找到一个笑脸，它是这张书页的副脸，被映在了书页上。你可以将它剪下并粘贴到聚苯乙烯泡沫板上，并放置在自然场景的地面上，这时它的鼻子就会朝向天空。或者你也可以将它粘贴在房屋的立面上，只为了“给平面题材一张脸”。相对于它们的尺寸，这些脸都有一个非常短的鼻子，而且几乎不会投射出阴影。作为鼻子，它可以是纸纤维、聚苯乙烯泡沫板的细小颗粒、桌板被磨光的木头纤维、房屋立面的石头结构和自然场景中的几亩犁田或者草皮。而且这些“脸”很少是圆形的，它们可能都需要借助立体感来加以表现。

也就是说，你在这些题材上用到的立体化照明值要少于强调最小化结构（短鼻子）的照明值。所以将小角度光源靠近这些题材是非常有意义的，它可以强调画面中的结构。

10.2.1 以书页作为平面题材范例

以这张书页作为平面照明的范例，现在将手电筒拿在手里，你可以观察这张书页上的所有主光类型。正如所有人像照中那样，对书页照明的关键在于判断哪是长侧哪是短侧。如果将书放在你的前方，这样你不仅能看到前方的笑脸，而且两个侧面的长度也一样，从而也就不存在任何短侧或者长侧。然后请将书页按照顺时针方向轻微转动，且保证从右侧可以看到书的边缘，如范例 10.2 所示。现在你可以在书的右侧边缘上“看见”书的“耳朵”，这也是书的长侧。而左侧是“短的”，因为那些已经翻过去的书页你无法看到“耳朵”。最后使用正面高光为这本书照明，并按第 2 章中的主光类型的布光步骤进行处理。

正面高光中的书页

第 1 步，你可以直接照亮书页的正前方，也就是沿房间天花板方向，从上方垂直照射这本书的中间。光源位置应该是 0° 照射角，以形成没有任何阴影且明亮的平面照明。如果去掉房间内的灯光，最好进行其他步骤，并借助手中的手电筒继续阅读。

第 2 步，关于正面高光的方向。如第 2 章所述，将手电筒“尽量向上挪动”，直至出现“鼻子阴影”。上文提到了很多关于面部的内容，对于这本平面的、放置在你面前的书本，重要的是将手电筒移到笑脸额头的方向，这从你的视线方向来看是书本后方桌板的方向。如果你没有看到任何“鼻子阴影”，那说明手电筒的固定位置不够“陡峭”，也就是不够靠近放置书本的桌板。如果手电筒已经接触到了桌子，那么你就无法看到任何“鼻子阴影”，在使用较大的遮光罩时总会发生这种情况，

范例 10.2：太平坦的正面高光让这些书页看起来既没有立体感又没有结构性。只有使用比人像照中用到的角度垂直得多的光线，才能在书中看到这些非常小的木头纤维，也就是书的“鼻子”。

如左侧范例 10.2 所示。如果可能，你应该将书本放置在尽可能接近桌子边缘的位置上。在这种情况下，落在书页上的光线是条形的，如范例 10.2 中右侧照片所示。

如果你已经在真正的模特身上使用过正面高光，那么根据经验你知道，如果你将模特正前方原始位置的光源倾斜约 30° –50°，将会得到一个漂亮的鼻子阴影。但是书页只有非常小的“鼻子”，也只有当手电筒约在 89° 的位置时，才会产生“鼻子阴影”。现在光线在书页上产生的是“条形”光线，而且在你的前方“小鼻子”是明显可见的。此时纸的结构清晰可辨，就像是可能存在的无数个之前看不到的小灰尘纤维。

因此，根据“面部”的不同，训练对这些阴影和变化的感觉是非常重要的，不要执拗地相信你在互联网中找到的那些角度数据。

当这本书已经不在你的正前方，而是在你面前稍微转动了一下后，要怎么处理呢？在第 2 章我们学过，为了获得非正前方的人像照，应该将光源稍微向左侧移动，直至耳朵刚好消失在阴影中，这样做在真正的人像照中还能在脸上塑造出阴影。现在，请将手电筒同样从书本折页的长侧位置稍微向短侧移动，从你的角度看来，就是向左围绕书页转动，从而使“鼻子阴影”得到稍微强烈的突出。在中间折页上，首先出现的是一个狭长的垂直阴影，它可以明显从两张页面中相互分离出来，现在还可以塑造出带有小变化的翻开书页的圆形曲线。

范例 10.3：正前方的条形光，稍微偏向短侧时，可以产生很好的结构再现并能获得翻开书页的立体感。

侧光中的书页

现在尝试用手电筒中发出的侧光进行照明。请直接根据第 2 章中侧光的布光步骤进行操作。在第 1 步中，你应该从短侧为书本照明，并保证光线能够穿过书本“再次”从长侧面“出来”。为此，你必须将手电筒挨着书本左侧放置在桌子上。如果可能，甚至要求你将这本书放置在桌子边缘附近，以便将挨着桌子的手电筒固定在比桌板稍微低一点的位置上，直至纸的结构清晰可辨。现在左侧的书页被照亮了，你可以看到里面的内容，而此时稍微呈拱形的页面在右侧的半边书页，也就是右“眼睛”上，投射出了很深的阴影。

操作提示

在静物摄影中，我同样建议你将主光置于短侧，因为这样产生的阴影可以塑造出这些结构，并且可以让物体显得更加立体。

如果你想要得到较低的对比度，那么可以重新照亮产生的阴影，这比选择平面照明要好得多。在这种照明中，尽管阴影的缺失会降低对比度，但在这种条件下也不会产生任何结构再现或者立体感。

范例 10.4：与正前方条形光相比，侧面条形光产生的是非常戏剧化和阴沉的氛围，并且它可以塑造出立体感。

下一步，你可以将手电筒抬高，使右侧书页阴影侧的“眼睛”刚好得到光线。这里并不存在真正的眼睑，但是会出现一个时刻，使真正的书页刚好从那个位置上得到光线，这与真人照中光线刚好落到面部阴影侧眼睑上的时刻异曲同工。如果书的下缘和书的颈项还没有得到光线，那么你应该将手电筒稍微向上移动，也就是书的额头方向。（顺时针绕书转动，不是房间天花板的方向，因为方向指示的是位于你面前的“面部”方位）

现在，书本重新回到了面前的光线中，它让你的书页成了“条形”。但是，你现在让它处在“侧面条形光”中，而它刚刚还位于你前面的“正前方条形光”中。在这两种情况下，纸的结构可以被很好地辨别出来，而且各个页面的拱形结构也被塑造得很有立体感。但是，这些照片的基本情境却对应着不同主光类型。你可以从深色阴影中得到较大的面积，以帮助你获得一种比正前方条形光线更阴沉且更戏剧性的情境。在正前方条形光中，侧面的大部分都会被照射到，而且不会留有任何其他让字迹清晰的亮度。

请同样尝试性地用侧光从长侧照亮书本，从而使右侧的书本边缘获得更多的光线，使其在照片中得到突显。但在翻开的页面中，纸的结构则不能被很好地塑造出来。

伦勃朗式用光中的书页

将你面前的书本沿顺时针方向转动，并尝试从短侧面用伦勃朗式用光照射。在纯平面题材中，伦勃朗式用光会存在一些问题。如果“鼻子”太小，则难以设想嘴唇的准确位置在哪里。但伦勃朗式用光中的“鼻子阴影”应该能够触摸到“面部阴影”。

范例 10.5：伦勃朗式用光既取决于灯的位置，又取决于正前方条形光和侧面条形光之间的效果。

第1步，请从左上方照射书页，出现“鼻子阴影”。手电筒的位置应该尽可能地接近桌面，而且手电筒只能呈条形照射在侧面上。根据手电筒遮光罩的大小，不得不将书放在桌子边缘上，并将手电筒重新放在桌板的下方进行对照。在关于伦勃朗式用光的章节中，应该可以看到鼻子和面部阴影，这些是纸纤维投射的阴影。当然，只有在显微镜或者至少在放大镜下才能确定各个纤维的阴影相互之间是否相切。尽管如此，在没有辅助手段的情况下，也有机会用到这些说明性的内容。请将手电筒固定在稍微高一点的位置，这样书页就会被完全照亮，阴影和结构再现也会消失，不会产生任何阴影的地方可能也不会再继续形成相切。如果将手电筒放在更低的位置上，这样书页就会完全陷入阴影中。但对于伦勃朗式用光而言，脸的一部分将会留在光中，“条形光”会因此再次成为唯一正确的位置，对伦勃朗式用光来说也是如此。

在伦勃朗式用光中，鼻子阴影与唇部阴影并不是平行的，而是会略微向下倾斜。在没有显微镜的情况下，当看不到鼻子和唇部的时候，想要取哪个角度就变得不那么重要。直接从左上方的书角照亮右下方的角落，从而得到伦勃朗式用光。鼻子小的位置很难再次找到在模特面部看到的“三角光”，因此当你无法识别时，“三角光”是开放还是封闭的就变得不再重要。如果你将手电筒继续绕着书本沿逆时针方向转动，将会得到侧光；如果将手电筒绕着书本沿顺时针方向转动，将会得到正面高光。其中，始终需要注意的是，要让手电筒的光刚好呈条形照射到书的侧面。相应地，伦勃朗式用光的照明角度也应该位于侧光和正面高光之间。

如果遵循第2章中主光类型的布光处理，那么在非常平面化的题材中，在某个时刻也会得到“鼻子阴影”。同时，光只会以“条状”照射在平面上。

伦勃朗式用光中的条形光效果同样会再次位于正面高光和侧面条形光之间的正中间。书本侧面投射出的是清晰的阴影，其范围多于正面高光条件下的阴影，但少于侧光条件下的。它的效果比正面高光更具有戏剧性，但不像侧光那么昏暗。

条形光

对我而言，条形光并不是一种不受约束的光线类型，尽管很多摄影师对它的处理是当作约束型光线。条形光是主光类型形成的，如果你将上表面的结构看作是模特面部的鼻子，在这个时刻，也就是在它们投射出阴影而且能够看到上表面结构的位置。如果上表面非常平坦，那么你只需选择倾斜的照明角度，直至这些很小的鼻子投射出阴影。请你用非常平坦的咖啡杯表面的上部进行尝试。如果试验的是正面高光，那么必须将非常小的光源近乎垂直地对准杯子，也就是从上方垂直照明。当杯子位于前面时，是为了塑造出从釉色和陶瓷中就可以看到的本身就非常小的条纹。用较大的光源可以让你适当地留在背景中，从相同的光源位置再次使立体感、杯子的圆形得到强调。与人像一样，你必须在结构再现和立体感之间精确地探索照片所需要的平衡，这个可以通过选择合适的主光源角度大小来解决。

“条形光”不是任何不受约束的光线类型。事实上，存在着正前方、侧面和伦勃朗条形光。此外，这些“条形光”中的每一种都可以从长侧或短侧照射，这取决于你是想要一个平面，还是充满阴影的照明。

所有这些不同的“条形光”变型都为画面提供了它们自己的情境，你所要做的只是选择。

10.2.2 平坦的自然景观

从光影的创新设计角度来看，平坦的荷兰自然景观就如同放置在你面前的一本书，这里几乎没有高山。如果你想为这种自然景观提供有趣的“照明”，那么你会再次需要“条形光”，这种光可以塑造出它的结构中可能存在的耕田或者草皮。为此，请用你的手指在沙地上简单画一个笑脸，现在你找到了这片自然景观的脸。它平坦地躺在地上，并且正在看向天空。嘴唇指示的是你双脚的方向，额头是远离你的，草叶和泥块构成了鼻子，太阳必须位于地平线非常低的位置。在平坦的土地上，清早或傍晚的自然景观照是最令人为之心动并印象深刻的。如果你开始还不能确定太阳是从哪个方向落到这片自然景观上的。但是你选择的固定点需要你再次得到侧光、伦勃朗式用光或者正面高光。钳形照明在自然光中不可能实现，因为我们的天空只有一个太阳。

如果太阳位于你的背后，那么永远不要按下快门。

在拍摄自然景观时，应该强调自然景观的角度，这时天气起着决定性的作用。

通常在太阳直射的条件下，可以塑造出大而精细的结构，但大的结构会形成边缘锐利并有着不同形状的阴影，从而将注意力放在这些形状上，画面会受到结构和线条的影响。此外，非常高的明暗对比度也会让照片看起来更加形象化。

在有水汽、云朵或者轻微雾气的天气条件下，结构和线条会明显地出现在背景中。现在，立体感会被柔和地塑造出来。所形成的阴影变化通过天空也被更加强烈地照亮了，这会给予同一片自然景观一种完全不同的感观。

你可以得到正面高光，如果你直接朝着太阳的方向拍摄，阴影就会落到物体方向上。如果在这片自然景观中有一棵树，你可以将树冠作为它的脸，树干就是它的颈项。如果平躺的自然景观得到的是正面高光，那么这棵树反射出的就是逆光。请你从固定点向左或者向右转动约 45°，那么自然景观得到的就是伦勃朗式用光。如果你向相反的方向转动，让太阳与你的视线方向也相反，在左侧或右侧约 90°的位置，那么自然景观得到的就是侧光。如果自然景观位于侧光中，那么你面前的这棵树也同样位于侧光中，自然景观和树木再次形成了一个“小组人像”。在所有这些视线方向中，你要注意每张脸，并让自己所处的位置尽可能让所有同时位于照明中，并带有强烈结构再现和立体感的事物都位于你的前方。

如果太阳在你后面，那么这种魔法效果就会消失。照片中的草皮或者可能出现的沟壑都不再具有明晰可辨的结构，风景也显得平坦、单调，而没有活力。如果你面前有一棵树，太阳在你身后，那么树就获得了前光，而不是正位高光。它看起来就像一个绿色的平面，没有立体感或者结构感，从而使画面看起来很单调。

如果你计划进行一次徒步旅行，并在途中想要拍摄一些照片，那么我建议你从太阳升起的方向出发，这样你就能够享受到你自己塑造出来的所有自然景观的细节。待中午影子变得很短的时候，你可以停下来歇歇脚，而回去的路上你也要尽可能地朝着太阳的方向前进。这样你不仅享受到了太阳落山的景色，而且可以再次享受到被阴影塑造出的立体感和对眼睛充满吸引力的自然景观。即使你没有拍照，这也是值得尝试的。

自然景观越平坦，就越得在太阳直射的光线条件下拍照，因为直射的太阳是一个角度非常小的光源，它可以对结构进行再现。但如果你面前是丘陵起伏的自然景观，那么各个丘陵都会投射出很深的阴影，这些阴影看起来就非常具有戏剧性，而谷底就会位于很深的阴影中。在有云的天气条件下，太阳的角度会被水汽或者照射的云朵扩大，而这会减小地面的结构再现。此时你可以将各个丘陵的立体感塑造的尽量柔和，从而使光影之间的过渡更加流畅。此外，云朵可以用作位于阴影中谷底的“增量器”，为谷底提供光线，使它们在照片中看起来不再是黑色，而是借助细节很好地被再现。

链　接

请直接在Google中搜索“农业自然景观”或者扫描正文旁边的二维码，将各个照片进行对比。

请将所有吸引你和你喜欢的照片保存到你的移动硬盘上，并按照已经准备好的顺序进行排列。然后，根据你搜集到的范例，来决定那些对你来说吸引力比较小、不太打动你的照片是否需要删除。

在你已经搜集好的照片顺序中，请找出那些布光容易操作的照片。在这些照片中，光线来自摄影师面前的半个圆周内，并且太阳位于地平面上很低的位置。在这个顺序中，你可能还会找到一些太阳位置很高、自然景观投射的阴影比较少的照片。但是，摄影师将画面的色彩饱和度值设置得很高，这是为了提供强烈的视觉冲击力。

在这个由个人搜集的范例照片中，太阳的位置是在摄影师身后的半个圆周内，人们只能看到很少的阴影效果。

照片中的光线对视觉感受具有决定性的作用。

链　接

请在Google中搜索“沙漠”。大多数沙漠照片展示的都不是平坦的自然景观，而是有很多大沙丘，还有大风过后形成的细致的沟壑结构。

那些精细结构是通过低处的太阳在万里无云的天空中塑造出来的，沙丘柔软、圆润的特征进入了背景中。大的沙丘结构看起来更像是被坚硬的阴影边缘划分成不同的明亮区域。

在这些照片中，沙漠的自然景观位于低处太阳的上方，并且通过云朵、水汽或者风沙来提供照明的，变化幅度大的有无数阴影的灰度值时，就会出现大的沙丘具有柔软、圆润的形状。结构或沙子表面，得到的仅仅是适度的强调。在这些太阳位于摄影师身后半个圆周内的照片中，沙漠自然景观看起来不仅是单调的，而且几乎没有结构性和立体感。

10.2.3建　筑

即使是建筑物也有脸——立面。你可以将窗户看作眼睛，将门看作嘴唇。如果你站在一座建筑物的正中心，那么你的正前方看到的就是它的脸。你还可以将窗台板、屋檐、柱子和类似结构看作鼻子，它们可以用投影作为不同光线类型的固定点。从原则上讲，建筑与上述放置在你面前的书本范例相比没有太大差别，唯一的区别只在于房屋的立面是立着的。你可以在早上或傍晚得到侧光，这时候太阳的位置比较低。但必须同时对建筑物进行调整，让太阳能够呈条形照射在建筑物上，而不会让它从建筑物后面升起。当太阳作为侧光与建筑物立面相交的时候，正面高光会出现在中午；当太阳呈条形倾斜照射房屋的立面时，伦勃朗式用光出现在上午或者下午。现在唯一的问题是，太阳何时会真正呈现“条形”照射房屋立面。你或者具备良好的“侦查”本领，或者可以借助智能手机的帮助。在这里，向你推荐的是一款智能手机应用软件——“太阳高度”。

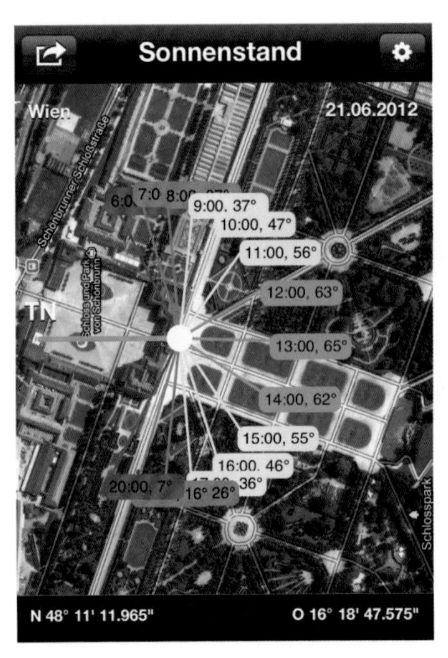

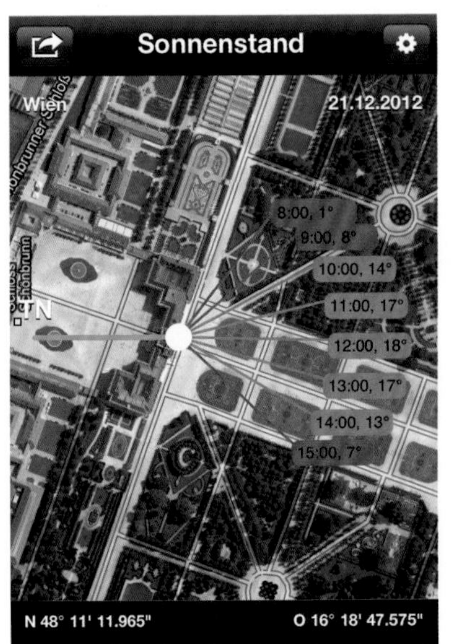

范例 10.6：对建筑摄影师而言，一些程序，像手机应用软件“太阳高度”就是必不可少的帮助手段。

借助这种软件，你可以让它在任意地点和一年中的任意一天显示你想要的那个时间的太阳高度。例如，如果你想去公园拍摄维也纳美泉宫的照片，那么你可以借助这个手机应用软件得知，当时间为 06 月 21 日上午 10:00 左右时，太阳会呈条形照射这座建筑物，角度为地平面的 47° 。为了在伦勃朗式用光中拍摄这座建筑物的立面，这可能是最正确的时刻。

为了在侧光中拍摄这座建筑物的立面，合适的时间为傍晚时分，这是因为在接近 19:00 时，这座建筑物的立面再次得到了条形照射，同时光线仅位于地平面上方约 16° 角。中午太阳总是位于地平面上方约 65° 的位置，但为了清晰地塑造出建筑物立面的结构，这是不够的。建筑物的立面就像是书本，非常平坦，为了照射出这座宫殿美丽的结构，太阳至少要位于地平面上方约 80° 的位置。如果你在其他季节拍摄，那么中午太阳的高度要低很多，这宫殿的架构得不到任何再现。

如果你想要从建筑物的另一侧，也就是从宫殿的林荫道一侧拍摄建筑物的立面，那么得早一点起床。在 6:00–7:00 之间，这座宫殿沐浴在早晨的侧光中，同时宫殿的侧翼也已经将阴影投射在后方建筑物立面的中间偏上的位置。10:00 之后，这座建筑物的立面则会完全位于阴影中。借助软件可以确定秋天、冬天和春天，背后的建筑物立面始终位于阴影中的具体时间。

链 接

美泉宫是经常被拍摄的旅游景点。你只需要在 Google 中输入“美泉宫”或者扫描正文旁边的二维码。

请在网上对比各个照片，尝试找出是否只有宫殿公园旁的建筑物立面的柱子被拍到时，画面才具有立体感。只有借助条形光才可能将带有阴影的建筑物立面的效果更明亮、更有结构性地得到体现。

在网络中，你很难找到从宫殿林荫道这个角度拍摄的建筑物立面，尽管它们展示的是真正的入口，但这个入口将绝大多数的游客纳入了它宽阔的怀抱中，因此不是拍摄的最佳位置。一年中的大多数时间里，它在摄影方面的趣味性很少，这是因为只有盛夏时节的大清早，它才会被直射的阳光笼罩住。只有很少的摄影师会费尽心力地在正确的时间到达正确的位置拍下这样的一张照片，所以只有很少照片展示的是早上沐浴在清晨侧光中的这座建筑物立面。

对一名建筑摄影师而言，这个或者类似的软件必不可少，因为它可以根据建筑物的方向提前为他的拍照做计划，并且在与客户的第一次交谈中，就可以让建筑摄影师提出可以完成这个项目的时间建议。

10.3复杂题材中的主光类型

当拍摄比平坦的自然景观或者翻开的书本更复杂的题材时，应该将它用“小组人像”的方式进行处理。首先尝试用全部的 3 种主光类型进行照明，以看出它们对画面所形成的基本影调和侧面渲染将会产生怎样的影响。

范例 10.7：微型世界。

范例 10.8：微型世界中最重要的脸。

微型世界范例

在范例 10.7 所示的这个微型世界中，被照亮的小房子立面代表的是主脸，小房子上的砖和粗糙的灰浆构成了鼻子，百叶窗或者向前伸出的屋檐也同样可以被看作是“鼻子”。我已经将地面解释成了位于地上并且仰望天空的脸。在这张脸上，这片草皮代表着鼻子。此外，还有数不清的其他“侧脸”，如斜立着的带有木瓦片的屋顶、树木、圆桶和露天柜台。所有的这些脸都在看向不同的方向。

在这个场景照明中，首先将被照射到的房屋立面设想成主脸。从相机中看来，右侧长而短侧稍微有点短，因此这座小房子是被这样转动的。因为我想要营造一种洋溢着阳光的傍晚情境，因此我首先选择的是位于短侧的侧光，也就是从左侧有一个小角度光源，并且与小房子之间的间距很大，这是为了模拟傍晚的太阳。因此为了得到小角度光源，这个较大的间距是必须的。此外，这也是为了避免这个场景的左侧明显比右侧明亮得多。根据间距，太阳可能也不会产生任何明暗变化的对比度。最终我应用了一个大约位于1米之外，直径约为10厘米的长嘴灯罩。首先让侧光位于地平线略上方，并且近乎垂直地延伸到小房子的立面，从而这种“灰浆结构”就被塑造出来。但是，窗台板已经投射出了非常长的阴影，甚至到达了门里，这让我感到了非常强烈、非常戏剧化并且非常昏暗的效果。因此，我将侧光稍微朝着相机移动了一下，这样尽管使墙壁失去了一些结构再现，但是窗台板的阴影不至于伸进门里。

我刻意放弃了墙壁上的一些结构再现，只为了达到一种和谐的氛围，但不用完全放弃房屋立面的结构再现，我只需将光源相应地移动几公分。在这个高于地平面且右侧始终低的位置上，光源通过同样位于侧光中的草皮投射出条形光。这样每片草叶都会变得非常具有立体感并且闪闪发光。不管怎样，角色投射出了非常长的阴影，这些阴影几乎遍布在整个前景中，我因此将光源往高处放了几公分。尽管结构的再现因此减少了一些，但是各个角色的阴影现在显得不那么夸张了。此时由于灯的位置提高了，小房子前面产生了伦勃朗式用光，而这非常适合我想要的傍晚情境。顶棚在房屋立面上投射出了一片阴影，但这片阴影到达窗户中的部分并不多，因此对最重要的主脸而言，光源的这个位置是一个很好的协调。

使用的长嘴灯罩所照射的角度还会照射到整个场景的太多位置。但我自己设想的是一个小的、秘密的光岛，这个场景应该是发生在这个光岛上。因此我还额外使用了网格，以改变较强点方向上光线的照射特征。于是我对准了这座房子的聚光区，但这是个错误，这座房子无论怎样都是最明亮的物体。在正确的曝光条件下，啤酒花园场景在白色房屋立面上的结构再现太过昏暗。因此我将灯稍微向下移动到了同一个位置上，这样聚光区就位于啤酒花园里，而房子则位于光点的边缘光线中。最终在啤酒花园里我得到想要的光岛，而不需要控制白色的房屋立面。遗憾的是，这个光线对于这个场景稍大了一些。在左侧方向上，这个光岛有一些“开放”，而画面边缘有一些过亮。因此，我在照片边缘左侧固定了一块小的黑色纸板，以使它在左侧照片边缘的草地上投射出阴影，场景也就“封闭”了。

到现在为止，我们并没有注意照片的对比度，实际上照片的对比度过高，我为此使用了柔光箱，作为主光源的光线延长，并将其用在了“牛线”方向上。由于想要得到的立体感，柔光箱被稍微推到了“牛线”的上方。与期望的傍晚情境相一致的是，保留了房子的阴影侧，而是小侧房区域陷入了深深的黑暗中，我只照亮了阴影的一部分。当位于“牛线”上时，我选择的是非常接近这个场景的点，以使柔光箱几乎是悬挂在这个场景上方的正中间，只是朝着相机的方向稍微移动了一下。从那里，柔光箱可以照亮屋顶，而从屋顶的正前方位置可以看到它，最终将屋顶的木瓦结构很漂亮地塑造出来。从平面照明的屋顶角度来看，接近相机的柔光箱位置对应长侧，但这可能会对木瓦的结构再现造成阻碍。经过一番思考之后，柔光箱被悬挂在了这个场景的上方，并且用它模拟了傍晚深蓝色的天空。为了实现背景中的明暗变化，我没有将悬挂于场景上方的柔光箱直接向下对准场景，而是将它的聚光区转向了相机方向，从而使向后延伸的自然景观仅被边缘光线所包围，看起来就像傍晚的昏暗氛围。现在指向相机方向的柔光箱不会在镜头中形成任何反射，我在柔光箱和镜头之间还悬挂了一大块黑色纸板以遮住镜头的光线。如果柔光箱对准了相机方向，那么背景看起来就像是黑色的；如果再向下转动几度（不挪动位置），那么背景就会被渲染的非常亮。

主光的亮度针对的是照片中最亮点的房屋立面，我的照明刚好让照片中出现了标注出的白色。关于柔光箱灯的功率进行了相应的调整，

以使屋顶昏暗但刚好可以被清晰地渲染出来。

为了实现色调情境，我在主光前固定了一个用于提供暖色"阳光照射"的橙色转换过滤器，并在柔光箱上方夹上了一个大的蓝色转换过滤器薄膜，以模拟"蓝色时段"天空的反射。后来，我还选择了白平衡，从而将阴影渲染成蓝色，将主光呈现出略微的橙色。

自由系列范例

同样在这个系列中，你可以根据"小组人像方法"进行照明。全部的6幅作品只能通过3–4米外的遮光罩提供照明，但不会被

照亮。我先在模特身上涂了油，并在一定时间后，用毛巾将多余的油擦掉了，从而使皮肤更有光泽效果。

在第1幅作品中，你可以找到多张不同的脸。首先是模特真正的脸，这些面部得到的是正面高光，此时光源悬挂在这两位模特上方大约3米的位置。虽然模特们并没有看向相机，而且光源也被悬挂在后面，但这是为了让光源能够照射到短侧上。但面部的长侧，也就是避开相机的一侧，几乎没有任何阴影且只有很少的结构性。为什么我要将光源放在距离相机方向这么远的位置呢？这是因为照片不是单纯的人像照，希望借此可以展示出模特的身体张力。因此，我将这两具身体当成了相机方向上唯一看到的面部，并将胳膊和身体之间的空隙看作是眼睛。

这张“脸”同样是通过正前方照明的。我首先将光源对准了模特的前方，并一直向上推动，直至它几乎是作为正前方条形光照射到了身体侧面的上方，且有光线和阴影投射在了腿、胳膊和肋骨上。画面中，肋骨、胸腹和肩膀上的肌肉闪闪发光，并投射出了阴影，最终获得的形状是与众不同的。在第一次测试安排和光源在这个位置时，桌子的前侧得到的光线太多，为此我让模特退到了最后边的桌子边缘上，我同样可以将桌子向后推，只要能形成近乎垂直的正前方条形光，并使其照射到悬挂的毛巾上。由于模特的身体明显靠近作为脚的遮光物，因此亮度重点落在了头部。我已经很认真地选择了灯的间距，从而使模特内部的明暗对比度不会太高，并且可以与这一系列的其他照片相匹配。借助中间光线，我将应用的遮光罩对准了尺寸大约为10×10米的大背景，从而使模特们站在了伦勃朗式用光中。最终这个遮光罩将大约5米的背景均匀地照亮了。只有在暗室内，这种变化才会以曝光的形式出现。

在第2幅作品中，石头是额头，头部是鼻子，小腿和桌子边缘是我所拍摄的主脸的嘴唇。这张脸也是通过正面高光来照明的。光源的位置刚好垂直得让石头得到了一个漂亮的明暗变化，而不用让模特的脸位于阴影中。至此模特真正的脸得到了“底光”，也很好地符合了这个“恶魔般”的拍摄任务。如果光线不够垂直又没有落到这个场景上，那么石头就会位于上半身，胳膊位于深深的阴影中，并且对这种壮丽的视觉效果造成阻碍。在这个身体姿势中，模特的脚部得到了一种强烈的光线强调，于是后期我在暗室中将脚的亮度重新调暗了。单纯的桌面、垂直向上看的脸，得到的都是一种完全平面化的照明。因此，我选择了一个非常低的相机固定点，从而将这个平面渲染得非常小。同样，这里的光源悬挂在模特上方大约3米高的位置上，它被猛烈地转向了背景方向上，以使模特落入遮光物的边缘光线中。被均匀照射的背景在暗室处理过程中被局部变暗。

在第3幅作品中，主脸并不是模特的脸，而是模特的背，脊柱表示的是鼻子。你可以将模特下方悬挂的网解释为微笑的嘴。在照明中，借助遮光罩，首先将光源放在了能照射到一只耳朵的位置，这样就使背部的左侧半边被照亮，右侧半边位于很深的阴影中。由于我仅将光源朝相机方向向前推动了0.5米，但光线刚好能够越过脊柱包围住右侧的背部肌肉，这就像是在真正的人像摄影中，“阴影侧的眼睛”刚好闪闪发光。与没有这种光线强调的情况相比，腿部明显被塑造的更加与众不同，右手也像是阴影侧上的眼睛，唯一的竹竿得到的则是侧光，以使它的圆形得到强调。背景得到的也是侧光，这使上边缘的折痕都能看得见。通过所有垂直线条的变化，垂直的照片方向和“悬挂在深渊上方”的模特都可以得到加强。由于左侧背景比右侧背景更接近光源，所以我已经将遮光罩的中间光线转向了相机的方向。这使背景左侧位于遮光罩的边缘光线中，而右侧则远离光源，但得到了同样亮度的渲染。光损耗和照射特征也得到了强调，在没有后期处理的情况下，背景的亮度是均匀的。出于戏剧性的考虑，我在暗室内仅将上边缘和照片下面的角落变暗了。

第 4 幅作品的构造、内部结构与第 1 幅作品非常像，照明也几乎是一样的，只有左侧模特明亮的胸部得到的是正面高光，以使观者能够看到足够的纹理结构。但这道光线还不够垂直，因此我使用了右侧模特的胳膊，从而挡住了明亮却没有结构性的平面。可替换的方案是，将光源放置在远离短侧的位置上，从相机看是位于后面，但这会阻碍腿和绳索的调整，从而使这些照片可能落到阴影中，正如桌子的前侧面。

第 5 幅作品不像其他作品那么复杂。模特的面部得到的是正面高光。尽管如此，我没有将光源向短侧移动，这样从光线中就可以清晰地辨别出耳朵。为什么我会接受这种干扰性的强调呢？答案还是这与人像照无关，在这个“小组人像”中还存在其他“面部”。对我而言，真正的主脸是相机避开的身体一侧，肩膀和双脚是耳朵，臀部是嘴唇或者鼻子，这取决于你想怎么看。这张非常宽大的脸得到的是侧光，从而使位于画面右边的一侧脸——腿部，不会完全处于黑暗中。作为侧面条形光线，光源的使用要求小“眼睛”——大腿和腹部刚好能够得到光斑。为此，与模特距离相机的位置相比，我不得不将光源设置在了离相机方向稍微近一点的位置。此外，需要仔细斟酌的是，真正面部的耳朵是否是一种干扰强调，或者说它是否应该位于阴影中。但这样的调整会使腹部和大腿同样消失在阴影中，最终丧失结构渲染和高光。最后我将优先权给了身体，左眼、皮肤下的肋骨得到了非常立体化的渲染。如果仔细观察，你能够确定一般的侧光位置会稍微高一点，而这束侧光的位置则低于“耳朵”设定的轴线。事实上，还存在第三张脸——六块腹肌，它的视线是垂直向下的。从找出的光源位置来看，它得到的是正前方条形光。它的鼻子——其中一块腹肌，得到了明显的处理。背景材料得到的也是侧光，它让褶皱清晰地突显出来。为了形成褶皱，我将风扇中出来的空气流从后面吹向了背景材料。这些褶皱让身体弓形的线条得以塑造，木制长枪的方向继续向前延伸。

最后一幅作品复杂性比较弱。这个蛋得到的是简单的正前方照明，在蛋中旋转的模特真正的面部在后面。你可以将肩胛骨看作是非常平的眼睛，臀部是嘴唇，腿部是颈项。这位模特得到的是近乎垂直的伦勃朗式用光。在这幅作品中，你看不到这位模特实际的面部，其实他真正的面部得到的是一种非常经典的正面高光。

注　意

你可以将复杂的题材当作“小组人像”进行处理。首先，请选择主脸，这是对照片而言最重要的主体部分。其次，请思考，哪个方向上的哪种主光类型可以产生最好的期待情境。请从不同的距离位置照亮主体，同时注意“侧脸”，并考虑应该怎样将它们表现出来。此外，要注意所有对照片而言重要的“面部”的结构渲染、立体感、高光和色彩的表现，从而找到一个合适的方法。在这种折衷情况下，是几张“脸”得到足够的照明。然后，请重新安排主光源的位置。在使用自然光的条件下，你可以根据一天中合适的时刻进行调整或者选择你的固定点。随后，你可以根据需要，在足够远的地方照亮出现的阴影，以保证得到足够的画面，同时根据你的期望调整情境。在摄影棚内，对自然效果而言，被“加长”的照明方法是首选，尽管这会让拍摄工作变得繁重。通常最快捷的是用前方的小光源提供照明，但它在人像的表现中又会受到一些限制。对此，你还需要将其余闪光工具结合使用，也可以使用自然光。最后，在背景中使用可能的效果灯或者除此之外的一种照明方式。

操作范例：无处不在的“脸”

在拍摄的低音提琴“人像照”中，皮特·施沃贝尔用的是相对比较近的大光源以提供正面高光。为了达到这种光线效果，你可以将琴身看作是有着非常长的颈项、小的头部和细腰的人类躯干。头上的发髻向下投射出了一个明显的阴影，但零星的琴弦还是在光的照射下闪闪发光。支撑侧面的隔片显示的是变化非常宽的阴影过渡，由此可以推断出光源非常大。从头部向下至躯干的亮度损耗可以表明，光源的位置距离这个乐器非常近，从而使颈项上的高光非常大，也非常透明。如果仔细看，你可能还会辨认出这是按照光线延长法提供照明的。隔板的阴影得到了强烈的光照，下边缘固定于地面上的小的黑色木块可以反射出这个被拉伸到主体下方的增亮器。对此的照射角度看起来非常小，几乎是在一个点上。所有这些特征都像是一个大的遮光罩，在这把乐器上方与它结合在了一起。更简单地操作或者成本更加低廉的方式是用一个大的柔光箱，或一个大的反光罩。在达到一个狭长的照射角度时，你能得到同样的光照。随后，你还可以在照片的处理中，通过将环境变暗达到强烈的点状特征，就如同皮特对这幅作品的处理方式。

范例 10.9：皮特·施沃贝尔

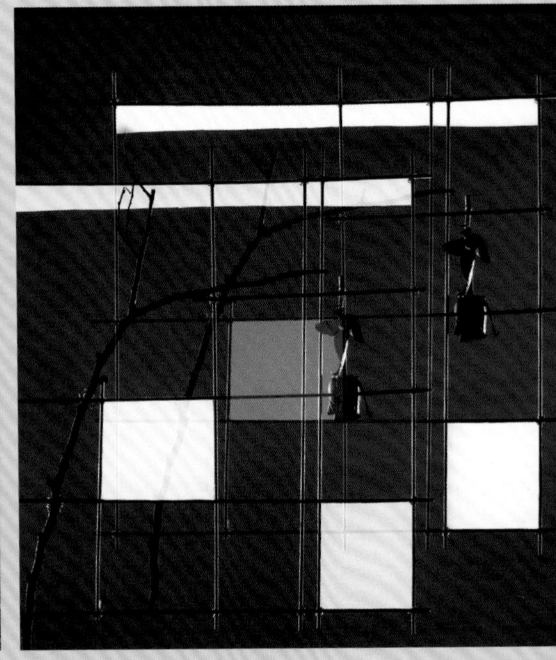

范例 10.10：弗劳科 · 施泰克

在这几幅花卉静物作品中，弗劳科 · 施泰克从梵高、蒙德里安、贾科梅蒂那里获得了灵感。如果你将这些花解读为脸，那么在这几个范例中，你就可以得到侧光、钳形光和逆光。在侧光中，你始终可以从这些花的阴影侧看到每朵花的顶端都闪烁着光芒。这对应着被真正侧光照射的模特面部阴影侧眼睛上的小光斑。

范例 10.11：托比亚斯·穆勒

在托比亚斯·穆勒拍摄的内饰照明中，他用范例展示了夸张消费的不同形式。在过量的酒精消费中，墙壁得到的是伦勃朗条形光，正如你在墙壁上的照片阴影中所看到的那样，这片阴影显示的是沿着对角线向右下方的光线。光源的位置非常靠近墙壁，以使和谐的明暗变化使墙壁充满生机。前景中的柜子得到的是一种完美的正面高光。

在暴食照片中，墙壁得到的是正面高光的照射。你可以将这幅作品中的墙壁看作是鼻子，也因此你就可以辨认出典型的垂直向下的鼻子阴影。

这张展示太多多媒体消费的照片，墙壁得到的是来自右侧的伦勃朗条形光。光源的间距和大小都是按照这个要求被挑选出来的，以保证墙壁上的高光既不会起到喧宾夺主的作用又不会让人看不到。此外，大台布中各个条纹的结构再现形成了对于花瓶立体感表现上的一个很好的折衷，这个花瓶得到的同样是伦勃朗式用光。

范例 10.12：马赛厄斯·奥斯特

马赛厄斯·奥斯特为自然保护组织设计了这两张宣传照，这是学院的委托。一张自然景观照展示的是侧光，此时请将草地想象成一个仰望天空的人，树是鼻子。每处波状起伏都被与众不同地表现了出来，草地的结构也被抓取出了。照片中间的丘陵有一些小的抓痕，这正是光线塑造出来的美妙效果。同样，你还可以将背景中的山想象成一张侧光照射的脸。

在第 2 幅自然景观照中，逆光被用于强调山和天鹅的剪影，被照亮的天空延长了相机方向上处于低处的日光，从而使天鹅不会被塑造成全黑的形象。

范例 10.13：托比亚斯·穆勒——偏执狂。

范例 10.14：燃烧殆尽。

范例 10.14：老年痴呆症。

在这些静物照中，托比亚斯·穆勒用范例阐释了不同的精神疾病。在作品《偏执狂》中，右边的相框感觉到其他相框在“观察”自己。这束光时从右侧落到了这个场景中的。在其他照片前面的右侧照片看起来像刚好退回到深渊的方向，一个小遮光物在这幅作品上投射出了一片阴影，从而表达了当变成偏执狂时就会陷入黑暗中。

这是 4 张“家庭照”中的 3 张，主光浸入了长侧面的侧光中。墙上的照片是一个漂亮的范例，主光抓到的刚好是左侧照片的边缘，并被光线恰到好处地分成了条形，并且被塑造地非常有立体感。如果模特是人，那么这对应着阴影侧被照亮的是眼睛。只有左侧的这幅作品完全得不到正面光线的照射，因此它所得到的照明是非常平面且几乎没有结构性的，因此它被巧妙地从相机处移开了，在画面中也只占有很小面积，而且因为缺少结构表现也不再继续引人注意。但是当它转动了避开我们“耳朵”的一侧，也就是框架的侧视图，刚好留在了阴影中。

照片左侧的光线来自背景。从《偏执狂》的照片角度来看，这个愤怒中的家庭表现出的仿佛处于“地狱之光”中一般。

在《燃烧殆尽》这幅作品中，空的书页作为单独的脸被侧光条形光或者伦勃朗式条形光渲染出来，各个侧面所有的圆形和结构也都被塑造出来了。此外，这些书本并没有在你的侧视图中展示出任何真正的耳朵，因为如果从长侧进行照明，“耳朵”会变成干扰重点。

在《老年痴呆症》这幅作品中，左侧并没有任何一处光源是作为侧面条形光照射到墙壁上的。通过这些缝隙，石头的结构得到了明显的强调。另一侧的第二处光源将遗忘的遮掩物记录在了“钳形光”中。这处光源足够大，以便在薄膜上形成大而柔和的反射。这个钳形光用范例说明了老年痴呆症的发展。未来被隐藏住，光芒让人很难猜测到后面的东西，只有过去被清晰地留在了记忆中，至少留到了这个方向上的遮掩物上面。

刚好在最后一幅作品中，使用了常被人厌恶的钳形光，我已经在第 4 章中警告过你，钳形光在内容上是经过深思熟虑并且具有功能性的，其作用往往非常不自然。但因为每幅作品的目标不一定是自然，一幅作品可以得到超过自然主义的渲染，一幅作品也可以是一则消息、一份文档或者是一个人的表情、想法、比喻、记忆或者梦。因此，每幅作品都有它自己的内在逻辑，光线应该能够分担和强调这些东西。请有意识地尝试或者通过理解来学习这些内在逻辑，掌握光线的力量，再次研究已找到的所有规则并发现新的规律。我祝你可以乐在其中。

感 谢

首先，我想要感谢与我一起成立科隆摄影协会和科隆摄影学院的弗兰克。如果没有他，我生命中的这个梦想就永远不可能实现；如果没有他，协会和学院就不会有今天的规模。这是一个可以让我们和我们的梦想得到实践和化为现实的地方，而且因为我们是如此不同，所以在很多事情上我们可以互补。我希望，在今后的时间里，我们可以继续一起推动和发展这项事业。我无法想象还能找到比你更好和更值得信任的合作伙伴。

我还想感谢协会和学院的所有参与人员，感谢与他们在一起的所有有趣的和感人的时刻，感谢他们与我在所有相关讨论中达成的信任，更感谢他们给我们的鼓励和提出的新想法、新观点，以及对我们自身发展过程的认识。同样感谢新想法在实践过程中所获得的大力支持。

在此，我想特别感谢梅尔勒。感谢她为了本书辛辛苦苦当模特的日子。那时，她经常需要站到深夜，但是从没有因为劳累或者饥饿而抱怨过。我想向这位同事在这个项目中所表现出来的专业精神和献身精神表示深深的感谢。同时，我还要感谢她从假期中挤出时间来拍摄，她也没有因此而要求获得额外的酬劳。

同样感谢那些作为得力助手的学院参与人员为本书所提供的帮助，正因为有他们的帮助，这本书才得以面世。感谢弗劳科在摄影棚为我们营造了真诚而又温暖的氛围，以及当所有人都感到疲劳时，她给我们的鼓励。此外，还要感谢她做的有关拍摄灯光的准备工作和场景调整时所做的整理工作。同时，还要感谢达娜，当我再次迷失在自己的各种素材中，不知下一步该做什么的时候，她总是会竭尽所能地开导我，并为我找到一个突破口。同样非常感谢她，在我们注意力无法集中的时刻，为我们提供糖果、饮料和鼓励。此外，感谢那些站在逆光中拍摄的模特，即使到现在我都没能认清她们的脸，仍然要表达我衷心的感谢。我还要衷心感谢伊安，他为我提供了多次帮助，为了抓住准确的拍摄时机，充满智慧的他在任何时候，只要一眼就能对场景做出有预见性的调整，且准备工作做得深得人心，这是我没有想到的。感谢他的专长，可以在场景搭建过程中就完全看透最复杂的环节，并进行了认真的思考，当我自己已经无法理解我居然在那里搭建场景时，他总会为耐心的开导我。万分感谢在摄影棚内帮助拉拽、思考和支持的工作人员，以及付出辛勤汗水的所有人，因为每个人所做的一切都是难能可贵的。

感谢学院里所有无私支持我的参与人员，在摄影素材上通过他们的创意、他们的拍摄，才让我有机会可以自由创作，没有这些，就不可能有现在的这本书。

我还要特别感谢我的丈夫——厄文。当我坐在电脑前夜以继日地处理照片和文字时，他非常关心我。他不仅为我提供了精神上的鼓励和支持，而且还不知疲倦地为我准备茶水、咖啡、点心和午餐。为了让我能够放松，他还会把我从电脑前或者摄影棚里拉出来放松身心，非常感谢你为我所做的一切，以及你那爽朗、令人愉快的笑声。

我最后的感谢要送给摄影艺术本身，正是通过摄影人们才认识了我的摄影世界。

参与摄影师

对于允许我在本书中引用的范例说明和摄影作品，我要感谢下列科隆摄影学院的参与人员。

所有摄影作品都出自第 1–5 期的培训课程。由于本书缺少展示整个系列照片的空间，因此大多数照片都是从整个系列中有针对性地摘录出来的。遗憾的是，挑选出来的照片也只是培训过程中丰富多彩的作品中的一部分，因为我只能选用那些对我而言，能够清晰说明与光影理论紧密联系的范例。如果有兴趣，还可以在我们的网站 www.Fotoakademie–Koeln.de 上找到参与本书的摄影师和毕业生拍摄的其他作品。此外，我们在毕业生网站上也为你准备了非常值得一看的最新作品，这也体现了他们在培训之后的进步。

马蒂亚斯・奥斯特（Matthias Aust）
MailTo@MatthiasAust.com
www.MatthiasAust.com

玛雅・克劳森（Maya Claussen）
Mail@MayaClaussen.de
www.MayaClaussen.de

阿斯特丽德・多劳 (Astrid Dorau)
Info@ADPhotoArt.com
www.ADPhotoArt.com

迪特・法斯特曼（Dieter Faustmann）
Kontakt@Dieter–Faustmann.com
www.DieterFaustmann.com

罗尔夫・弗兰科（Rolf Franke）
info@actorsphotography.de
www.actorsphotography.de

伍尔夫・弗劳纳伯格（Ulf Frohneberg）
ulf@cameronwork.com
www.frohneberg.com

考丽娜・格拉尼希（Corinna Granich）
mail@CorinnaGranich.de
www.CorinnaGranich.de

尤里卡・哈德根（Julika Hardegen）
Kontakt@JulikaHardegen.de
www.JulikaHardegen.de

利塔・黑恩茨（Rita Heinz）
gori@netcologne.de

梅尔勒・海特斯海姆（ Merle Hettesheimer）
Merle.Hettesheimer@web.de

拉法埃莱・霍斯特曼（Raffaele Horstmann）
RaffaeleHorstmann@me.com
www.Fotojunge.de

安德烈·克雷尔（Andrej Kleer）
Andrej-kleer@gmx.de
www.foto-kleer.de

卡琳·考尔堡（Kathrin Kolbow）
sklbow-mk@web.de

乌塔·考诺卡（Uta Konopka）
Uta.Konopka@googlemail.com
www.UtaKonopka.de

霍斯特·木佩尔（Horst Mumper）
Horst@Hazfeld.de
www.Hatzfeld.de

托比亚斯·穆勒（Tobias M ü ller）
Ich@photobl.de
www.photobl.de

乌韦·穆勒（Uwe Mueller）
Uwe-Mueller@netcologne.de
www.Fotografie-UweMueller.de

康斯坦丁·内莫罗（Konstantin Nemerov）
mail@Nemerov.de
www.Nemerov.de

达娜·施多茨根（Dana Stoelzgen）
Dana@Stoelzgen.de
www.DanaStoelzgen.de

安德里亚·略珀尔（Andrea Roeper）/ 金月亮
Info@kirschenausgoldmundsgarten.de
www.kirschenausgoldmundsgarten.de

托斯顿·施耐德（Thorsten Schneider）
ThorstenSchneider1@gmx.net

皮特·施沃贝尔（Peter Schwoebel）
ps@Photographenwerk.de
www.Photographenwerk.de

弗劳科·施泰克（Frauke Stärk）
Info@FraukeStaerk.de
www.FraukeStaerk.de

布丽塔·施多申（Britta Strohschen）
Fotografie@Britta-Strohschen.de
www.Britta-Strohschen.de

维尔丹（Vildan）
mail@VildanPhotography.de
www.VildanPhotography.de

杰妮芙–克里斯汀·沃尔夫
（Jennifer-Christin Wolf）
Info@galerie-sinnbild.de
www.galerie-sinnbild.de

除了学生的作品外，我还使用了以下摄影师的一些作品，这些摄影师都是曾经拜访过科隆摄影学院的工作小组成员。

梅拉妮·乔恩斯（Melanie Joerns）
Melanie@Joerns.de
www.MelanieJoerns.de

麦基克·旭克斯（Magic Zyks）
info@magiczyks.de
www.magiczyks.de